Illustrator 从入门到精通

陆成思　编著

人民邮电出版社

北　京

图书在版编目（CIP）数据

Illustrator 从入门到精通 / 陆成思编著. -- 北京：
人民邮电出版社，2023.9
ISBN 978-7-115-61437-7

Ⅰ. ①I… Ⅱ. ①陆… Ⅲ. ①图形软件 Ⅳ.
①TP391.412

中国国家版本馆CIP数据核字(2023)第079275号

内 容 提 要

本书是讲解 Illustrator 操作的实例教学图书，以软件操作技法为核心，结合大量容易上手且富有设计感的原创设计案例，循序渐进地介绍软件操作并引入各类设计的创作思路和创作技法。

全书包含 44 个案例训练、16 个综合训练、9 个商业实训，以及 166 集 1300 多分钟教学视频（近 600 分钟软件功能讲解视频和 750 多分钟案例制作视频）。本书详细讲解 Illustrator 2023 基础操作、对象的管理与编辑、形状系统、色彩系统、绘画系统、图案系统、渐变系统、文字与排版系统和透视与效果系统。除此之外，本书技法应用涉及 Logo 设计、海报设计、包装设计、UI 设计和插画设计等方面。全书重要的知识点都配有案例训练，便于读者深度学习。读者可以融会贯通、举一反三地将知识运用到实际工作中，制作出精美的效果。

本书提供的学习资源包括所有案例训练、综合训练的素材文件及实例文件，以及软件功能讲解视频和案例制作视频。读者在实际操作过程中遇到困难时，可以通过观看教学视频进行辅助学习。另外，提供教师资源，包括 PPT 教学课件、教学大纲和教案等，供教师在教学时直接使用。

本书非常适合作为初学者学习 Illustrator 的教程，也适合作为各院校和数字艺术教育培训机构相关课程的教材。

◆ 编　著　陆成思
　责任编辑　王　冉
　责任印制　马振武

◆ 人民邮电出版社出版发行　　北京市丰台区成寿寺路 11 号
　邮编　100164　电子邮件　315@ptpress.com.cn
　网址　https://www.ptpress.com.cn
　北京天宇星印刷厂印刷

◆ 开本：880×1092　1/16
　印张：19.5　　　　　　　　2023 年 9 月第 1 版
　字数：852 千字　　　　　　2025 年 3 月北京第 11 次印刷

定价：119.80 元

读者服务热线：(010)81055410　印装质量热线：(010)81055316
反盗版热线：(010)81055315

精彩案例展示

案例训练：设计复古美式文字Banner	<<< *045* 页
实例文件	实例文件＞CH02＞案例训练：设计复古美式文字Banner
素材文件	无
难易程度	★☆☆☆☆
技术掌握	描边

案例训练：绘制极简风可爱人物头像	<<< *083* 页
实例文件	实例文件＞CH03＞案例训练：绘制极简风可爱人物头像
素材文件	无
难易程度	★☆☆☆☆
技术掌握	使用形状工具组绘制插画

案例训练：设计字母类Logo	<<< *088* 页
实例文件	实例文件＞CH03＞案例训练：设计字母类Logo
素材文件	无
难易程度	★☆☆☆☆
技术掌握	形状生成器工具

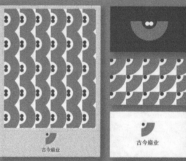

案例训练：设计羽扇品牌Logo及辅助图形	<<< *091* 页
实例文件	实例文件＞CH03＞案例训练：设计羽扇品牌Logo及辅助图形
素材文件	无
难易程度	★☆☆☆☆
技术掌握	矩形工具、"变形"效果

案例训练：设计针织品牌Logo及辅助图形	<<< *100* 页
实例文件	实例文件＞CH03＞案例训练：设计针织品牌Logo及辅助图形
素材文件	无
难易程度	★★☆☆☆
技术掌握	"路径查找器"面板和动态符号

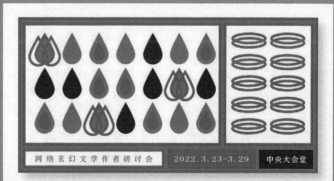

综合训练：设计玄幻文学线下大会的宣传物料	<<< *105* 页
实例文件	实例文件＞CH03＞综合训练：设计玄幻文学线下大会的宣传物料
素材文件	无
难易程度	★★☆☆☆
技术掌握	椭圆工具

精彩案例展示

案例训练：设计波纹文字Logo		≪ *115 页*
实例文件	实例文件＞CH04＞案例训练：设计波纹文字Logo	
素材文件	无	
难易程度	★☆☆☆☆	
技术掌握	实时上色工具	

案例训练：设计CD封套		≪ *117 页*
实例文件	实例文件＞CH04＞案例训练：设计CD封套	
素材文件	无	
难易程度	★★☆☆☆	
技术掌握	实时上色工具	

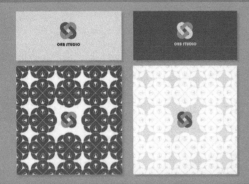

综合训练：设计缠绕式Logo及辅助图形		≪ *136 页*
实例文件	实例文件＞CH04＞综合训练：设计缠绕式Logo及辅助图形	
素材文件	无	
难易程度	★★★☆☆	
技术掌握	实时上色工具、形状工具、缠绕（可选）	

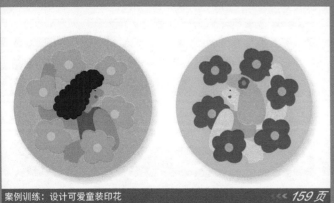

案例训练：设计可爱童装印花		≪ *159 页*
实例文件	实例文件＞CH05＞案例训练：设计可爱童装印花	
素材文件	无	
难易程度	★★☆☆☆	
技术掌握	斑点画笔工具	

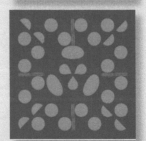 

案例训练：设计一套真丝方巾		≪ *162 页*
实例文件	实例文件＞CH05＞案例训练：设计一套真丝方巾	
素材文件	无	
难易程度	★☆☆☆☆	
技术掌握	自定义图案画笔	

综合训练：制作水果连锁店会员卡、储值卡与代金券	《《《 *172 页*
实例文件	实例文件＞CH05＞综合训练：制作水果连锁店会员卡、储值卡与代金券
素材文件	素材文件＞CH05＞综合训练：制作水果连锁店会员卡、储值卡与代金券
难易程度	★★★☆☆
技术掌握	钢笔工具

综合训练：制作虎年插画明信片	《《《 *176 页*
实例文件	实例文件＞CH05＞综合训练：制作虎年插画明信片
素材文件	素材文件＞CH05＞综合训练：制作虎年插画明信片
难易程度	★★☆☆☆
技术掌握	斑点画笔工具

案例训练：设计美发沙龙名片	《《《 *184 页*
实例文件	实例文件＞CH06＞案例训练：设计美发沙龙名片
素材文件	无
难易程度	★★☆☆☆
技术掌握	"图案选项"面板

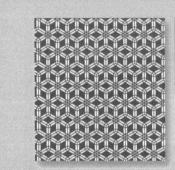

案例训练：设计儿童积木玩具公司Logo及辅助图形	<<< *198* 页
实例文件	实例文件 > CH06 > 案例训练：设计儿童积木玩具公司Logo及辅助图形
素材文件	素材文件 > CH06 > 案例训练：设计儿童积木玩具公司Logo及辅助图形
难易程度	★ ★ ☆ ☆ ☆
技术掌握	等边三角形辅助系统

综合训练：设计渐变毕业展海报	<<< *225* 页
实例文件	实例文件 > CH07 > 综合训练：设计渐变毕业展海报
素材文件	无
难易程度	★ ★ ★ ☆ ☆
技术掌握	线性渐变

案例训练：设计文学海报	<<< *240* 页
实例文件	实例文件 > CH08 > 案例训练：设计文学海报
素材文件	素材文件 > CH08 > 案例训练：设计文学海报
难易程度	★ ★ ★ ☆ ☆
技术掌握	行距

案例训练：设计简洁商务风Logo	<<< *245* 页
实例文件	实例文件 > CH08 > 案例训练：设计简洁商务风Logo
素材文件	无
难易程度	★ ☆ ☆ ☆ ☆
技术掌握	"路径查找器"面板

案例训练：制作肌理感品牌吊牌	<<< *246* 页
实例文件	实例文件 > CH08 > 案例训练：制作肌理感品牌吊牌
素材文件	无
难易程度	★ ★ ☆ ☆ ☆
技术掌握	文字工具和效果

案例训练：制作小说海报	<<< *252* 页
实例文件	实例文件 > CH08 > 案例训练：制作小说海报
素材文件	无
难易程度	★ ★ ☆ ☆ ☆
技术掌握	文字工具和效果

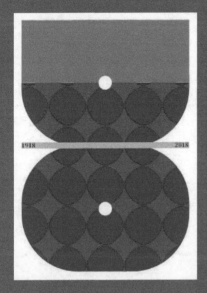 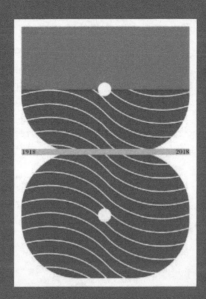 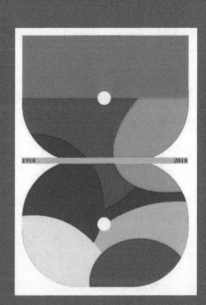

综合训练：设计百年校庆海报 <<<*256 页*

实例文件	实例文件＞CH08＞综合训练：设计百年校庆海报
素材文件	素材文件＞CH08＞综合训练：设计百年校庆海报
难易程度	★★★☆☆
技术掌握	网格

综合训练：设计儿童读物手册 <<<*258 页*

实例文件	实例文件＞CH08＞综合训练：设计儿童读物手册
素材文件	素材文件＞CH08＞综合训练：设计儿童读物手册
难易程度	★★★☆☆
技术掌握	网格系统和矩形工具

案例训练：制作少女风迷你手提袋 <<<*276 页*

实例文件	实例文件＞CH09＞案例训练：制作少女风迷你手提袋
素材文件	无
难易程度	★★☆☆☆
技术掌握	波纹效果

精彩案例展示

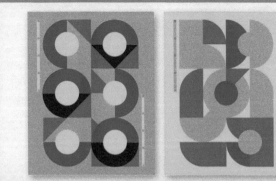

 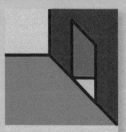

海报设计（图形类）	<<< *290 页*

实例文件	实例文件＞CH10＞海报设计（图形类）
素材文件	素材文件＞CH10＞海报设计（图形类）
难易程度	★★★★☆
技术掌握	矩形、圆形和辅助网格

设计家居店插画宣传单	<<< *304 页*

实例文件	实例文件＞CH12＞设计家居店插画宣传单
素材文件	素材文件＞CH12＞设计家居店插画宣传单
难易程度	★☆☆☆☆
技术掌握	钢笔工具和形状工具

设计夏日书展H5海报	<<< *307 页*

实例文件	实例文件＞CH12＞设计夏日书展H5海报
素材文件	素材文件＞CH12＞设计夏日书展H5海报
难易程度	★★★☆☆
技术掌握	钢笔工具

前　言

作为设计师必备的软件，Illustrator被广泛运用于各个设计领域。从图书排版、网页设计、海报设计、插画设计到品牌形象设计，从传统纸媒到数字媒体，从商业品牌宣传推广到社会艺术文化传播，都可以看到Illustrator的身影。在图像时代，海量的数字图像与视觉化的信息表达都在重新定义人们交流与沟通的方式。身处数字化时代，如何通过软件来呈现观点、展现设计之美，以及如何通过数字化的设计工具来表达人文化的设计意图，都是设计师需要思考的重点。作为一本工具书，本书将介绍Illustrator的操作方法与各类技巧，并将其运用到各式各样的案例中，以做到理论与实践紧密结合、学以致用。本书采用Illustrator 2023版软件编写，同时适合其他软件版本学习者参考使用。

本书特色

44个案例训练：本书是针对零基础读者的入门教程，书中详细介绍了Illustrator的重要功能；针对这些功能，本书还安排了案例进行训练，让读者能够深度学习，从而熟练掌握工具的使用方法。

16个综合训练：本书将Illustrator的技术划分为八大模块（第2～9章），这些模块均安排了综合训练，以帮助读者融会贯通，将知识应用到实际工作中。

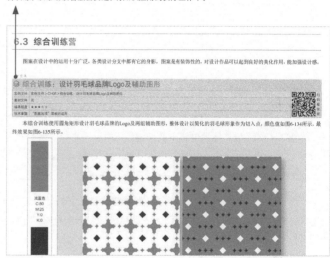

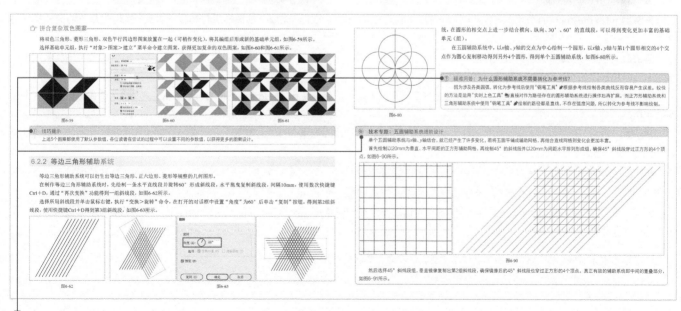

119个技术/技巧：全书穿插了大量的"技巧提示""疑难问答""技术专题"，这些内容依次是操作过程中的技巧、学习过程中的问题解答、实操过程中的技术拓展，希望它们可以帮助读者科学合理地使用Illustrator进行设计。

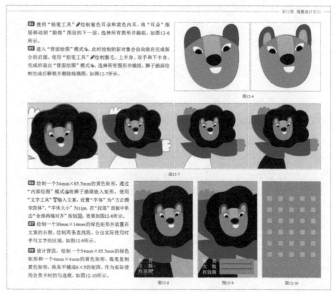

9个商业实训：本书第10～12章列举了Illustrator常见的三大应用方向的商业案例，包括平面设计、UI设计和插画设计。

内容安排

全书共12章，以"技术讲解＋案例训练"的形式进行讲解。另外，因为在具体操作时会涉及Illustrator的多个功能，所以在完成案例时如果遇到还没有讲到的知识，读者可以先掌握操作步骤，后续再深入学习，理解原理。

第1章： 讲解Illustrator的基础知识，包括工作逻辑，以及文档、工作区、工具栏、面板、菜单栏和快捷键等。

第2章： 讲解Illustrator对象管理与编辑的方法，包括使用直线段工具组和形状工具组绘制并编辑简单的图形。

第3章： 讲解Illustrator的形状系统，通过基础形状工具、"形状生成器工具"和"路径查找器"面板的协作，并配合"宽度工具"和部分效果可制作各种形状。

第4章： 讲解Illustrator的色彩系统，包含配色的方法、上色工具、透明度、混合模式和重新着色图稿等内容。

第5章： 讲解Illustrator的绘画系统，深入讲解使用绘画类工具和剪切类工具完成个性图形设计和插画设计，实现更复杂的商业插画的方法。

第6章： 讲解Illustrator的图案系统，通过设计图案，读者能深度理解图案设计中辅助系统的作用与使用方法，能借助各类辅助系统创建独一无二的几何连续图案，并将图案运用到各类设计中。

第7章： 讲解Illustrator的渐变系统，读者可通过表现两种以上颜色的混合变化，扩充设计色彩体系，丰富色彩语言，创作出更具色彩个性的设计作品。

第8章： 讲解Illustrator的文字与排版系统，在熟悉文字的输入操作后，读者可结合图形设计、字形设计和版式设计等方面的知识进行设计，丰富设计语言。

第9章： 讲解Illustrator的透视与效果系统，包括使用透视网格对形状、路径和文字进行透视变形，以及在矢量对象和位图对象上添加各种不同的效果，为设计作品锦上添花，升级后的3D效果也给平面化的Illustrator带来了有趣的3D立体效果。

第10～12章： 讲解Illustrator在平面设计、UI设计和插画设计3个方向的应用，这3章为商业实训内容，可以帮助读者快速掌握Illustrator在设计行业中的实际应用。

由于编者水平有限，书中难免会有一些疏漏之处，希望读者能够批评指正。

陆成思
2023年6月

资源与支持

- 本书由"数艺设"出品，"数艺设"社区平台（www.shuyishe.com）为您提供后续服务。

学习资源

配套资源

- **素材文件：** 书中通过素材制作的案例，均会提供制作素材。
- **实例文件：** 书中所有案例的效果图源文件，包含绘制过程的细节分层图。
- **软件功能讲解视频：** 重要基础功能的操作讲解。
- **案例制作视频：** 所有案例的完整绘制与设计的思路和细节讲解。

教师资源

- PPT教学课件。
- 教案及教学大纲。

资源获取请扫码

扫码看软件功能讲解视频和案例制作视频

（提示：微信扫描二维码，点击页面下方的"兑"→"在线视频＋资源下载"，
输入51页左下角的5位数字，即可观看全部视频。）

"数艺设"社区平台， 为艺术设计从业者提供专业的教育产品。

与我们联系

我们的联系邮箱是 szys@ptpress.com.cn。如果您对本书有任何疑问或建议，请您发邮件给我们，并请在邮件标题中注明本书书名及ISBN，以便我们更高效地做出反馈。

如果您有兴趣出版图书、录制教学课程，或者参与技术审校等工作，可以发邮件给我们。如果学校、培训机构或企业想批量购买本书或"数艺设"出版的其他图书，也可以发邮件联系我们。

关于"数艺设"

人民邮电出版社有限公司旗下品牌"数艺设"，专注于专业艺术设计类图书出版，为艺术设计从业者提供专业的图书、视频电子书、课程等教育产品。出版领域涉及平面、三维、影视、摄影与后期等数字艺术门类，字体设计、品牌设计、色彩设计等设计理论与应用门类，UI设计、电商设计、新媒体设计、游戏设计、交互设计、原型设计等互联网设计门类，环艺设计手绘、插画设计手绘、工业设计手绘等设计手绘门类。更多服务请访问"数艺设"社区平台www.shuyishe.com。我们将提供及时、准确、专业的学习服务。

学习资源说明

近600分钟软件功能讲解视频：针对全书的重点工具和功能，编者专门录制了教学视频，详细地演示了这些工具和功能的使用方法与技巧。

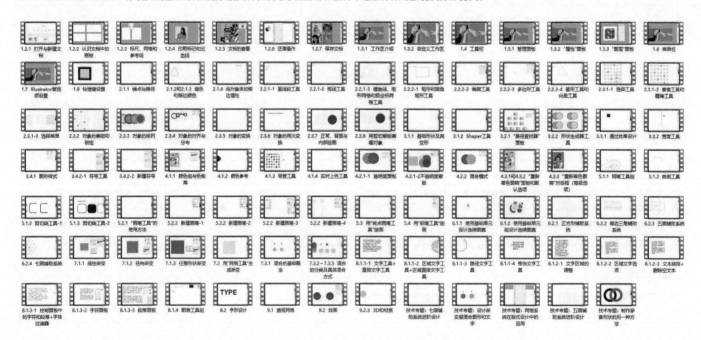

750多分钟案例制作视频：因为Illustrator属于实操型软件，读者单凭图文来学习案例难免会产生一些疑问，所以本书提供了所有案例训练、综合训练、商业实训的完整教学视频，详细地记录了每一个案例的制作过程。

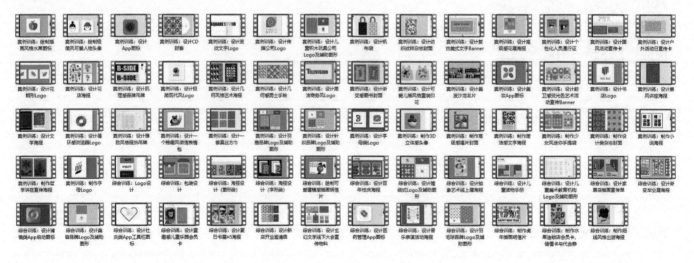

目 录

第 1 章 Illustrator 基础操作

本章将介绍Illustrator的基础操作，我们需要了解什么是Illustrator，Illustrator的基本布局和界面操作方法是什么，以及如何便捷地使用Illustrator并与其他软件协作。

学习重点 🔍

学完本章能做什么

认识并了解Illustrator，能够打开、新建、保存Illustrator文档，了解Illustrator文档各类参数的含义。认识Illustrator的整体界面布局并掌握工具栏、面板、菜单栏的作用和使用方法，并且能使用基础快捷键进行软件操作，为后续的学习、设计实践打下坚实基础。

1.1 什么是Illustrator

Adobe Illustrator（缩写为AI）是行业标准的矢量图形软件，从插画设计、字体设计、图案设计到产品包装设计、界面设计、VI设计、导视设计、信息图表设计、版式设计和海报设计等，都可以看到Illustrator的身影。

> ① 技巧提示
>
> "矢量"是Illustrator的科学核心特点，理解什么是矢量有助于理解Illustrator中各类型操作的底层逻辑。

1.1.1 Illustrator的工作逻辑

Illustrator属于矢量设计软件，矢量的本质是路径中的点，连点成线，线构成对象，在后期可以赋予对象各式各样的外观属性。矢量决定了使用Illustrator操作时设计逻辑的独特性。

在矢量图中，一条线、一个由闭合的线构成的区域、一个色块等，都可以被称为"对象"，如图1-1所示。每个对象都具有可随时修改的参数，如"颜色""形状""大小""粗细""位置"等。

Illustrator中的矢量图，简单理解就是由点（锚点）构成线（路径），再由各式各样相连或不相连的直线和曲线构成更复杂的图形（对象）。肉眼所见的所有视觉要素，如填充的颜色、线的粗细、堆叠的顺序、各种效果等，都是对象的外观属性，可以随时更改、添加，甚至删除。

矢量图的好处就在于它的可修改性和灵活的尺寸，设置不同的参数可以得到不同的外观，如图1-2所示。

图1-1

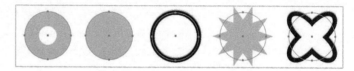

图1-2

1.1.2 位图和矢量图的区别

位图的单元是像素，每个像素都被赋予了确定的位置和颜色值，所有像素构成了一个图像，在处理位图时编辑的其实是像素。同时，位图与分辨率紧密关联，分辨率定义了图像中每个单位距离里包含的像素数量，通常用"像素每英寸"（pixel per inch，ppi）来度量，72ppi即表示在1英寸的横向距离上包含72个像素，在1英寸的纵向距离上包含72个像素，一共有72×72＝5184个像素，而印刷使用的300ppi在同样的1英寸×1英寸的图像里则有300×300＝90000个像素。因此，在位图软件中，分辨率极其重要。在Photoshop中超过原始尺寸就会开始模糊，边缘出现"锯齿"。分辨率限定了位图的最大输出尺寸，超尺寸输出位图就会"糊"。例如，将位图放大到700％和3200％时其边缘会出现锯齿，如图1-3所示。

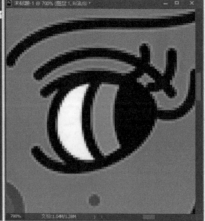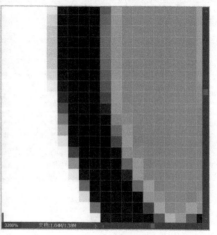

图1-3

矢量图的基本组成单元是锚点、路径，添加的各种属性决定了作品最终的视觉效果。矢量图只有在输出成位图（如导出为.jpg图像）且进入打印流程时才有分辨率的概念。在.ai源文件设置中，画板大小只是一个参考数据，无论放大多少倍图像都不会模糊。将矢量图像放大到700%和3200%，线条依旧光滑、清晰，如图1-4所示。

位图和矢量图各有所长。位图可以更好地展现阴影、光和颜色的细微层次，可以更好地呈现质感、肌理和纹路，它更贴近肉眼观看的效果。矢量图能完美地呈现光滑、干净的色彩和线条，在设计时更便于修改。矢量图和位图并没有高低好坏之分，只是使用了不同的呈现方式。

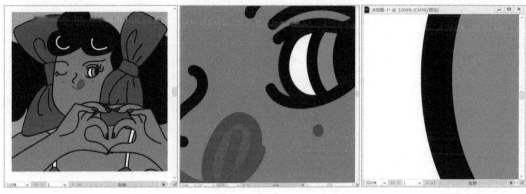

图1-4

1.2 认识文档

Illustrator的文档广义上指任何可以在Illustrator中被打开的文件，狭义上指Illustrator的矢量源文件，即可修改的原始设计文件。熟悉如何创建、保存和修改文档，以及了解文档中的辅助工具，是开始设计实践的第一步。

1.2.1 打开与新建文档

打开已有的.ai源文件或新建.ai源文件是操作软件的第一步。

☞ 首次打开和新建文档--

首次打开Illustrator时，会进入"欢迎页"界面，如图1-5所示。在"快速创建新文件"面板中，可以快速选择一个预设，以创建新文档并开始设计。单击左侧的"打开"按钮可以打开已有的.ai文件，单击"新建"按钮可以打开"新建文档"对话框。

在"最近使用项"面板中单击最近打开过的文件可将其直接打开。

在"快速创建新文件"面板中可以使用系统自带的常用预设快速新建文档，如"A4""明信片""通用"等，也可以选择"更多预设"进入"新建文档"对话框，在其中选择更多预设或自定义文档的尺寸和颜色等属性。

图1-5

单击"新建"按钮打开"新建文档"对话框,在顶部可以切换"最近使用项""已保存""移动设备""Web""打印""胶片和视频""图稿和插图"7个面板,对话框中包含根据各类型设计场合为设计师提前设置好的文档尺寸、颜色模式和光栅效果等,如图1-6所示。

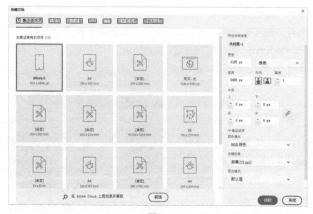

图1-6

"移动设备"面板中包含各类型手机和平板电脑的屏幕尺寸,方便设计师为特定的型号设计作品,如图1-7所示。

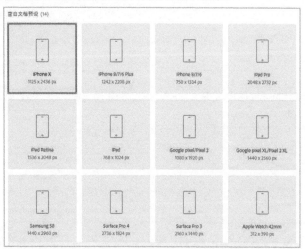

图1-7

"图稿和插图"面板中包含一些常见的海报尺寸、明信片尺寸和标准打印纸张尺寸等,如图1-9所示。

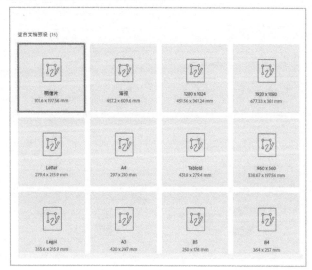

图1-9

"胶片和视频"面板中包含各类电视屏幕尺寸,如图1-8所示。

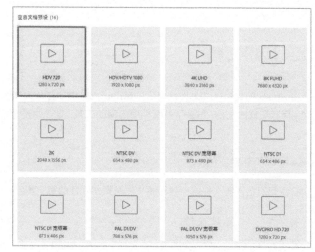

图1-8

在对话框右侧的"预设详细信息"面板中可以自定义文档的参数,从而得到想要的文档,如图1-10所示。

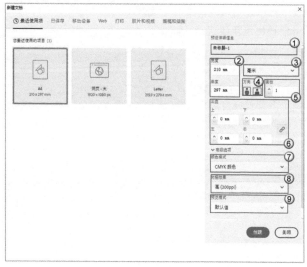

图1-10

重要参数详解

文档名称：可在设计开始时为文档命名，也可在设计过程中在"存储为"对话框中设置文档名称。养成认真命名文档的好习惯，有助于在后期顺利找到想要的文档。

高度和宽度：设置画板的高度和宽度，后期可以在设计过程中随时修改画板的尺寸。

在下拉列表中选择画板大小的单位，不同单位的换算公式不同，需要根据情况选择对应的单位，如图1-11所示。

① 技巧提示

　　有些设计场景需要使用特定的单位，如网页使用"像素"（pixel），插画、海报一般使用"厘米"或"毫米"。"派卡"是印刷行业中使用的长度单位（1派卡＝1/6英寸＝12点）。

　　有3种方式设置文档单位：第1种，在新建文档时选择需要的单位；第2种，在设计过程中执行"文件＞文档设置"菜单命令或使用快捷键Alt＋Ctrl＋P重新设置单位；第3种，在"属性"面板中直接修改单位。

图1-11

方向：指定文档的页面方向，有横向或纵向两种。

画板：指定文档中的画板数量，默认画板数量是1个，最多为1000个。文档仅包含1个画板和包含8个画板时的页面显示对比如图1-12所示。

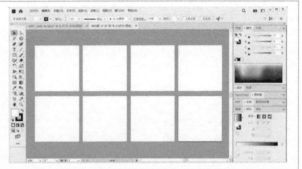

图1-12

出血：指定画板每一侧的出血位置，可以保证大批量印刷文件后整体裁切的准确性。"出血"可以一致，也可以不一致。在设计过程中可以随时增大"出血"参数值，也可以在导出时增大"出血"参数值。

颜色模式：指定文档的颜色模式，有RGB（适用于网络、手机浏览的颜色模式）和CMYK（适用于印刷的颜色模式）两种。一定要在设计之初明确设计稿的最终呈现方式（如新媒体、传统纸质媒体）。设计中途更换颜色模式会产生色彩转换偏差，有时色彩转换偏差会影响画面的色彩表达。同一张设计稿从RGB颜色模式转换为CMYK颜色模式时，色彩会严重失真。

光栅效果：指定文档的分辨率，如图1-13所示。默认情况下，打印配置文件会设置此选项为"高（300ppi）"。300ppi适用于打印，72ppi一般使用在页面浏览中。在导出需要的位图时可以再次选择分辨率。

预览模式：设置文档的默认预览模式，有默认值、像素（显示具有像素化外观的图稿，不会对内容进行光栅化，只是显示模拟的预览效果）和叠印（提供"油墨预览"功能，用于模拟混合、透明和叠印在分色输出中显示效果）3种，如图1-14所示。

图1-13　　　　　　　图1-14

☞ **继续打开、新建文档**--

当拥有.ai文件，并且已经打开或新建一个文档，需要再次打开或新建一个文档时，可以直接双击想要打开的.ai文件。

也可以在菜单栏中单击"主页"按钮 ⌂ 回到"欢迎页"界面打开或新建一个文档；还可以执行"文件＞新建"菜单命令或使用快捷键Ctrl＋N新建文档；执行"文件＞打开"菜单命令或使用快捷键Ctrl＋O打开计算机中保存或下载的文档，如图1-15所示。

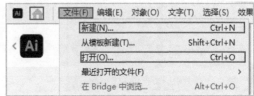

图1-15

☞ 从模板新建--

模板包含了文档中的基础设置和部分设计元素，从模板新建即表示通过同一套格式来进行设计。模板包含画板大小、视图设置（如参考线、网格）和打印选项，同时还可以包含符号、色板、画笔、样式和动作等设计元素或某个图稿。

执行"文件＞从模板新建"菜单命令或使用快捷键Shift＋Ctrl＋N即可根据模板新建文档，如图1-16所示。Illustrator自带多种模板，新建文档时的预设其实就是保存好的模板，如贺卡、网页、海报、明信片等。

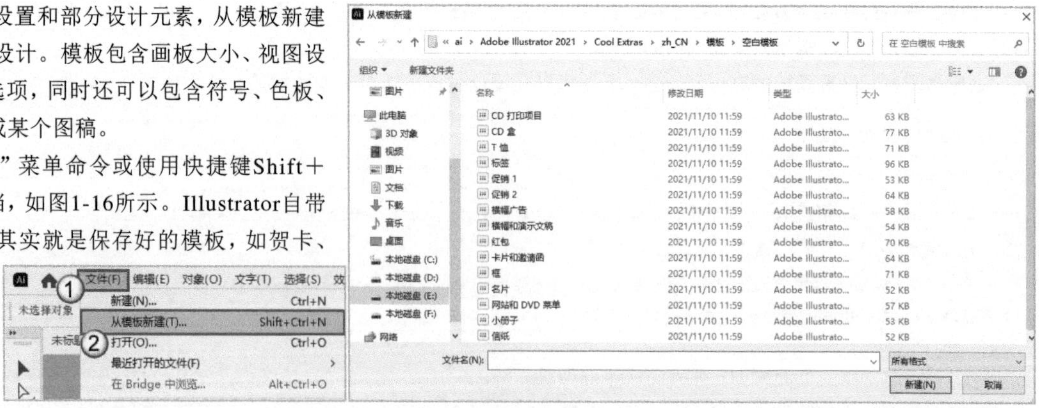

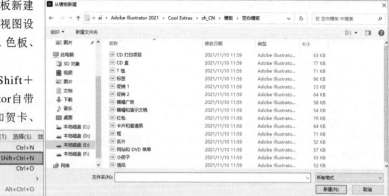

图1-16

设计师可以下载更多的模板进行设计，也可以自己设计模板。例如，在设计特殊尺寸的明信片后，执行"文件＞存储为模板"菜单命令，如图1-17所示，Illustrator就会将文件存储为.ait（Adobe Illustrator模板）格式，下次就可以使用自定义的该模板来设置系列明信片。

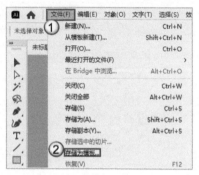

① 技巧提示

执行"文件＞从模板新建"菜单命令，打开模板后更改模板的内容，原始模板文件的参数并不会被改变。

图1-17

1.2.2 认识文档中的画板

画板是Illustrator中的设计区域，便于设计师在导出文件时控制设计作品的边界。在一个文档中可以添加多个画板，并且可以在画板之外进行创作，在导出作品时可以选择是否要依据画板导出作品。

☞ 多画板设置--

多个画板可以帮助设计师在一个文档中同时放置多个设计方案，不需要打开多个文档就可以对不同设计作品进行对比、修改和调整。针对VI设计、系列插画绘制和版式设计等领域，多个画板的操作方法更便捷且更人性化，如图1-18所示。

在"新建文档"对话框中单击"更多设置"按钮，能够进一步设置多个画板的排列模式，包含画板数量、排列顺序模式、画板的间距和列数等，如图1-19所示。

图1-18

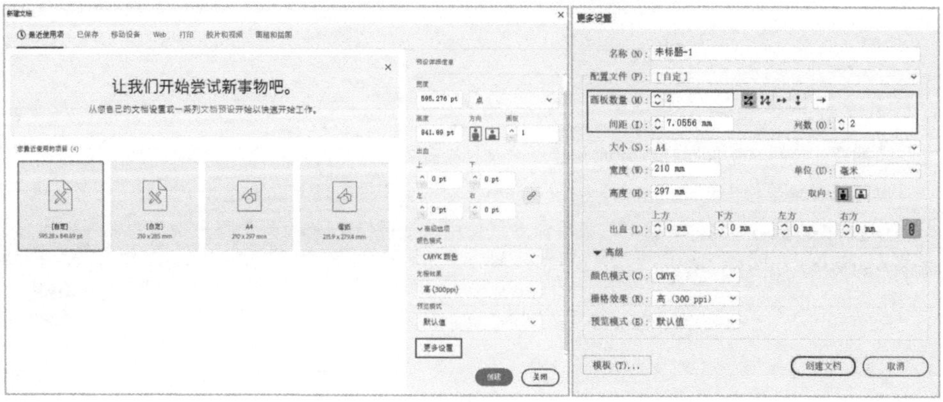

图1-19

☞ 添加画板--

画板的所有设置参数都可以在后期设计过程中通过"画板工具" 🔖 随时进行调整和修改。

增加画板

选择"画板工具" 🔖，在文档中不存在画板的位置拖曳绘制一个新的形状，绘制时会实时显示新画板的宽度和高度，松开鼠标左键即可新增一个画板，如图1-20所示。

修改画板的尺寸

选择"画板工具" 🔖 后单击需要修改尺寸的画板，拖曳画板的锚点即可放大或缩小画板，如图1-21所示。按住Shift键时能够等比例缩放画板，不按住Shift键则可以自由缩放画板。

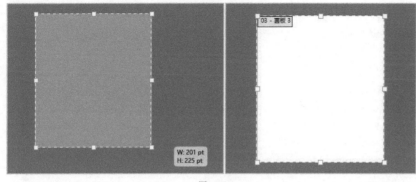

图1-20

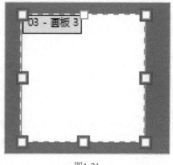

图1-21

移动画板

选择"画板工具" 🔖 后通过拖曳操作可以移动画板，如图1-22所示。按住Shift键能够水平或垂直移动，不按住Shift键则可以自由移动。

复制画板

选择"画板工具" 🔖 后按住Alt键并拖曳画板到新的位置能够复制画板，如图1-23所示。按住Shift键能够水平或垂直复制，不按住Shift键则可以将画板自由复制到任意位置。若画板中存在内容，则内容会连同画板一起复制。若非特意为之，尽量不要重叠或部分重叠两个画板。

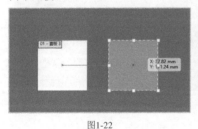

图1-22

图1-23

◎ **技术专题：在Illustrator中对比设计作品的方法**

在设计作品时会出现需要对比两个作品或对比同一个作品不同阶段的情况，这时可以直接创建两个画板，而不需要新建两个文档。如果要对一个作品进行修改，可以在原始作品的画板边上复制一个新的画板，在新画板上进行修改和调试。例如，在调试色彩时，可以对同一设计作品的不同配色进行对比观察。

使用多个画板可以十分便捷地观看设计步骤，检查设计思路，如图1-24所示。

使用复制画板可以更好、更直观地对比配色，如图1-25所示。

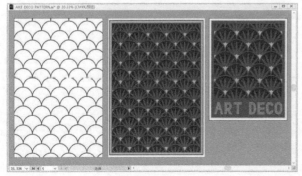

图1-24

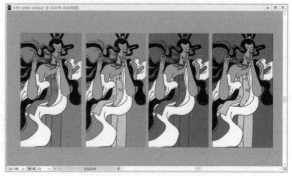

图1-25

画板选项

选择"画板工具" 并双击任意画板可以打开画板的"画板选项"对话框，在其中能够更加精准地控制画板的尺寸和位置，如图1-26所示。

图1-26

重要参数详解

约束比例：勾选后画板高度和宽度的比例被锁定，输入新的宽度值，高度会随比例自动变化。

显示中心标记：勾选后会在画板正中心显示绿色"十字标志"，方便设计师了解画板的中心点。

显示十字线：勾选后会在画板的宽和高的中点处标记绿线，方便设计师了解画板的中线。

显示视频安全区域：勾选后制作视频时，如果重要画面和字幕溢出或播放效果不佳，会有视频安全区域的提示。勾选该选项后会将画板视作屏幕，用两层绿色矩形来标示制作字幕的安全位置。

渐隐画板之外的区域：勾选后，当"画板工具" 处于使用状态时，画板之外的区域比画板内的区域暗。

删除画板

删除画板的方式一共有3种。第1种，双击画板进入"画板选项"对话框，单击"删除"按钮即可删除画板；第2种，在"属性"面板中单击"编辑画板"按钮 编辑画板 进入画板编辑模式，单击"删除画板"按钮 即可删除画板（当文档包含多个画板时，需选择要删除的画板再操作），如图1-27所示；第3种，使用"画板工具" 选择画板后按Delete键或Backspace键删除画板。

图1-27

1.2.3 标尺、网格和参考线

文档中的标尺、网格、参考线都是辅助软件设计的好帮手。智能参考线则是设计时计算机自动生成的临时对齐参考线，用以提示移动某一对象时该对象和其他对象间的对齐关系。所有的标尺、网格和参考线在印刷时都不会被打印出来。

☞ **标尺**--

标尺可在设计时准确定位和度量文档或画板中的对象，标尺上显示为0的位置被称为标尺原点。

打开标尺

执行"视图＞标尺＞显示标尺"菜单命令或使用快捷键Ctrl＋R可打开标尺，如图1-28所示。

图1-28

标尺分为全局标尺（针对整个文档）和画板标尺（针对选中的画板）两种，打开标尺后可以在文档左侧和顶部看到刻度，如图1-29所示。

图1-29

全局标尺： 显示在文档的顶部和左侧，默认标尺原点位于画板的左上角。当文档中包含多个画板时，建议使用画板标尺，因为全局标尺仅对第1个画板有参考性，对其他画板的参考性比较低。

画板标尺： 显示在文档的顶部和左侧，默认画板标尺原点位于所选画板的左上角。若文档中包含多个画板，则选择某个画板，画板标尺会自动根据该画板的位置生成画板标尺原点，便于设计师掌握每一个画板的尺寸。

更改为画板/全局标尺

执行"视图>标尺>更改为画板标尺/更改为全局标尺"菜单命令或使用快捷键Alt+Ctrl+R可以切换画板标尺和全局标尺，如图1-30所示。

隐藏标尺

执行"视图>标尺>隐藏标尺"菜单命令或使用快捷键Ctrl+R可以隐藏标尺，如图1-31所示。

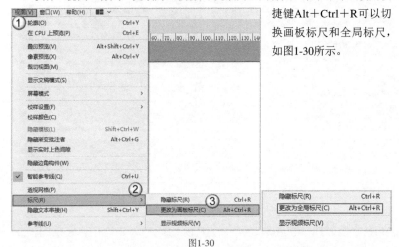

图1-30

图1-31

---

⑦ **疑难问答：为什么要隐藏标尺？**

在许多需要精确掌握对象和对象之间的距离的设计稿中（如版式设计），标尺可以帮助设计师精准定位文字和图像的放置位置。当不需要定位时，可以隐藏标尺，让设计界面变得更干净。这也是许多设计师经常按F键进入Illustrator全屏模式，隐藏所有的软件交互面板，从而更集中、无障碍地观察作品效果的原因。

👉 **参考线**

参考线是在打开标尺的前提下，在左侧和顶部标尺上拖曳得到的蓝色辅助线。参考线分为垂直、水平的标尺参考线和从矢量图形转换而来的参考线对象。

参考线命令

执行"视图>参考线"菜单命令可以隐藏、显示、锁定、解锁、释放、清除参考线，如图1-32所示。

重要菜单命令详解

显示参考线/隐藏参考线： 执行"视图>参考线>显示参考线/隐藏参考线"菜单命令或使用快捷键Ctrl+;即可显示或隐藏参考线。

锁定参考线/解锁参考线： 在使用参考线进行设计的过程中，大部分时候需要锁定参考线，防止误操作设置好的参考线。若需要微调参考线的位置则需要解锁参考线。执行"视图>参考线>锁定参考线/解锁参考线"菜单命令或使用快捷键Alt+Ctrl+;即可锁定或解锁参考线。

释放参考线： 执行"视图>参考线>释放参考线"菜单命令，可以将选中的参考线转换为路径。

清除参考线： 完成设计后若不再需要参考线，执行"视图>参考线>清除参考线"菜单命令即可清除参考线。

参考线也同样分为全局参考线和画板参考线，其设计目的与"全局标尺"和"画板标尺"的设计目的相同。

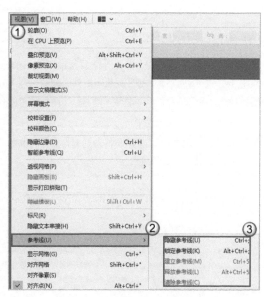

图1-32

全局参考线： 默认从标尺中拖曳出的都是全局参考线，贯穿整个文档，影响文档内的所有画板，如图1-33所示。

画板参考线： 当一个文档中存在多个画板，并且每个画板使用的参考线都不一样时，就需要用到画板参考线。选择"画板工具"，单击画板，再从标尺中拖曳出参考线，参考线就仅出现在该画板内，如图1-34所示。

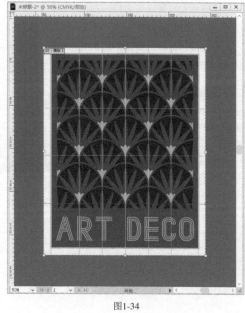

图1-33 图1-34

创建参考线对象

在需要非水平或非垂直，甚至某种形状的参考线时，就需要用到参考线对象。使用形状工具、"直线段工具" ╱或"钢笔工具" ✐等工具绘制矢量对象，选择绘制的矢量对象后执行"视图＞参考线＞建立参考线"菜单命令或使用快捷键Ctrl＋5即可将矢量对象转换为参考线，如图1-35所示。

> ① 技巧提示
>
> 在整理参考线时，可以新建一个图层来存放所有的参考线。删除、隐藏参考线操作都可以在"图层"面板中使用删除图层、隐藏图层等功能来实现。

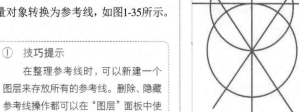
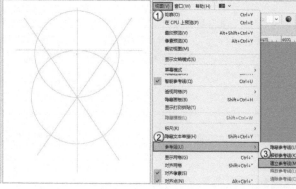

图1-35

📑 网格

针对Logo设计、版式设计等需要精准网格线的设计工作，网格就显得十分重要。执行"视图＞显示网格（隐藏网格）"菜单命令或使用快捷键Ctrl＋"即可显示（隐藏）网格，如图1-36和图1-37所示。

执行"视图＞对齐网格"菜单命令或使用快捷键Shift＋Ctrl＋"可以将对象对齐到网格线。选择要移动的对象，并将其拖曳到所需的位置，对象会自动对齐网格的纵横线。

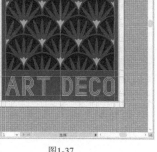

图1-36 图1-37

☞ 智能参考线---

智能参考线可以理解为计算机随着操作实时产生的临时对齐参考线，操作一旦结束，智能参考线便会消失。执行"视图>智能参考线"菜单命令或使用快捷键Ctrl＋U可打开智能参考线，如图1-38所示。

智能参考线显示为紫色，它可以在移动或复制移动对象时，实时表现该对象和画板上其他对象的对齐关系，让徒手对齐操作变得十分便捷，如图1-39所示。

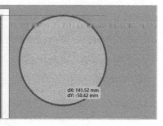

| 图1-38 | 图1-39 |

1.2.4 印刷标记和出血线

执行"文件>打印"菜单命令或使用快捷键Ctrl＋P打开"打印"窗口，单击"打印"对话框左侧的"标记和出血"可打开"标记和出血"面板，在其中可以为图稿添加几种印刷标记，便于打印设备校准颜色和套准图稿元素，如图1-40所示。

重要参数详解

标记：包含"裁切标记""套准标记""颜色条""页面信息"。"印刷标记类型"可选"西式"或"日式"。所有的标记都是为了精确套准图稿元素并校验正确的颜色，以便在印刷裁切时呈现最佳的视觉效果。

裁切标记：水平和垂直标线，指示了所选打印纸张的剪切位置。日式裁切标记使用双实线，默认出血值为8.5磅（3毫米）。

套准标记：页面范围外的小靶标，用于对齐彩色文档中的各分色。

颜色条：由彩色小方块组成，表示CMYK油墨和色调灰度（以10%的增量递增），印刷时可以使用这些标记调整印刷机器的油墨密度。

页面信息：输出打印的画板编号和名称、时间和日期、所用线网数、分色网线角度及各个画板的颜色。

出血：印刷时为保留画面有效内容而预留出的方便机器裁切的部分。印刷中的出血是指加大产品外的图案，在裁切位置加一些延伸的图案，避免裁切后的成品露白边或裁切到内容。

图1-40

如果文档本身包含出血设置，则可以勾选"使用文档出血设置"。若文档不包含出血设置，则需取消勾选"使用文档出血设置"，并设置需要的四边出血参数。为了避免把印刷标记标到出血边上，裁切标记的"位移"值一定要大于出血参数值，如图1-41所示。

执行"文件>文档设置"菜单命令或使用快捷键Alt＋Ctrl＋P打开"文档设置"对话框，可以在打印前为文档添加出血设置，输入"上方""下方""左方""右方"出血参数值。画板外的一圈红色细线即出血线，如图1-42所示。

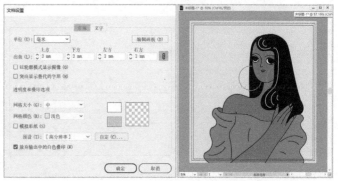

| 图1-41 | 图1-42 |

1.2.5 查看文档

查看文档有两种方法：一种是导航器查看法，另一种是快捷键查看法。

☞ 导航器查看法

执行"窗口>导航器"菜单命令打开"导航器"面板。在其中可以浏览文档的所有内容，红框框住的是当前屏幕显示的区域，可以用鼠标自由拖曳红框；底部的150%代表现在屏幕显示的画面大小是实际大小的1.5倍，其两边则是"缩小"按钮 ◣ 和"放大"按钮 ◢，如图1-43和图1-44所示。

图1-43　　　　　　　　　　　　　　　　　　　　图1-44

☞ 快捷键查看法

在浏览全部文档时推荐使用快捷键操作，熟练后可以非常自由、快速地调整画面到想要的区域，如图1-45所示。

Ctrl + 0	将选择的画板放大到完全适合当前窗口的大小
Ctrl + 1	按画板实际大小查看
Ctrl + +	放大一次当前页面
Ctrl + -	缩小一次当前页面
Space	快速切换工具为"抓手工具"✋，使用鼠标拖曳即可移动当前显示区域
Ctrl + Space	鼠标指针变成放大镜/缩小镜，显示为放大镜时拖曳可放大画面，显示为缩小镜时反方向拖曳可缩小画面
Ctrl + Y	轮廓、GPU预览
Tab	隐藏/显示工具栏和右侧的所有面板，只保留顶端菜单
Shift + Tab	隐藏/显示右侧的所有面板，只保留顶端菜单和工具栏

图1-45

① **技巧提示**

轮廓模式为只显示路径，不显示色彩、描边、特效等附加属性的模式，如图1-46所示。

图1-46

☞ 屏幕模式--

　　执行"视图>屏幕模式"菜单命令或按F键可以更改屏幕模式，在工具栏下方单击"更改屏幕模式"按钮 ▣ 也可以更改屏幕模式。Illustrator提供了3种不同的屏幕模式，包括"正常屏幕模式""带有菜单栏的全屏模式""全屏模式"，如图1-47所示，即呈现非全屏的全部工作区、呈现全屏的全部工作区和全屏仅显示文档画面（隐藏菜单、面板和工具栏）。

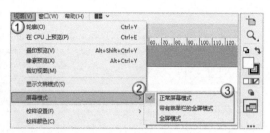

图1-47

1.2.6 还原操作

　　执行"编辑>还原"菜单命令或使用快捷键Ctrl+Z可以还原上一步操作，执行多少次菜单命令就可以还原多少步操作，还原次数不限，具体取决于存在多少步操作和内存的大小；执行"编辑>重做"菜单命令或使用快捷键Shift+Ctrl+Z可以重做被还原的那一步操作。

　　不存在上一步操作时则无法还原，"还原"菜单命令会变为灰色，如图1-48所示。

⚠ 技巧提示
　　文档一旦保存并关闭后再打开，就无法进行还原操作或重做关闭前的操作。

图1-48

1.2.7 保存文档

　　将文档保存为源文件可以便于设计师随时返回修改，保存为其他类型的文档则便于用到不同的领域。同时，设计过程中养成随时保存的好习惯，可以在遇到软件故障、计算机停止运行等一系列意外情况时减少损失。

☞ 存储、存储为与存储副本--

　　文档的存储方式分为存储、存储为和存储副本3种，推荐使用快捷键进行操作，如图1-49所示。

存储

　　第一次存储新建的文档时等同于执行"存储为"菜单命令。再次存储已经存储的文档等同于保存，只保存文档内的新数据，为此可执行"文件>存储"菜单命令或使用快捷键Ctrl+S。

存储为

　　在不改变原始文档的情况下，要将当前文档另存为一个新的文档，执行"文件>存储为"菜单命令或使用快捷键Shift+Ctrl+S即可。

存储副本

　　要复制当前文档并存为新的文档，执行"文件>存储副本"菜单命令或使用快捷键Alt+Ctrl+S即可。例如，需要修改文档时，存储副本既可以不动原始文档里的设计，也可以生成修改后的新设计文档。

图1-49

◎ 技术专题：常用的存储格式
　　Illustrator文件可存储为.ai、.pdf、.eps、.ait和.svg这5种本机格式，如图1-50所示。因为它们可以保留所有Illustrator数据，包括多个画板，所以被称为本机格式。保存为.pdf和.svg格式时，勾选"保留Illustrator编辑功能"可以保留所有Illustrator数据。使用.eps和.svg格式可以将各个画板或选定的画板存储为单独的文件。.svgz格式是.svg格式的压缩格式。.ait格式用于保存为模板。.ai格式的文件是Illustrator源文件，在设计时一定要保留源文件，便于随时修改、调整设计。

图1-50

☞ 导出为---

在保存好源文件的基础上可以导出非本机格式的文件。执行"文件>导出>导出为"菜单命令即可打开"导出"对话框，在其中可以选择

导出位置、保存类型和设置文件名，还可以勾选"使用画板""全部""范围"，单击"导出"按钮即可导出，如图1-51所示。

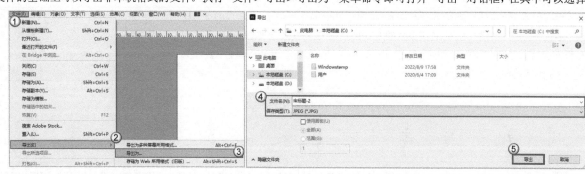

图1-51

重要参数详解（以导出.jpg格式为例）

使用画板：以画板作为边界来导出图像，任何不在画板内的文字和图形都不会被导出。若取消勾选，则会导出文档内所有位置的文字和图形，画板失去意义。

全部：若文档包含多个画板，则使用"使用画板"和"全部"能一次性导出所有画板的独立.jpg图像。

范围：若文档包含多个画板，则使用"使用画板"和"范围"能一次性导出范围中指定的某个画板或某几个画板的独立.jpg图像。

☞ 导出为多种屏幕所用格式---

执行"文件>导出>导出为多种屏幕所用格式"菜单命令或使用快捷键Alt＋Ctrl＋E可打开"导出为多种屏幕所用格式"对话框。在"导出为多种屏幕所用格式"对话框中进行操作可以生成不同大小和格式的文件。例如，在App设计中设计师需要将图标导出为多种尺寸和格式，在"导出为多种屏幕所用格式"对话框中操作就十分便捷、快速。

"导出为多种屏幕所用格式"对话框左侧显示的资源来源分别为"画板"和"资产"，如图1-52所示。

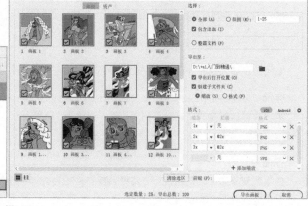

图1-52

"画板"就是将文档内的每一个画板都看作导出的对象，可勾选需要的画板直接导出。

"资产"则是将自定义对象作为导出的对象，需要在"资源导出"面板中提前保存好资源。若没提前在"资源导出"面板中保存资源，则"导出为多种屏幕所用格式"对话框的"资产"页面将是空白。执行"窗口>资源导出"菜单命令可以打开"资源导出"面板，如图1-53所示。

图1-53

将文档中的一个Logo、符号、插画，甚至整个画板中的内容直接拖曳到"资源导出"面板中即可将其保存成资源。"导出为多种屏幕所用格式"对话框中的"资产"页面会随之更新。

"导出设置"自带iOS和安卓系统的预设。可将对象导出为一般或自定义的大小（比例），如1x、2x、3x、0.5x和1.5x等，可存储为.png、.jpg、.svg和.pdf格式。在"资源导出"面板中保存好资源内容，直接单击面板下方的"启动'导出为多种屏幕所用格式'对话框"按钮可打开对话框，如图1-54所示。

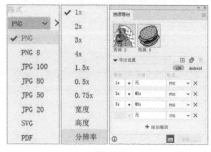

图1-54

1.3 工作区

工作区是设计时的软件界面，包含各类型的功能区块。如同工作时需要一个桌子来摆放各类工具一样，Illustrator也需要工作区来展示所有设计流程中需要使用到的"道具"。根据设计需求整理工作区可以提高设计效率。

1.3.1 工作区介绍

工作区即在Illustrator中所有功能区块的集合体，如图1-55所示。

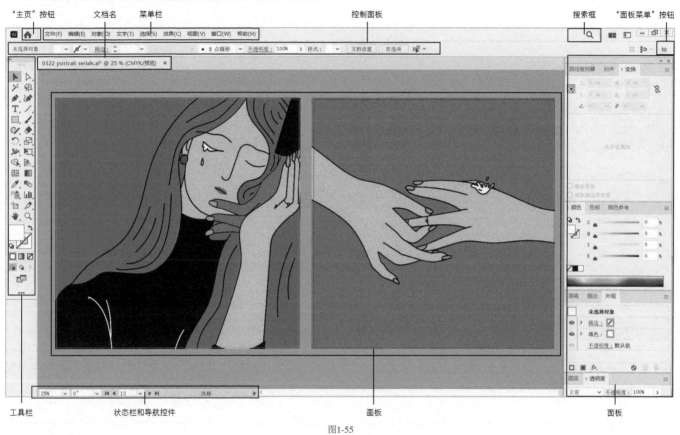

图1-55

重要参数详解

"主页"按钮：单击该按钮能够随时返回"欢迎页"界面，再次新建或打开文档、修改设置等。

菜单栏：包含"文件""编辑""对象""文字""选择""效果""视图""窗口""帮助"9个菜单，每个菜单里都包含多种功能，用于编辑文字、编辑路径、使用特效、调整视图、调出各类面板等。

控制面板和"面板菜单"按钮：控制面板在菜单栏的下方，其内容随选择的对象有所变化。可以将其看作面板的一个快捷操作集合。单击右侧的"面板菜单"按钮可以选择控制面板里放置的内容。例如，选择文本时，控制面板中就会显示和文字设计相关的字体、字号、段落设置等；选择一段闭合路径时，则会显示和路径操作相关联的颜色、描边、对齐方式等。

工具栏：所有工具的集合体。

文档名：显示打开的一个或多个文档的名字、当前显示大小、颜色模式和预览模式。同时打开多个文档时，文档名将从左至右依次排列显示，单击文档名就能切换到对应的文档界面。

面板：位于工作区右侧，从"窗口"菜单中可以打开各类面板来辅助设计。每个面板对应一类设计工具，如"对齐"面板负责对齐文字和图形，"资源导出"面板负责收集需要导出的资源。

状态栏和导航控件：显示当前缩放率、当前使用的画板、当前使用的工具和画板之间的导航。

搜索框：单击搜索框或按F1键可以打开"发现"窗口，能够查找工具、浏览教程等。

如果要修改工作区的布局，则可以在"窗口＞工作区"菜单中选择不同的布局，如图1-56所示。默认使用"基本功能"布局，"基本功能"布局更加精简。不同设计目的可以使用不同的工作区布局。"传统基本功能"布局是更低版本的默认工作区布局，更为人所熟知。

图1-56

1.3.2 自定义工作区

可以根据不同的设计需求，选择需要使用的面板，执行"窗口＞工作区＞新建工作区"菜单命令，输入新工作区名称后单击"确定"按钮，如图1-57所示。下次需要使用设定好的工作区时，只需要执行"窗口＞工作区＞未标题工作区1"菜单命令即可，如图1-58所示。

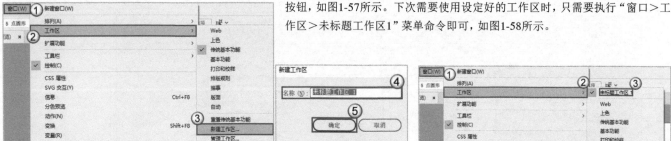

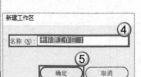

图1-57

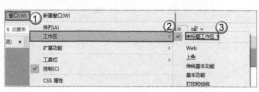

图1-58

1.4 工具栏

工具栏在工作区的左侧，单击工具栏顶部的 按钮可以将双列工具栏变成单列工具栏，如图1-59所示。

"基本功能"工作区的工具栏中只显示部分工具，单击工具栏底部的"编辑工具栏"按钮 …，可以查看所有工具，如图1-60所示。灰色工具表示已显示在工具栏中，可以直接拖曳黑色工具到工具栏的任意位置以进行添加。若要删除工具栏中某个不需要的工具，则将其拖曳到"所有工具"面板中的任意位置即可。

工具栏下方有"填色""描边"色块、"互换填色和描边"按钮 、"默认填色和描边"按钮 和"颜色""渐变""无"颜色属性控件；"正常绘图""背面绘图""内部绘图"3种模式用于设定绘制的新对象位于上一步绘制对象的上方、下方还是内部；"更改屏幕模式"按钮，用于更改"正常屏幕模式""带有菜单栏的全屏模式""全屏模式"（仅显示画板），如图1-61所示。

在"所有工具"面板下方单击不同的按钮可以隐藏这几类控件，让工具栏更精简，如图1-62所示。

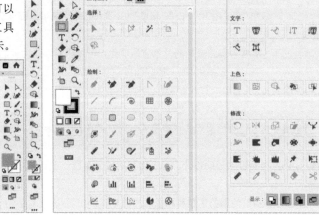

图1-59

图1-60

图1-61

图1-62

1.5 面板

面板用于对设计时所用的功能进行分类,每个面板对应一类设计功能,例如"描边"面板可以修改路径的粗细、路径端点的圆滑程度等。设计不同类型的作品时,设计师往往需要将几个相关面板组成一组,就像装修房子时,与泥瓦工程、木工工程、油漆工程相关的工具都需要用到一样。

1.5.1 管理面板

在"窗口"菜单中可以选择打开或关闭相应面板,如图1-63所示,有些面板默认成组出现,如"变换""对齐""路径查找器"面板等。

可以使用鼠标右键单击"折叠为图标"按钮◀◀并执行"关闭"命令关闭单个面板或整个面板组,还可以直接在面板右上方单击"关闭"按钮✕关闭面板,如图1-64所示。

折叠为图标的面板只显示面板名称,不显示面板中的选项,可以节省空间。再次使用鼠标单击右上角的"折叠为图标"按钮▶▶可以展开面板,如图1-65所示。

若面板有选项被隐藏,单击面板右上角的"面板菜单"按钮☰打开面板菜单,执行"显示选项"命令即可显示面板选项。面板被完全打开后执行"隐藏选项"命令可隐藏面板选项,如图1-66所示。

图1-63	图1-64	图1-65	图1-66

1.5.2 "属性"面板

"属性"面板会根据当前选中的对象,显示与此对象相关的各类型功能,类似工作区中的控制面板,如图1-67所示。

图1-67

1.5.3 "图层"面板

图层提供了一种有效管理文档内容的方式,文档中的图层结构取决于设计师的工作习惯和设计目的。可以在"图层"面板中创建新的图层,并移动对象到新建的图层中。还可以对图层的外观参数进行选择、隐藏、锁定和更改。默认情况下,所有的对象都被放置在一个父图层中,在打开父图层时可以看到其中的每一个路径都是独立的,如图1-68所示。

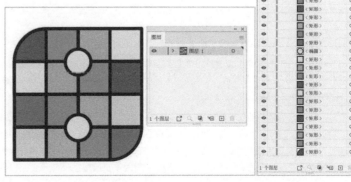

图1-68

在Illustrator中，任何工具和特效都可以直接作用于对象而非图层，同时矢量特性使得每一个对象都是独立的个体，把多个对象放在一个图层中并不会改变对象的独立性，即便从头到尾只有一个图层。打开图层可以看见其所包含的所有对象，可以随时返回对任意对象进行编辑。

如果将图1-68所示的图形里的上半部分形状全部编组，下半部分形状也全部编组，那么虽然能够看见"图层1"下方的所有形状被分成了两个组，但是打开编组会再次看见所有形状的图层，如图1-69所示。编组只是在图层架构中多增加一层分组，并不改变组内对象的独立性。

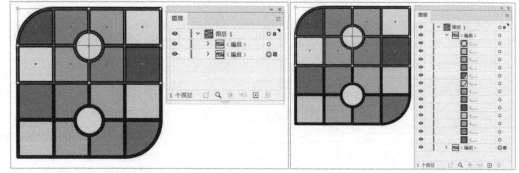

图1-69

选择"图层1"，可以在"图层"面板下方单击"创建新子图层"按钮创建新的子图层（即次一级的图层），也可以单击"创建新图层"按钮创建父级图层（和"图层1"同级别的图层），还可以单击"删除所选图层"按钮删除选择的图层，如图1-70所示。

单击图层前的"切换可视性"按钮，可以暂时隐藏该图层内的所有内容，再次单击即可显示图层，如图1-71所示。

单击图层前的"切换锁定"按钮（锁定前不可见）可以锁定图层，按钮变为，如图1-72所示。被锁定图层中的内容不可修改，再次单击即可解锁。

图1-70

图1-71

图1-72

如果将"图层1"中的内容剪切粘贴进新的图层中，不同的图层会使用不同颜色来标示路径。当选择图层中的对象时，不同颜色的路径线可以帮助设计师区分图层，如图1-73所示。

单击面板右上方的"面板菜单"按钮，执行"面板选项"命令打开"图层面板选项"对话框，如图1-74所示。

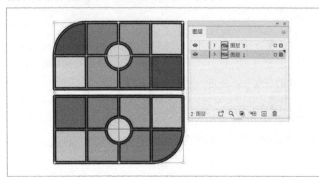
图1-73

图1-74

---

① 技巧提示

Illustrator中的图层和Photoshop中的图层有所区别。图层在Illustrator中并非重中之重，图层中的很多功能已被包含在软件常规操作中，很多复杂的矢量图可以只使用一个图层来完成。Illustrator中的图层更像是一种组织架构，而不会将一个图层内的所有对象融合成一个无法分解的对象。不过图层有时可以让设计过程变得更舒适，如以下3种情况。

第1种：将所有的辅助线放置在一个图层中，可以更方便、快捷地锁定、显示和隐藏所有辅助线。

第2种：将文字、置入的位图、矢量图放置在不同的图层中，可以更加方便地整理这些元素。

第3种：将草稿放置在最底层的图层中，方便将它始终置于所有设计的最底层，也便于对其进行锁定、隐藏和删除。

如果要导出.psd文件以便在Photoshop中继续操作，则必须要在Illustrator中完成分层工作后才能导出。

1.6 菜单栏

菜单栏包含9个菜单，9个菜单中又包含非常多的细分菜单命令，如"选择"菜单专门用来对文档中的对象进行分类选择，"文字"菜单专门用来对文字进行设置，"效果"菜单包含软件中的所有特效，如图1-75所示。

① 技巧提示

菜单栏中的部分菜单命令对应的操作通过对应的面板，或使用工具栏中的某些工具也能完成。"条条大路通罗马"，Illustrator中的许多功能都有不同的调用方法，功能其实都是一样的，只是调用这个功能的途径不同而已。

图1-75

1.7 Illustrator首选项设置

执行"编辑>首选项>常规"菜单命令，如图1-76所示，或使用快捷键Ctrl＋K可以打开"首选项"对话框，未选择任何对象时单击控制面板右侧的"首选项"按钮也能打开"首选项"对话框。

在"首选项"对话框中可以设置Illustrator中的基础设置，分为15类，如图1-77所示。可以设置用户界面颜色、界面大小、暂存盘、自动保存时间间隔等，只需根据自身的设计习惯进行设置即可。

图1-76

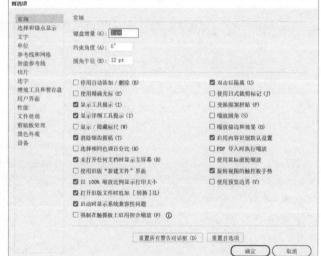

图1-77

重要参数详解

缩放圆角：勾选"缩放圆角"时，圆角会随着缩放操作等比例变化；未勾选"缩放圆角"时，圆角不随缩放操作改变。在设计时经常要放大或缩小设计对象，"缩放圆角"可以保证圆角不变形，如图1-78所示。

缩放描边和效果：勾选"缩放描边和效果"时，描边会随对象的缩放而缩放；未勾选"缩放描边和效果"时，描边的粗细不随对象的缩放而变化，如图1-79所示。

变换图案拼贴：勾选"变换图案拼贴"时，填充的图案会随对象的缩放而等比例变化；未勾选"变换图案拼贴"时，填充的图案不随对象的缩放而变化，如图1-80所示。

勾选　　　　　　　未勾选　　　　　　　勾选　　　　　　　未勾选　　　　　　　勾选　　　　　　　未勾选

图1-78 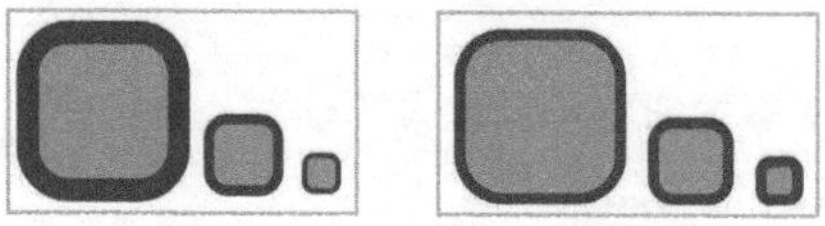　　　　　　　　　　　　　　　　图1-79 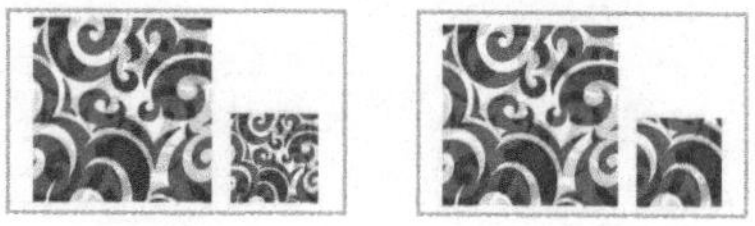　　　　　　　　　　　　　　图1-80

在"首选项"对话框中还可以优化Illustrator的性能，在"常规"中取消勾选"消除锯齿图稿"，降低软件的显示效果，可让Illustrator的处理速度更快一些，如图1-81所示。

图1-81

> ⓘ **技巧提示**
>
> 　　大量使用渐变、特效、3D效果、特别复杂的混合工具都会降低Illustrator的反应速度，如果计算机配置不太好就不要过度使用复杂工具和效果。
>
> 　　Illustrator的运行速度和效率受操作系统、硬件配置、工作流程和选择的工具等因素影响。与建模类软件相比，Illustrator对计算机的配置要求不高。如果运行Illustrator时计算机的响应速度过慢甚至频频卡死，那么可以考虑通过以下5种方法优化运行速度。
>
> 　　第1种：在设计过程中尽量使用"链接"方式而非"嵌入"方式来置入图片，并将置入的图片调整至合适的尺寸和颜色模式。
>
> 　　第2种：执行"视图＞叠印预览"菜单命令禁用使用油墨预览，执行"效果＞文档栅格效果设置"菜单命令将文档的分辨率降低到编辑用的72ppi。
>
> 　　第3种：优化计算机硬件的配置，如升级内存等。
>
> 　　第4种：使用更低版本的Illustrator。
>
> 　　第5种：改变Illustrator的一些显示选项和养成良好的软件使用习惯，如删除不需要的画板、图层，同一个文档中不要创建太多的画板。

1.8 快捷键设置

Illustrator包含默认键盘快捷键和自定义快捷键，熟练地使用快捷键操作可以有效提升创作速度。

1.8.1 默认键盘快捷键

默认键盘快捷键可分为"工具"和"菜单命令"两大类，"菜单命令快捷键"标示在菜单命令文字后，"工具快捷键"需要将鼠标指针停留在工具上才会显示出来。执行"编辑＞键盘快捷键"菜单命令或使用快捷键Alt＋Shift＋Ctrl＋K，可见Illustrator中所有默认设置的键盘快捷键，如图1-82所示。

图1-82

1.8.2 自定义快捷键

当常使用某个功能，而该功能不存在默认快捷键，或者使用某个已有的快捷键不顺手时，可以自定义快捷键。执行"编辑＞键盘快捷键"菜单命令，选择对应的命令，如图1-83所示，单击该命令的空白快捷键处，使用键盘输入新的快捷键即可（可以使用系统允许输入的任何字符）。

> ⓘ **技巧提示**
>
> 　　如果新输入的快捷键和原本已有的快捷键重复，则会显示提示信息。单击"转到冲突处"按钮可以查看冲突的快捷键，单击"清除"按钮可以删除某一个已有快捷键，单击"还原"按钮可以还原默认快捷键。

图1-83

1.9 与其他软件协作

Illustrator可以和一些软件进行协作，方便设计师将矢量文档转换成其他类型的文档，以在其他软件中进一步创作。

1.9.1 与Photoshop协作

Photoshop的特效功能相当强大，在制作海报、插画等类型的作品时，常有设计师将在Illustrator中完成的部分转入Photoshop中再进行加工，从而利用两大软件各自的优势。

☞ 导出分层.psd文件--

Illustrator中的图层可以在导出.psd文件时被保留。在Illustrator中按需将不同的对象放置在不同的图层上，如将鸟放在两个图层上、将人放在一个图层上，以便后期将.psd文件导入Photoshop后对这3个图层进行不同类型的加工，如图1-84所示。

执行"文件＞导出＞导出为"菜单命令，在"导出"对话框中设置"保存类型"为"Photoshop(＊.PSD)"，可以勾选"使用画板"设置文件边界，如图1-85所示，单击"导出"按钮打开"Photoshop导出选项"对话框。

图1-84

可以勾选"写入图层"（即保留Illustrator中的图层信息），也可以勾选"平面化图像"（即所有图层合成一个图层），如图1-86所示，单击"确定"按钮即可导出分层.psd文件。

这样，一个包含了3个图层的.psd文件就完成了，使用Photoshop打开该文件就可以对插画进行加工。

> ① 技巧提示
>
> 导出.psd文件时，若更改颜色模式，则必须将图稿导出为平面化图像，"写入图层"会失效变灰。

图1-85

图1-86

☞ 置入.psd文件--

.psd文件可以直接置入Illustrator中。执行"文件＞置入"菜单命令或使用快捷键Shift＋Ctrl＋P，在打开的对话框中选择要置入的.psd文件，勾选"链接"后单击"置入"按钮，如图1-87所示，使用鼠标在画板上拖曳指定置入范围，松开鼠标左键即可完成置入。

此时这个.psd文件以超链接的形式存于Illustrator文档中，比较节省空间，如图1-88所示。

在Photoshop中修改文件并保存后回到Illustartor，软件会自动检测到图源已更新，在弹出的对话框中单击"是"按钮，如图1-89所示，就可以在Illustrator中同步更新置入的.psd文件。许多设计师在制作海报时会把在Photoshop中调整过的图像存为.psd文件并置入Illustrator后再进行排版，便于后续对图像进行持续修正。借助软件的自动更新功能，不用一次次重新置入，十分便捷。

完成设计后，需要单击"嵌入"按钮将链接的.psd文件嵌入Illustrator，如图1-90所示。

图1-87

图1-88

图1-89

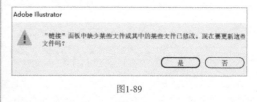

图1-90

1.9.2　与Cinema 4D协作

虽然在Cinema 4D中也可以使用"钢笔工具" ✏绘制图形，但是仅适合绘制简单的图形。在Illustrator中绘制好复杂的图形，再将其导入Cinema 4D中进行后续操作就会变得很简单，能够有效提升工作效率。

将在Illustrator中绘制的路径存储为Illustrator 8的.ai源文件，方便导入Cinema 4D进行后续操作。执行"文件＞存储为"菜单命令，在对话框中设置"保存类型"为.ai，在打开的"Illustrator选项"对话框中设置"版本"为旧版格式中的"Illustrator 8"，如图1-91所示，单击"确定"按钮。其他版本的.ai源文件无法导入Cinema 4D中。

图1-91

1.9.3　与InDesign协作

Adobe公司旗下的InDesign更适合大量排版工作，如图书和手册等包含多个页面的大型项目。旧版本的Illustrator在与InDesign共享文本资源时需要借由Creative Cloud Libraries中转，并且InDesign文本转入Illustrator后部分功能和属性会有一些变化，如InDesign有很多的"下划线"样式，转入Illustrator时不支持的样式就会丢失。Illustrator 2023解决了共享文本资源的差异问题，可将InDesign中完成的文本直接复制粘贴到Illustrator中，并且保留InDesign中的文本样式和格式，使协作更加顺畅。

1.9.4　与3D软件协作

Illustrator可将使用"3D和材质"效果制作而成的3D对象导出为.gltf和.usd格式，以与Adobe Substance 3D或其他3D软件共享；还可将导出资源导入3D软件进一步编辑。打开"3D和材质"面板，单击下方的"导出3D对象"按钮打开"资源导出"面板，设置"格式"为"GLTF""USDA""OBJ"后单击"导出"按钮，如图1-92所示。

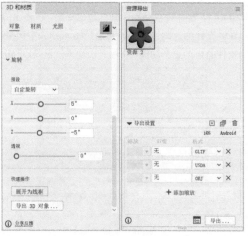

图1-92

第2章 对象的管理与编辑

对象是使用Illustrator设计时的基本元素。对象只是一个泛称，对象可以是一条线段、一个规则形状、一条不规则的闭合路径或一组由多个简单对象构成的复杂对象。本章从使用直线段工具组和形状工具组创建简单对象入手，介绍对象的一系列基础操作，如编组、锁定、排列、分布对齐和变换。这些操作并不复杂，却是构建整个Illustrator设计世界的重要支架。

学习重点 🔍

· 了解锚点和路径的概念　　　　　　　　40页　　　· 掌握直线段工具组和形状工具组的使用方法　　49页
· 掌握处理对象的各项操作　　　　　　　58页

学完本章能做什么

能使用直线段工具组和形状工具组创建基础图形对象，并能够结合"描边""变换"操作和绘图模式，用简洁的图形完成优质设计。

2.1 什么是锚点和路径

锚点和路径是理解Illustrator的重点基础概念。Illustrator中的所有图形都是由锚点、锚点与锚点构成的路径组成的。可以用设计构成中的点、线、面来理解Illustrator的构成形式，点即锚点，线即路径，面即由无数开放和闭合路径构成的图形。

2.1.1 锚点与路径

锚点和路径在最终的印刷成品中是不可见的，设计作品中各种颜色、粗细的线和色块都是Illustrator赋予路径的属性。锚点为"关节"，路径为"骨骼"，属性为"血肉"，它们共同构成了设计作品万千变化的模样。

在设计时使用"直接选择工具" ▷选择对象就能看见路径及路径上的锚点，如图2-1所示。对象未被选择时则不显示路径和锚点。若存在多个图层，则每个图层上的路径的显示颜色都不同。

两个锚点（起点和终点）可以构成一个线段，一个或多个线段可以构成一条路径。如直线段由两个锚点构成，半圆由3个锚点构成，更复杂的图形由更多的锚点构成，如图2-2所示。

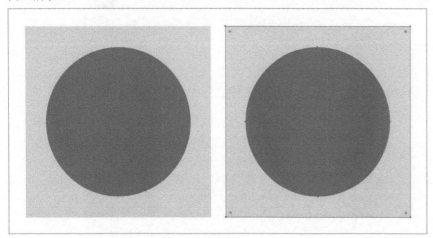

图2-1

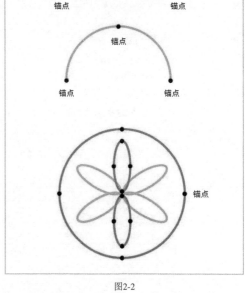

图2-2

起点和终点相连的路径被称为闭合路径，起点和终点不相连的路径被称为开放路径，如图2-3所示。锚点可以分为连接曲线的平滑点和连接直线的角点。平滑点和角点可以协同创造出包含曲线和直线段的复杂路径，借助"锚点工具" ▷可以转换平滑点和角点。通过平滑点两侧的调节手柄可以调整曲线的曲率，角点两侧没有调节手柄，如图2-4所示。

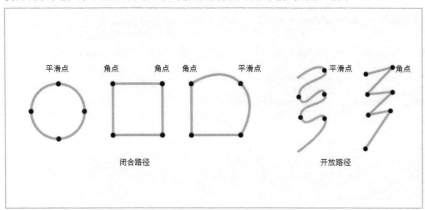

图2-3

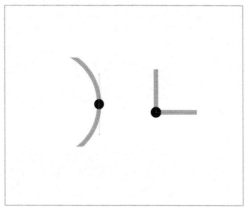

图2-4

任何复杂的插画或图形都是由无数的路径构成的，而每条路径都由锚点控制走向与曲率，如图2-5所示。虽然越多的锚点能创造出越复杂的图形，但是锚点的数量和路径的平滑度并不成正比，恰当数量的锚点才能创造出顺滑的曲线效果。

图2-5

用少量的锚点创造完美的路径需要设计师长年累月的训练。看上去没什么区别的两条路径有时候由位置和角度截然不同的锚点构成。在Logo、图标和字体设计中尤其重视对锚点数量的控制和对锚点位置的优化，而在矢量插画中没那么严格。

2.1.2 对象的填色与描边

路径包含填满路径内部空间的"填色"和沿着路径绘制的"描边"颜色，如图2-6所示。

在工具栏下方可见"填色和描边"工具。当需要为路径填色时，单击"填色"色块，令填色在前；当需要为路径添加描边颜色时，单击"描边"色块，令描边在前。按X键可以改变填色和描边的前后顺序。单击"互换填色和描边"按钮或使用快捷键Shift＋X可以互换两者的颜色，单击"默认填色和描边"按钮或按D键可以恢复默认的白色填色和黑色描边，如图2-7所示。

图2-6　　　　　　　　　　图2-7

"填色"和"描边"分为有填色有描边、无填色有描边、有填色无描边和无填色无描边4种情况，如图2-8所示。

图2-8

---

① 技巧提示

当对象的"填色"和"描边"都为无时，对象在没有被选中的情况下肉眼不可见。因为不可见，所以容易在设计时被忽略，而遗留在设计稿中成为多余的路径，多余路径需要及时删除。

为一个简单对象添加不同的"填色"与"描边"，如图2-9所示，虽然它们的视觉效果变化多样，但它们的本质都是相同的闭合路径。不同的"填色"和"描边"添加方法可以衍生出各式各样的设计风格。当"填色"和"描边"为相同颜色时，虽然对象看上去没有描边，但是实际上描边扩大了整体对象。

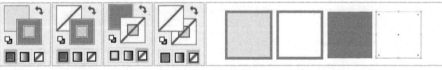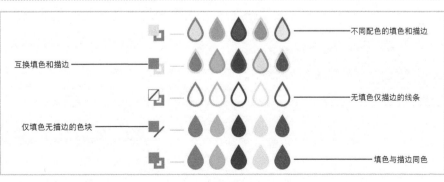

图2-9

不同配色的填色和描边

互换填色和描边

无填色仅描边的线条

仅填色无描边的色块

填色与描边同色

◎ 技术专题：注意填色、描边和背景色间的关系

填色和描边与背景色的关系非常重要。例如，在白色的背景中，当"描边"为白色时描边在视觉上消失了，当"填色"为白色时看似对象没有填色，如图2-10所示。这种不可见与"描边"和"填色"为无有本质上的不同，左侧4组对象在白色背景上显示时白色填色和描边会与背景色相融而消失，右侧4组对象在蓝色背景色上显示时白色填色和描边能清晰地被观察到。

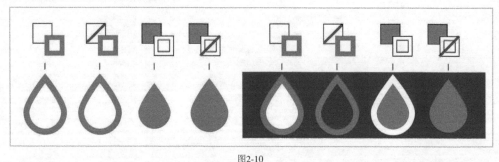

图2-10

为开放路径填色时，Illustrator默认会将该路径的起点和终点连成直线，和路径本身构成一个闭合区域。由于不规则形状的填色效果比较难控制，因此在填色时建议使用闭合路径操作。另外，在一些特殊情况下，如半圆形的闭合路径和开放路径在仅填色的情况下在视觉上没有区别，添加描边后能够明显看出不同，如图2-11所示。

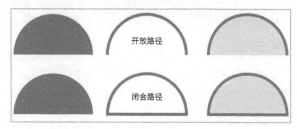

图2-11

2.1.3 给对象添加颜色属性

在为"填色"和"描边"选择颜色时，选择对象后可以通过3种方法为此上色。

第1种： 通过"色板"面板上色。执行"窗口>色板"菜单命令打开"色板"面板，选择对象后单击某个色板即可为对象上色。"填色"在前时为对象内部上色，"描边"在前时为对象描边上色。"色板"面板默认包含"颜色色板""渐变色板""图案色板"3种色板。"颜色色板"是常用的纯色色板系统，一个色块包含一个纯色；"渐变色板"包含一个渐变色应用；"图案色板"则包含一个四方图案连续的自动平铺应用。"颜色组"则是一组包含数个色板的独立集合，如图2-12所示。

第2种： 通过"颜色"面板自定义颜色。执行"窗口>颜色"菜单命令打开"颜色"面板，可以输入对应的颜色值为对象上色；也可以使用鼠标拖曳"颜色"面板右下角来扩大面板，在下方的CMYK色谱中选择想要的颜色，如图2-13所示。

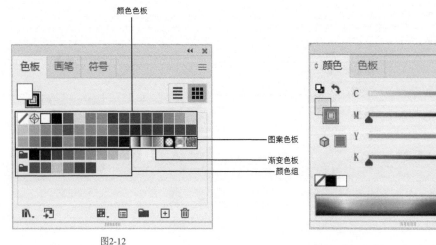

图2-12

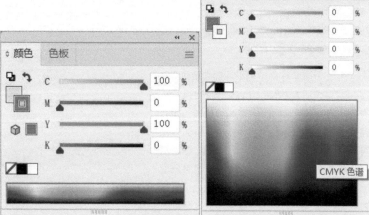

图2-13

第3种： 通过"拾色器"对话框自定义颜色。双击"描边"或"填色"色块打开"拾色器"对话框为对象上色，如图2-14所示。中间的色条用于选择色相，左侧的正方形色彩区域用于选择颜色的深浅明暗变化，可在右侧输入具体的颜色值（如HSB、RGB、CMYK或色号）来精准选择颜色。

图2-14

"色板"面板、"颜色"面板和"拾色器"对话框已经可以全面满足新手对颜色选用的需求。Illustrator自身的色彩系统非常强大，同时又很复杂，色板库、颜色参考、实时上色、重新着色图稿等高阶配色改色技巧将在第4章详细介绍。

2.1.4 给对象添加描边属性

"描边"面板用于为对象增加描边属性。执行"窗口＞描边"菜单命令可打开"描边"面板，如图2-15所示。

图2-15

重要参数详解

粗细：选择路径可调整描边的粗细，参数值越大，描边越粗，如图2-16所示。可以选择预设的描边粗细，也可以手动输入参数值。

图2-16

! 技巧提示

注意是否在"首选项"对话框或"变换"面板中勾选了"缩放描边"。勾选时，虽然在缩放对象时视觉上描边粗细和整体对象之间的比例不会变化，但是"描边"参数值会自动增大减小；未勾选时，虽然在缩放对象时"描边"参数值没有改变，但是视觉上描边粗细和整体对象之间的比例会随缩放变化。

端点：指定开放路径两端的样式。"平头端点"不会超出路径端点；"圆头端点"和"方头端点"会超出路径端点，超出距离为路径描边粗细的一半。"圆头端点"显得圆润柔和，"平头端点"和"方头端点"则显得较为利落，如图2-17所示。

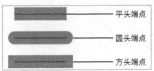

图2-17

! 技巧提示

如果在一个文档中使用不同的端点样式，那么在"对齐"面板中对齐多个路径时，容易出现"首尾对不齐"的问题。如果希望路径在对齐后完全匹配，那么需要确保路径的对齐方式设置相同。

边角：可以改变路径转折处描边的呈现方式，包含"斜接连接""圆角连接""斜角连接"3种，无描边对象没有边角，描边越粗差异越明显。"斜接连接"呈现尖锐的角，"圆角连接"呈现圆滑的角，"斜角连接"呈现横切的角，如图2-18所示。

图2-18

对齐描边：只针对闭合路径的对齐方式，包含"使描边居中对齐""使描边内侧对齐""使描边外侧对齐"3种，如图2-19所示。"使描边居中对齐"是在路径两侧各添加一半"粗细"参数值宽的描边，"使描边内侧对齐"则是在路径内侧添加"粗细"参数值宽的描边，"使描边外侧对齐"则是在路径外侧添加"粗细"参数值宽的描边。如果要求闭合路径在对齐后完全匹配，那么需要确保路径的对齐描边方式一致。

使描边居中对齐　　　　使描边内侧对齐　　　　使描边外侧对齐

图2-19

虚线：勾选后可以将任何实线路径变为虚线路径。设置"虚线"和"间隙"参数，选择"虚线角"的处理方式，即可创造出多变的虚线世界。一般只需要填写第1个"虚线"参数值，Illustrator默认之后的"间隙"和"虚线"参数值一致，之后无限循环，创造出等距离不相连的虚线，如图2-20所示。也可以设置不同的"间隙"和"虚线"参数值，创造不等距不相连的虚线。一个虚线和一个间隙对应一个线段长度和一个断开的距离，最多可以设置4种不同形式的"虚线"和"间隙"参数值，如图2-21所示。

图2-20

图2-21

◎ **技术专题：虚线的特殊运用技法**

结合"描边"面板中的"粗细""端点""边角""虚线""间隙"参数可以创造一类特殊虚线——圆点虚线。

绘制一条路径，设置"粗细"为8pt、"端点"为"圆头端点"，"边角"为"圆角连接"，勾选"虚线"后，如果设置"虚线"为0pt，那么"间隙"参数值为该路径的"粗细"参数值。这样就可以得到珠串的视觉效果，而不需要使用"椭圆工具" ◯ 逐一绘制，省时省力，如图2-22所示。

如果需要圆点和圆点间保留一点间隙，那么只需要设置"间隙"参数值大于该路径的"粗细"参数值即可，如图2-23所示。

如果需要圆点和圆点间重叠一部分，那么只需要设置"间隙"参数值小于该路径的"粗细"参数值即可，如图2-24所示。

图2-22

图2-23

图2-24

任何简单或复杂的路径都可以使用这种技法快速获取珠型线条，如正方形、圆形和三角形可以通过上述3种方法得到图2-25所示的图形。

此时珠串形态只是路径的描边，要进一步设计需要执行"对象>路径>轮廓化描边"菜单命令，将描边呈现的视觉效果转换为具体的路径，以便对这些圆点进行填色和描边，如图2-26所示。

图2-25

图2-26

角的处理：在处理路径转角处的虚线时，可以选择"保留虚线和间隙的精准长度"和"使虚线与边角和路径终端对齐，并调整到适合长度"两种类型。后者会降低转角处虚线和间隙的精准性，转角处会自动调整虚线的长度来获得对称的美感，如图2-27所示。

箭头：给路径添加箭头，左右两组箭头分别用于给路径添加起始处的箭头和终点处的箭头，默认为"无"。箭头的默认大小和路径的粗细有关，路径越粗，箭头默认越大，如图2-28所示。

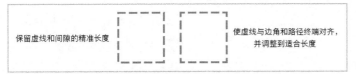

图2-27

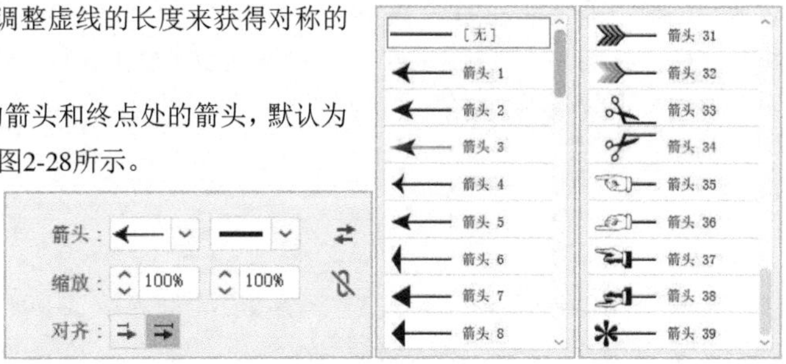

图2-28

缩放：可以在路径粗细固定的前提下，等比例缩放默认箭头。

对齐：与端点类型相同，分为"将箭头提示扩展到路径终点外"和"将箭头提示放置于路径终点处"两种类型。如果要精准控制箭头的长度，建议使用"将箭头提示放置于路径终点处"。

配置文件：为路径添加不同宽度比的描边。"描边"面板中的"配置文件"仅包含7种类型的预设，默认使用"等比"，如图2-29所示。更多宽度比的描边可使用工具栏中的"宽度工具" 自定义创作。

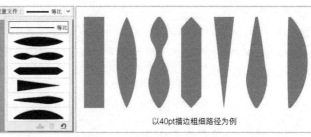

以40pt描边粗细路径为例

图2-29

📖 重点
✋ 案例训练：设计复古美式文字Banner

实例文件	实例文件＞CH02＞案例训练：设计复古美式文字Banner
素材文件	无
难易程度	★☆☆☆☆
技术掌握	描边

扫码看视频

本案例将通过设置不同的描边参数来设计复古美式文字Banner，颜色值如图2-30所示，最终效果如图2-31所示。

01 执行"文件＞新建"菜单命令或使用快捷键Ctrl＋N打开"新建文档"对话框，设置"宽度"为400mm、"高度"为200mm、"颜色模式"为"RGB颜色"，单击"创建"按钮新建文档，如图2-32所示。

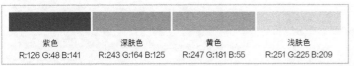

紫色	深肤色	黄色	浅肤色
R:126 G:48 B:141	R:243 G:164 B:125	R:247 G:181 B:55	R:251 G:225 B:209

图2-30

图2-31

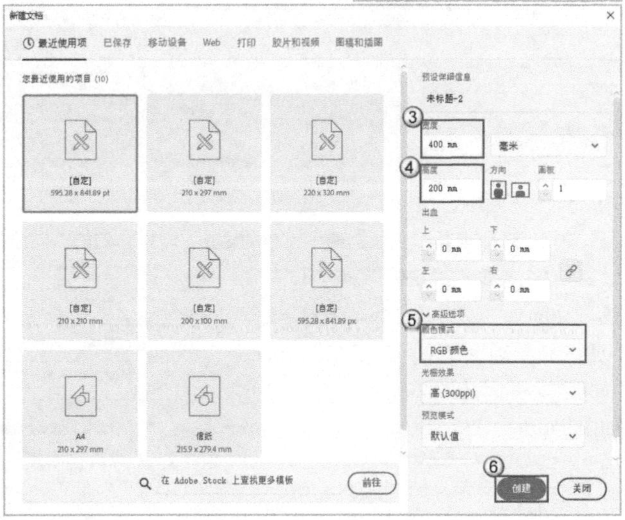

图2-32

02 使用"文字工具"**T**输入文字NEW STORE、NOW OPEN和日期，设置"字体"为Eras Bold ITC，按Esc键退出文字的输入状态并使用鼠标右键单击文本，执行"创建轮廓"命令或使用快捷键Shift＋Ctrl＋O将文字转化为闭合路径，如图2-33所示。

> **① 技巧提示**
>
> 在Illustrator中设计文字字形时，需要将文字轮廓化，将文字变成矢量路径后方可添加各类属性。轮廓化后的文字就成了矢量图形。英文文字字形简洁，适合初学者使用各类描边参数设计字形；中文文字字形复杂，添加过于花哨的描边反而效果不佳。

图2-33

03 给矢量路径添加填色和描边。设置NEW STORE的"填色"为紫色、"描边"为"无"，设置NOW OPEN的"填色"为浅肤色、"描边"为紫色、"粗细"为1pt，设置SAT 23 JAN的"填色"为紫色，如图2-34所示。

04 使用快捷键Ctrl＋C和Ctrl＋V复制粘贴NEW STORE和NOW OPEN文字，设置复制得到的NEW STORE的"填色"为深肤色、"描边"为紫色、"粗细"为1pt，设置复制得到的NOW OPEN的"填色"为紫色、"描边"为"无"，如图2-35所示。

05 拖曳第2份文字至第1份文字的下方（若不在下方，则使用快捷键Ctrl＋[把第2份文字移至下一层），微微错开得到立体效果，如图2-36所示。

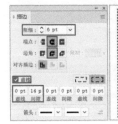  

图2-34   图2-35   图2-36

06 使用"矩形工具"▢绘制一个长方形，设置"填色"为黄色、"描边"为紫色，在"描边"面板中设置"粗细"为6pt、"端点"为"圆头端点"、"边角"为"圆角连接"，勾选"虚线"，设置"虚线"为0pt、"间隙"为14pt，得到珠串效果，如图2-37所示。

07 使用"直线段工具"╱在日期文字的上方绘制一条"描边"为紫色的线段，在"描边"面板中设置"粗细"为6pt、"端点"为"圆头端点"、"边角"为"圆角连接"，勾选"虚线"，设置"虚线"为0pt、"间隙"为14pt，如图2-38所示。

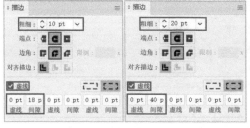 

图2-37   图2-38

08 使用"矩形工具"▢绘制两个较小的矩形，设置它们的"描边"为紫色、"端点"为"圆头端点"、"边角"为"圆角连接"，并勾选"虚线"。设置第1个矩形的"粗细"为10pt、"虚线"为0pt、"间隙"为18pt，设置第2个矩形的"粗细"为20pt、"虚线"为0pt、"间隙"为40pt，如图2-39所示，最终效果如图2-40所示。

图2-39   图2-40

案例训练：设计国风活动宣传卡

实例文件	实例文件＞CH02＞案例训练：设计国风活动宣传卡
素材文件	无
难易程度	★★☆☆☆
技术掌握	描边

本案例将通过设置描边参数设计双面的国风活动宣传卡，珠串在设计中作为装饰框，甚至作为图案，都非常好看且百搭，颜色值如图2-41所示，最终效果如图2-42所示。

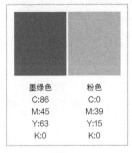

墨绿色
C:86
M:45
Y:63
K:0

粉色
C:0
M:39
Y:15
K:0

图2-41

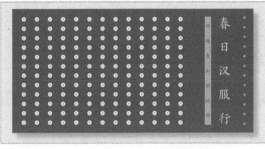

图2-42

01 执行"文件＞新建"菜单命令或使用快捷键Ctrl＋N打开"新建文档"对话框，设置"宽度"为400mm、"高度"为200mm、"画板"为2、"颜色模式"为"CMYK模式"，单击"创建"按钮新建文档，如图2-43所示。

02 使用"矩形工具"▢绘制一个400mm×200mm的长方形，设置"填色"为墨绿色，并将其作为底色。接着选择"直线段工具"╱，按住Shift键绘制一条垂直直线段，设置"粗细"为20pt、"描边"为白色、"端点"为"圆头端点"，勾选"虚线"后设置"虚线"为0pt、"间隙"为42pt，如图2-44所示。

03 同时按住Alt键和Shift键，单击珠子直线段并向右水平拖曳适量距离，松开鼠标左键即可复制出第2条珠子直线段，连续使用快捷键Ctrl＋D共11次，通过"再次变换"功能移动复制得到的11条珠子直线段，如图2-45所示。

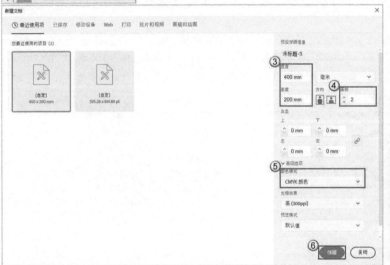

图2-43

图2-44

图2-45

04 选择13条珠子直线段，使用快捷键Ctrl＋G编组，编组后13条珠子直线段就成了一个对象。任何为此对象添加的效果都会同时赋予对象内部的所有珠子直线段。执行"对象＞路径＞轮廓化描边"菜单命令，将所有珠子直线段转化成闭合路径，转化为闭合路径后可以给珠帘添加描边，如图2-46所示。

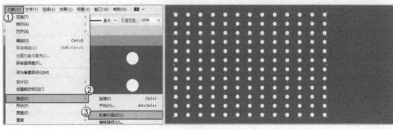

图2-46

05 选择珠帘，设置"填色"为粉色、"描边"为白色、"粗细"为6pt、"对齐描边"为"使描边内侧对齐"，如图2-47所示。

06 在右侧空白处使用"直排文字工具" ⅠT输入大标题和小标题，设置"字体"为"方正楷体"。在右侧绘制一条直线段，设置"描边"为粉色、"粗细"为10pt、"端点"为"圆头端点"、"边角"为"圆角连接"，勾选"虚线"，设置"虚线"为0pt、"间隙"为45pt。宣传卡正面就制作完成了，如图2-48所示。

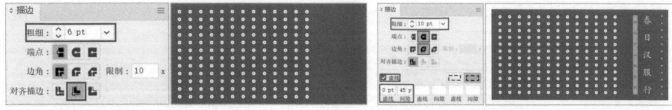

图2-47　　　　　　　　　　　　　　　　　　　图2-48

07 在第2个画板上制作宣传卡背面。使用"矩形工具" ▢绘制一个400mm×200mm的粉色矩形和一个250mm×140mm的墨绿色矩形，如图2-49所示。

08 在墨绿色矩形的上方、下方和最右侧分别添加一条正面使用到的白边粉心珠串装饰线（步骤同前），如图2-50所示。

图2-49　　　　　　　　　　　　　　　　　　　图2-50

09 使用"矩形工具" ▢绘制一个略大于墨绿色矩形，并且"填色"为"无"、"描边"为白色的矩形，使用"直线段工具" ╱绘制两条白色垂直直线段，在"描边"面板中勾选"虚线"并设置"虚线"为0pt、"间隙"为20pt，形成墨绿色矩形外一圈和右侧两条垂直白色细珠串，如图2-51所示。

10 添加上竖排的主标题和一首词，如图2-52所示。实际运用时，文字部分一般包含具体的活动信息，如地址、活动时间和活动安排等，最终效果如图2-53所示。

图2-51　　　　　　　　　　　　　　　　　　　图2-52

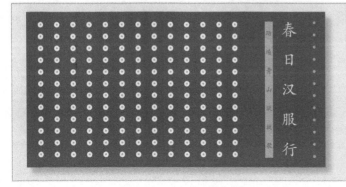
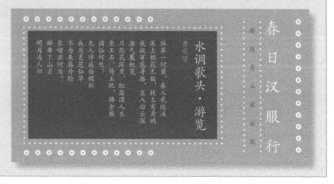

图2-53

2.2 绘制简单对象

在Illustrator中，大部分自定义路径需要借由进阶绘画类工具来绘制，如"钢笔工具" ✐、"铅笔工具" ✐和"画笔工具" ✐。对初学者而言，前面两个案例中所使用的"直线段工具" ╱（属于直线段工具组）和"矩形工具" ▢（属于形状工具组）有助于快速绘制简单对象并进行设计。

2.2.1 直线段工具组

在"直线段工具" ╱上按住鼠标左键或使用鼠标右键单击它可以展开工具组，其中有"直线段工具" ╱、"弧形工具" ⌒、"螺旋线工具" ◎、"矩形网格工具" ▦和"极坐标网格工具" ◉，如图2-54所示。

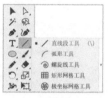

图2-54

☞ 直线段工具--

选择"直线段工具" ╱，按住鼠标左键拖曳，松开鼠标左键即可绘制一条直线段，如图2-55所示。按住Shift键并拖曳鼠标可以绘制水平、垂直和倾斜角度为45°的线段。

若要精准控制直线段的长度和角度，则双击"直线段工具" ╱，或者选择"直线段工具" ╱后在画板的任意位置单击，打开"直线段工具选项"对话框进行设置，如图2-56所示。

重要参数详解

长度：设置直线段的长度。

角度：设置直线段的倾斜角度。

线段填色：默认不勾选，勾选后使用当前"描边"或"填色"颜色来为直线段描边（无"描边"颜色时使用"填色"颜色，有"描边"颜色时使用"描边"颜色）。若当前"填色"和"描边"均为无，则绘制的直线段无描边，非选择状态下不可见。

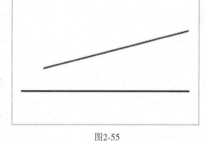

图2-55

图2-56

☞ 弧形工具--

选择"弧形工具" ⌒，按住鼠标左键拖曳，松开鼠标左键即可绘制一条弧线，如图2-57所示。按住Shift键并拖曳鼠标可以绘制"斜率"为50的弧线（1/4圆）。

若要精准控制弧线的长度和角度，则选择"弧形工具" ⌒，单击画板的任意位置打开"弧线段工具选项"对话框进行设置即可，如图2-58所示。

重要参数详解

X轴长度：指定弧线的宽度。

Y轴长度：指定弧线的高度。

参考点定位器 ▫：单击4个角点来指定弧线左右和上下朝向，如图2-59所示。

类型：指定为"开放"路径或"封闭"路径，如图2-60所示。

图2-57

图2-58

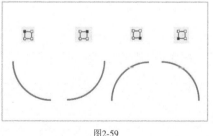

图2-59

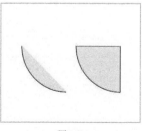

图2-60

基线轴：指定弧线的方向，即沿"X轴"（水平）或"Y轴"（垂直）绘制弧线基线。

斜率：指定弧线的斜率。凹入（向内）的弧线的"斜率"为负数，凸起（向外）的弧线的"斜率"为正数。"斜率"为0将创建直线，"斜率"为50将创建1/4个圆。"斜率"分别为−70、0、50和70的弧线的对比如图2-61所示。

弧线填色：勾选后，以当前工具栏下方的"填色"和"描边"颜色自动为后续绘制的弧线上色。

若需要预览设置参数对应的弧线，则可以双击"弧形工具" ，打开带有预览效果的"弧线段工具选项"对话框。

图2-61

👉 螺旋线工具

选择"螺旋线工具" ，按住鼠标左键拖曳可以绘制螺旋线，向外、向内拖曳鼠标可以调整螺旋线的大小，如图2-62所示。绘制时按住鼠标左键不松开，按一次↑键增加一段螺旋线起点处线段，按一次↓键则减少一段起点处线段。

选择"螺旋线工具" ，在画板的任意位置单击即可打开"螺旋线"对话框，如图2-63所示。

重要参数详解

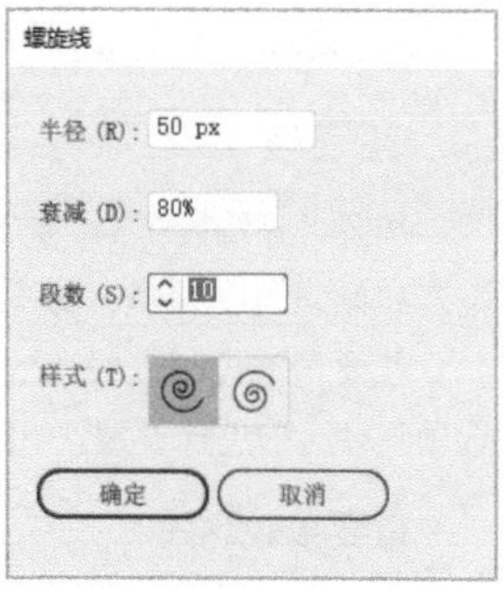

半径：指定从中心到螺旋线最外侧的距离。

衰减：指定螺旋线的每一圈相对于上一圈应减少的量。

段数：指定螺旋线的线段数。每一圈螺旋线由4条线段组成，线段数越多圈数越多。

样式：指定螺旋线的方向。

图2-62

图2-63

👉 矩形网格工具

选择"矩形网格工具" ，按住鼠标左键拖曳就能够绘制网格，如图2-64所示。按住Shift键可以绘制正方形网格。按住鼠标左键未松开时，按↑键可增加网格行数，按↓键可减少网格行数，按←键可减少网格列数，按→键可增加网格列数。

选择该工具后单击画板的任意位置即可打开"矩形网格工具选项"对话框，如图2-65所示。

重要参数详解

默认大小：指定网格的高度和宽度。

参考点定位器 ：指定网格的起始点为网格的左上端点、右上端点、左下端点或右下端点。

水平分隔线：指定网格中横向分隔线的数量。"倾斜"决定水平分隔线倾向网格顶部或底部的程度，0%为均分。

垂直分隔线：指定网格中的纵向分隔线的数量。"倾斜"决定垂直分隔线倾向于左侧或右侧的程度，0%为均分。

使用外部矩形作为框架：若勾选，则网格外部是一个闭合矩形路径；若不勾选，则网格外部是4条直线段。

填色网格：若勾选，则以当前"填色"颜色来为网格上色；若未勾选，则"填色"默认为"无"。

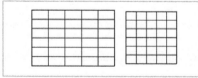

图2-64

图2-65

👉 极坐标网格工具

选择"极坐标网格工具" ，按住鼠标左键拖曳能够自由绘制极坐标。按住Shift键能绘制圆形极坐标，如图2-66所示。

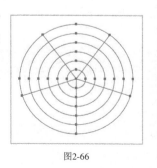

图2-66

按住鼠标左键未松开时，按↑键可增加圈数，按↓键可减少圈数，按←键可减少同心圆分隔线，按→键可增加同心圆分隔线。选择该工具后在画板的任意位置单击即可打开"极坐标网格工具选项"对话框，如图2-67所示。

重要参数详解

默认大小：指定宽度和高度。

同心圆分隔线：指定最外层圆形内部的同心圆数量。"倾斜"决定分隔线倾向于内侧或外侧圆形的程度，0%为均分。

径向分隔线：指定同心圆内的分隔线数量。"倾斜"决定分隔线倾向于网格逆时针或顺时针的程度，0%为均分。

从椭圆形创建复合路径：若勾选，则填色时将同心圆转换为独立复合路径并每隔一个圆填色；若不勾选，则为整体填色，如图2-68所示。

填色网格：若勾选，则以当前"填色"颜色来为网格上色；若未勾选，则默认设置"填色"为无。

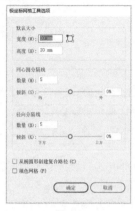
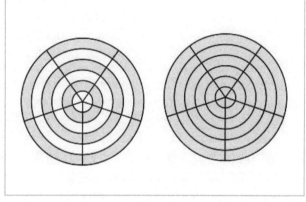

图2-67 图2-68

2.2.2 形状工具组

在"矩形工具" ▢ 上按住鼠标左键或用鼠标右键单击它（快捷键为M）可以打开形状工具组，其中包含"矩形工具" ▢、"圆角矩形工具" ▢、"椭圆工具" ◯、"多边形工具" ◯、"星形工具" ☆ 和"光晕工具" ◉ 6个工具，如图2-69所示。

图2-69

☞ **矩形工具和圆角矩形工具**--

选择"矩形工具" ▢，在画板上按住鼠标左键拖曳即可绘制矩形，按住Shift键能够绘制正方形，如图2-70所示。

选择"矩形工具" ▢ 并在画板的任意位置单击，能够打开"矩形"对话框自定义"宽度"和"高度"，如图2-71所示。

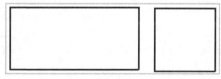

图2-70 图2-71

"圆角矩形工具" ▢ 与"矩形工具" ▢ 的操作相同，区别在于使用该工具绘制的矩形的4个角是圆角，"圆角半径"参数决定了圆角大小。也可以选择矩形对象并执行"窗口>变换"菜单命令或使用快捷键Shift+F8打开"变换"面板，设置"圆角半径"参数获得圆角矩形，如图2-72所示。当圆角半径为正方形边长的一半时，得到的是圆形，如图2-73所示。

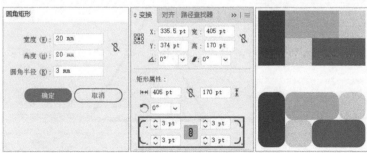
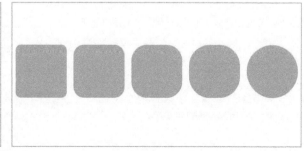

图2-72 图2-73

也可以通过拖曳矩形内部的圆角符号将直角转为圆角，向内拖曳增大圆角，向外拖曳减小圆角，如图2-74所示。

使用"直接选择工具" ▷单击矩形四角的任意一个圆角符号，可以只针对该圆角符号调整弧度；也可以按住Shift键并单击多个角处的圆角符号，同时选择这几个圆角符号来调整弧度，如图2-75所示。

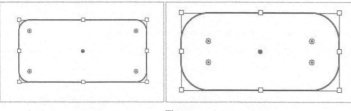

图2-74

图2-75

直角转圆角的操作是可逆的，任意转为圆角的直角都可以通过往外拖曳圆角符号变回原本的直角。该操作在日常设计中的便捷性优于"圆角矩形工具" ▢。若要精准控制"圆角半径"参数，则需要使用"圆角矩形工具" ▢。

👉 椭圆工具

选择"椭圆工具" ⬭，按住鼠标左键拖曳可以绘制椭圆，按住Shift键可以绘制圆形，如图2-76所示。

选择"椭圆工具" ⬭时，单击画板的任意位置即可打开"椭圆"对话框，"宽度"与"高度"参数值一致时可以绘制圆形。绘制完成后，可使用鼠标拖曳图2-77中红圈标示的锚点将圆形转化为扇形，锚点角度为180°时为半圆。

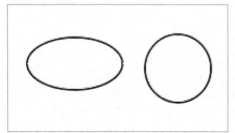

图2-76

 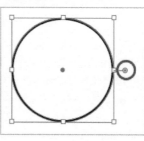 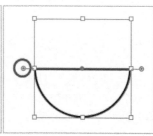

图2-77

👉 多边形工具

选择"多边形工具" ⬡，按住鼠标左键拖曳即可绘制多边形，默认绘制六边形。在绘制时不松开鼠标左键，按↑键可增加边数，按↓键可减少边数。也可以选择对象后，单击图2-78中外框右侧红圈标示的点并拖曳，向上拖曳可减少边数，向下拖曳可增加边数。

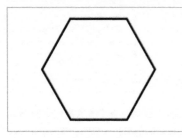 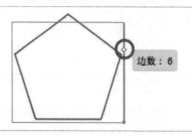 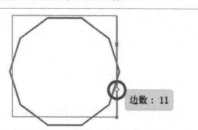

图2-78

选择"多边形工具" ⬡时，单击画板的任意位置可打开"多边形"对话框，"边数"为3时可绘制三角形，如图2-79所示，"边数"为4时可绘制正方形。

① 技巧提示

　　边数越多越接近圆形，边数不能小于3。

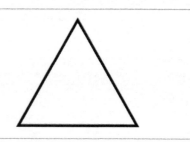

图2-79

☞ 星形工具---

选择"星形工具"⭐，绘制时不松开鼠标左键，按↑键可增加角数，按↓键可减少角数，默认绘制五角星。选择该工具后单击画板的任意位置可打开"星形"对话框，"半径1"参数用于设置黑线标示的长度，"半径2"参数用于设置白线标示的长度，如图2-80所示。

"半径1"和"半径2"参数值越接近，星形越近似多边形。当两者相同时，等同于绘制边数为"角点数"参数值2倍的多边形，"角点数"参数值不能小于3，如图2-81和图2-82所示。

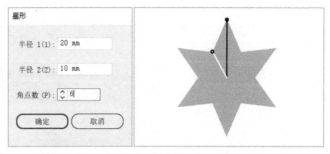

图2-80

"角点数"为6，"半径1"为10，"半径2"为2、4、6、8、10、12时绘制的6种图形

图2-81

"半径1"为10，"半径2"为2，"角点数"为3、4、5、6、7、8时绘制的6种图形

图2-82

☞ 光晕工具---

使用"光晕工具"◉可以绘制出梦幻的光晕图案效果，该工具在实际设计中运用较少。选择"光晕工具"◉，先单击得到起点，然后拖曳鼠标可以调整光晕大小，完成光晕部分后松开鼠标左键；最后拖曳鼠标并单击得到终点，拖曳调整位置可以绘制出光环部分，如图2-83所示。

第1次绘制未松开鼠标左键时，按住Shift键可以将射线角度固定（否则射线会随鼠标拖曳的动作而旋转），按↑键或↓键可以增加或减少射线数量，按住Ctrl键可保持光晕中心圈大小不变，外圈随鼠标拖曳的动作持续变大或缩小。第2次绘制未松开鼠标左键时，按↑键或↓键可以增加或减少光环中圆圈的数量，按~键可随机放置光环。选择"光晕工具"◉后单击画板的任意位置可打开"光晕工具选项"对话框设置参数，如图2-84所示。

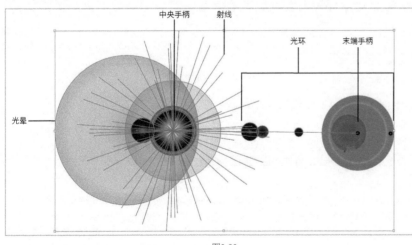

图2-83

图2-84

重要参数详解

居中：指定光晕中心的整体直径、不透明度和亮度。

光晕：指定光晕的增大部分占整体的百分比，以及光晕的模糊度（0%为锐利，100%为模糊）。

射线：勾选"射线"并指定射线的数量、最长的射线（作为射线平均长度的百分比）和射线的模糊度。

环形：勾选"环形"并指定光晕中心点（中心手柄）与最远的光环中心点（末端手柄）之间的距离、光环数量、最大的光环（作为光环平均大小的百分比）和光环的方向或角度。

案例训练：设计花瓣形Logo

实例文件	实例文件 > CH02 > 案例训练：设计花瓣形Logo
素材文件	无
难易程度	★ ☆ ☆ ☆ ☆
技术掌握	弧形工具

本案例使用"弧形工具" 设计一组极简风格的花瓣形Logo，颜色值如图2-85所示，最终效果如图2-86所示。

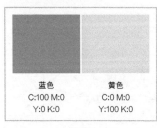

蓝色	黄色
C:100 M:0 Y:0 K:0	C:0 M:0 Y:100 K:0

图2-85

图2-86

01 新建3个100mm×100mm的"CMYK颜色"画板。选择"弧形工具" ，按住Shift键并拖曳鼠标绘制一个斜率为50、x轴和y轴长度为55mm的蓝色圆弧，如图2-87所示。

02 选择圆弧并单击鼠标右键，执行"变换>旋转"命令打开"旋转"对话框，设置"角度"为180°，单击"复制"按钮，如图2-88所示，旋转180°复制得到第2个圆弧，效果如图2-89所示。

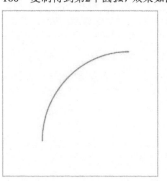

图2-87

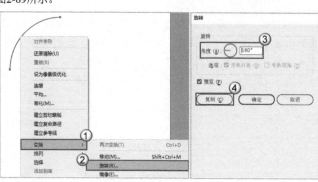

图2-88

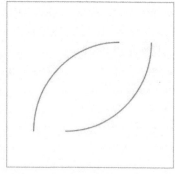

图2-89

03 使用鼠标拖曳第2个圆弧，将其起点和终点分别与第1个圆弧的起点和终点重叠，形成一个花瓣的形状，如图2-90所示。

04 此时花瓣虽然看着像是一条闭合路径，但是它是由两条开放路径构成的。使用"直接选择工具" 选择右上方的两个锚点，单击鼠标右键并执行"连接"命令，如图2-91所示，将两个圆弧的上方端点连接，左下方的两个锚点也使用相同的方法连接。

05 这时花瓣就成了一条闭合路径，设置"填色"为蓝色、"描边"为"无"。选择蓝色花瓣并使用鼠标右键单击，执行"变换>镜像"命令打开"镜像"对话框，单击"复制"按钮，如图2-92所示，镜像复制一个花瓣，设置"填色"为黄色，效果如图2-93所示。

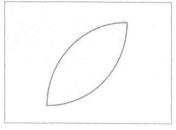

图2-90

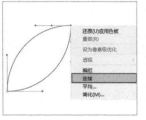

图2-91

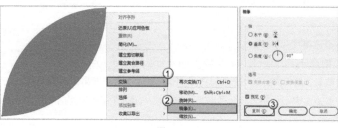

图2-92

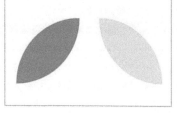

图2-93

06 使用两片同向或反向的花瓣进行叠加，由于叠加后的"填色"为纯色，因此图形会显得有点呆板。选择绘制的黄色花瓣和蓝色花瓣，打开"透明度"面板并设置"混合模式"为"正片叠底"，此时蓝色和黄色混合后得到绿色，整个图形变得更轻盈，如图2-94所示。实际运用时添加Logo文字即可，最终效果如图2-95所示。

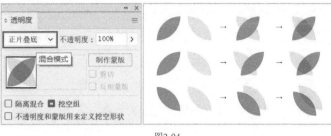

图2-94

图2-95

★ 重点

👆案例训练：设计户外活动日宣传卡

实例文件	实例文件＞CH02＞案例训练：设计户外活动日宣传卡
素材文件	无
难易程度	★☆☆☆☆
技术掌握	弧形工具

扫码看视频

本案例使用"弧形工具" 设计一张户外登山活动的宣传卡，使用抽象化山峰图形进行设计，颜色值如图2-96所示，最终效果如图2-97所示。

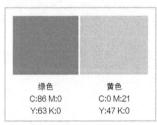

绿色
C:86 M:0
Y:63 K:0

黄色
C:0 M:21
Y:47 K:0

图2-96

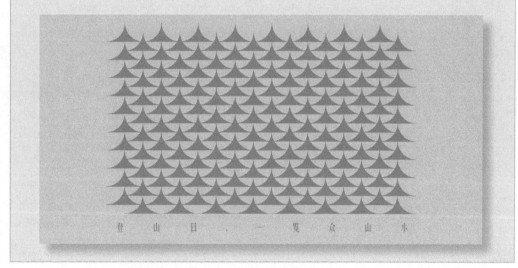

图2-97

01 新建一个400mm×200mm"CMYK颜色"画板（实际运用时根据实物尺寸设置画板）。使用"弧形工具" 绘制一个斜率为50、x轴和y轴长度为16mm的圆弧，设置"填色"为"无"、"描边"为绿色，如图2-98所示。

02 使用"选择工具" 选择圆弧并单击鼠标右键，执行"变换＞镜像"命令，单击"复制"按钮，得到第2个垂直翻转的圆弧，如图2-99所示。

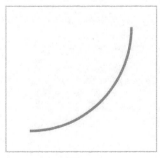

图2-98

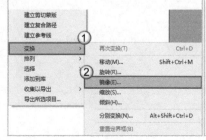

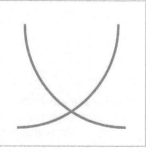

图2-99

03 使用"选择工具" ▶ 选择第2个圆弧，按住Shift键并使用鼠标水平拖曳第2个圆弧，使两个圆弧顶端相接，形成一个尖角。使用"直接选择工具" ▷ 选择上方的两个锚点，单击鼠标右键并执行"连接"命令，将两个圆弧连成山峰，如图2-100所示。

04 同时按住Alt键和Shift键，单击山峰并向右水平拖曳复制出第2个山峰并保证两个山峰下方相连，如图2-101所示。

05 连续使用快捷键Ctrl＋D共6次，再复制出剩下的6组尖角，连成一排山峰。使用"选择工具" ▶ 选择整排山峰，使用快捷键Ctrl＋G编组，互换"填色"和"描边"颜色，得到一排绿色的山峰，如图2-102所示。

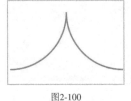

图2-100

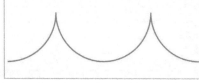

图2-101

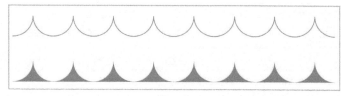

图2-102

06 绘制一个与画板大小相同的黄色矩形，使用快捷键Shift＋Ctrl＋[将黄色矩形置于底层作为背景。同时按住Alt键和Shift键，单击整行山峰并垂直向下拖曳复制出第2行，连续使用快捷键Ctrl＋D共8次，形成10行绿色山峰，如图2-103所示。

07 选择所有山峰并使用快捷键Ctrl＋G编组。同时按住Alt键和Shift键，单击整组山峰并向右下45°拖曳复制得到第2组山峰（白色山峰就是第2组，实际操作时"填色"为绿色），如图2-104所示，输入文字并设置"字体"为"方正姚体"、"字体大小"为24pt、"填色"为绿色，在"段落"面板中单击"全部两端对齐"按钮，最终效果如图2-105所示。

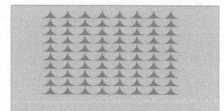

图2-103

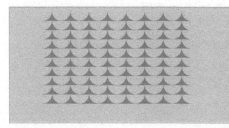

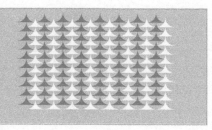

图2-104

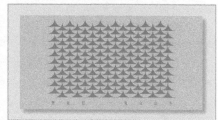

图2-105

👑 重点

🖐 案例训练：设计前卫感荧光色艺术活动宣传Banner

实例文件	实例文件＞CH02＞案例训练：设计前卫感荧光色艺术活动宣传Banner
素材文件	无
难易程度	★☆☆☆☆
技术掌握	椭圆工具、矩形工具

扫码看视频

本案例使用"椭圆工具" ⬭ 和"矩形工具" ▣ 设计一个荧光色几何作品。荧光色色彩艳丽，可用于网页、界面等，在印刷时会产生较大的色差。颜色值如图2-106所示，最终效果如图2-107所示。

紫色	粉色	绿色	黄色
R:255	R:255	R:0	R:255
G:0 B:255	G:204 B:255	G:255 B:0	G:255 B:0

图2-106

① 技巧提示

当RGB中R、G和B任意一个或两个颜色值为0时，可以产生极其明亮的颜色。荧光色配色非常出挑，甚至刺眼，商业设计很少使用此类配色，色彩风格比较强烈的设计师的个人作品中偶尔可见这类配色。如果整个设计都是荧光色会显得太过刺激，一般会加上黑色、白色、灰色等无彩色，或者更柔和的同色系来平衡整体的色彩。

图2-107

01 新建一个200mm×100mm的"RGB颜色"画板。使用"矩形工具" ▢ 绘制一个100mm×100mm的正方形、一个50mm×25mm的长方形和一个25mm×50mm的长方形，使用"椭圆工具" ⬭ 绘制4个直径分别为50mm、40mm、25mm和20mm的圆形和一个直径为50mm的半圆，分别设置"填色"为粉色、紫色、黄色和绿色，如图2-108所示。

02 设置所有形状的"粗细"为0.25pt，为了便于精准地控制尺寸，设置"对齐描边"为"使描边内侧对齐"，如图2-109所示。

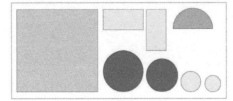

图2-108 图2-109

ⓘ **技巧提示**

使用圆形获得闭合半圆的方法有两种。第1种是选择圆形后，在"变换"面板设置"饼图起点角度"为180°；第2种是使用"直接选择工具" ▷ 选择并删除该圆形的底部锚点，得到一个开放式半圆，使用"直接选择工具" ▷ 选择半圆左右两端的锚点，单击鼠标右键并执行"连接"命令形成闭合路径，如图2-110所示。

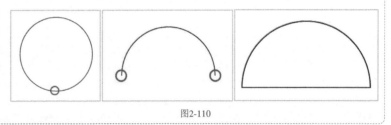

图2-110

---

03 使用快捷键Ctrl+U打开智能参考线来辅助对齐，在设计时复制需要的形状，先设计中间部分，在正方形上放置4个直径为50mm的圆形，设置"填色"为不同的颜色、"描边"为黑色，如图2-111所示。

04 在4个直径为50mm的圆形上放置直径为40mm和25mm的圆形，在右上的同心圆里添加一个直径为20mm的圆形，分别为它们填色，拖曳圆形时注意保证圆心重叠，即形成同心圆效果，如图2-112所示。

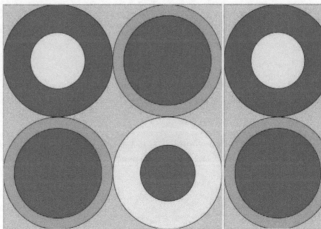
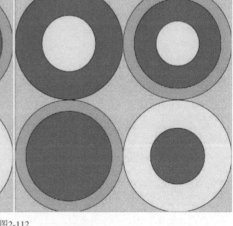

图2-111 图2-112

05 制作右侧部分图案。第1层排列4个竖向长方形，设置"填色"为不同的颜色，如图2-113所示。

06 第2层依次摆放4个半径为50mm的半圆并分别填色，如图2-114所示。第3层添加3个直径为25mm的圆形，第4层添加两个直径为20mm的圆形，如图2-115所示。

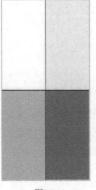
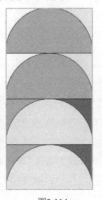

ⓘ **技巧提示**

开始设计前用带倍数的直径、高度、宽度来绘制矩形、圆形和半圆，就是为了设计时所有形状能彼此相切或者准确嵌入。

图2-113 图2-114 图2-115

07 制作左侧部分图案。在第1层上下分别添加1个横向长方形，在中间添加两个竖向长方形，分别填色，如图2-116所示。

08 在第2层添加4个直径为50mm的半圆并分别填色，在第3层添加3个直径为25mm的圆形，在第4层添加1个直径为20mm的圆形，如图2-117所示。

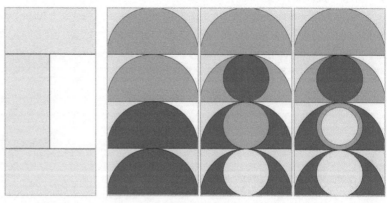

图2-116　　　　　　　　　图2-117

09 将中间、左侧和右侧的所有图案移动到画板上，此时3个部分加起来应该与画板的尺寸正好吻合，如图2-118所示。

10 添加文字，设置中文"字体"为"方正颜宋简体"、英文"字体"为Minion Variable Concept。为了在丰富的背景图形上更清楚地显示文字，在3个文字下方添加略大于文字部分的矩形并填色，如图2-119所示，最终效果如图2-120所示。

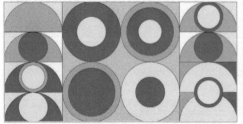

图2-118　　　　　　　　　图2-119　　　　　　　　　图2-120

2.3 选择与编辑对象

掌握了简单路径的绘制和应用后，本节将进一步介绍设计过程中的基础操作——选择和编辑对象。前面的案例中陆续使用了一些相关操作，接下来将在有了初步接触的基础之上，深入介绍这些工具与操作。

2.3.1 对象的选择

当设计稿中有不止一个对象时，设计师就需要明确各类属性和操作是赋予哪个对象或对象中的哪个部分。

☞ 选择工具---

前面的案例中有提到"选择工具"▶和"直接选择工具"▷，它们位于工具栏的第1行。使用鼠标右键单击"直接选择工具"▷可打开工具组，如图2-121所示。

图2-121

选择工具▶：用于选择未编组的单个或多个对象，按住Shift键可以一次性选择多个对象或组。也可以按住鼠标左键在一个或多个对象的周围拖曳形成虚线选区，松开鼠标左键后即可选择选区内的所有对象。使用"选择工具"▶无法选择对象中的锚点，只能选择整个对象。

直接选择工具▷：主要用于选择对象中的锚点，按住Shift键并依次单击想要选取的锚点可以一次性选择多个锚点。也可以按住鼠标左键在一个或多个锚点的周围拖曳得到虚线选区，松开鼠标左键后即可选择选区内的所有锚点（被选择的锚点呈实心样式，未被选择的锚点呈空心样式）。

编组选择工具▷：当多个对象被编组后，"选择工具"▶只能用于选择整个组或双击组进入隔离模式选择，使用"编组选择工具"▷可以忽略隔离模式，直接选择组内的任意对象，按住Shift键可以一次选择多个对象。也可以按住鼠标左键在一个或多个对象的周围拖曳得到虚线选区，松开鼠标左键后即可选择选区内的所有对象。

☞ 套索工具

"套索工具"🐾可以用于选择对象、锚点或路径，使用时围绕整个对象或对象的一部分锚点，拖曳鼠标形成一个区域，即可选择区域内的所有锚点和锚点两侧的路径，如图2-122所示。

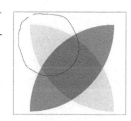

图2-122

☞ 魔棒工具

"魔棒工具"🖊️用于同时选择具有相同"填充颜色""描边颜色""描边粗细""不透明度""混合模式"参数的所有对象，使用"魔棒工具"🖊️单击任意一个对象，可以选择和此对象"填色"颜色相同的其他对象。执行"窗口＞魔棒"菜单命令打开"魔棒"面板，能够勾选其他参数作为选择对象的依据，如图2-123和图2-124所示。

勾选"填充颜色"，选择所有"填色"为粉色的圆形

图2-123

勾选"描边颜色"，选择所有"描边"为黄色的圆形

图2-124

! 技巧提示

按住Shift键并使用"魔棒工具"🖊️连续单击可以选择多组不同属性的对象，按住Alt键时可以反选当前未选择属性的对象。

重要参数详解

容差："容差"参数值越小，选择的对象就与单击的对象越相似；"容差"参数值越大，选择的对象所具有的选定属性范围就越广。在RGB颜色模式中，"容差"参数值介于0～255；在CMYK颜色模式中，"容差"参数值介于0～100。例如，有两个粉红色圆形，左侧CMYK参数中的M为35，右侧为55，当"容差"参数值为20时，会同时选择两个粉红色圆形，如图2-125所示。

图2-125

◎ 技术专题：如何针对相近色使用"魔棒工具"

如果在设计中出现魔棒选中相近色对象的情况，可以将"容差"参数值设置较小后再次使用"魔棒工具"🖊️。

在默认设置情况下，单击图2-126中黑色箭头标示的对象，会同时选择深蓝色和中蓝色图形（由于"魔棒"面板默认只勾选"填充颜色"，因此选择的结果与其他参数都无关），出现误选。

此时可以在"魔棒"面板中设置"容差"为5，再次使用"魔棒工具"🖊️就能精准选择和该对象填色相同的其他对象，不容易出现误选，如图2-127所示。

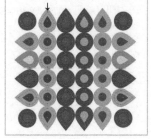

图2-126

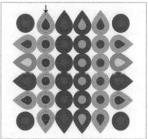

图2-127

☞ "选择"菜单---

在菜单栏中,可以通过执行"选择"菜单中的各项命令来选择对象,如图2-128所示。

重要命令详解

全部:快捷键为Ctrl+A,选择当前所有未锁定的对象。

现用画板上的全部对象:快捷键为Alt+Ctrl+A,选择目前画板中的所有对象。

取消选择:快捷键为Shift+Ctrl+A,取消当前所有选择。

反向:选择某个或多个对象后,执行"选择>反向"菜单命令,会选择所有未被选择的对象并取消选择当前选择的对象。

上方的下一个对象:选择所选对象或组的上一层对象或组,涉及对象和组的排列顺序。

下方的下一个对象:选择所选对象或组的下一层对象或组,涉及对象和组的排列顺序。

相同/对象:选择相同属性或者相同类型的对象,类别众多。

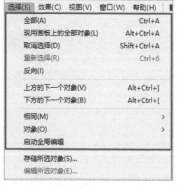

图2-128

2.3.2 对象的编组与锁定

在设计复杂作品时,面对成百上千甚至上万个对象,有效管理对象就成了提高设计效率的重中之重。如同在学校中设立年级、班级、小组,Illustrator也可以将多个对象编组,组和组亦可以再次编成组,为层级式。例如,在一张插画中包含多层组,整体少女为顶层的组,双击后能够看见下一层的组,脸部的组、身体的组、衣服的组、丝巾的组等,如图2-129所示。养成良好的编组习惯可以有效提高设计效率。

图2-129

① **技巧提示**

Illustrator中的组与Photoshop中的图层类似,只是组内的所有对象保持可编辑性。编组并不会改变组内对象的任何属性。组只是一种框架结构,让各类对象位于组中,便于后期管理。

选择多个对象后,单击鼠标右键并执行"编组"命令或使用快捷键Ctrl+G即可编组,如图2-130所示。

选择组后单击鼠标右键并执行"取消编组"命令即可取消编组,如图2-131所示。

使用"选择工具"▶双击或单击鼠标右键并执行"隔离选定的组"命令,可以进入该组的隔离模式,隔离模式内组的框架消失,各个对象能够再次自由移动、变形(如果组内包含更多的组,就需要依次双击进入组中组)。编辑完成后双击或单击鼠标右键并执行"退出隔离模式"命令即可,如图2-132所示。

图2-130

图2-131

图2-132

执行"对象＞锁定＞所选对象"菜单命令或使用快捷键Ctrl＋2，如图2-133所示，能够将选择的对象或组固定在原位。在设计稿中对象或组层层叠叠、密密麻麻的情况下，锁定不需要修改的对象或组可以有效防止误操作。执行"对象＞全部解锁"菜单命令或使用快捷键Alt＋Ctrl＋2可以解锁所有被锁定的对象，如图2-134所示。

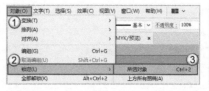

图2-133　　　　　　　　图2-134

⑦ 疑难问答：如何在锁定多个对象的情况下解锁特定对象？

使用快捷键Alt＋Ctrl＋2会将所有对象一起解锁。如果想要解锁特定的一个对象或一个组，只需选择该对象或组，单击鼠标右键并执行"解锁＞XX"命令（XX表示对象名）即可，如图2-135所示。在解锁时无法越过编组结构，直接解锁被锁住组内的某个对象。

或者在"图层"面板找到想要解锁的对象，单击对象的"切换锁定"按钮，如图2-136所示。

图2-135　　　　　　　　图2-136

2.3.3　对象的排列

Illustrator中的任何对象和其他对象时刻保持着上下层关系，在Illustrator中可以自由调整对象和组的相对顺序，如图2-137所示。

在Illustrator中，在"正常绘图"模式下，默认先绘制的对象在下层，后绘制的对象在上层。选择对象后可单击鼠标右键，执行"排列＞置于顶层/前移一层/后移一层/置于底层"命令，或者分别使用快捷键Shift＋Ctrl＋]、Ctrl＋]、Ctrl＋[和Shift＋Ctrl＋[调整对象和对象间的排列顺序，如图2-138所示。

图层的排列顺序会影响图形的效果，如在图2-139所示的4种顺序中，第1行为默认的排列顺序，第2行将橙色圆形置于顶层，第3行将红色圆形置于底层，第4行将绿色圆形下移一层。

图2-137　　　　　　　　图2-138　　　　　　　　图2-139

⑦ 疑难问答：如何快速将某个对象移到另一个对象的下一层？

如果画板中存在1000个保持着上下层关系的对象，需要将第400个对象前移到第120个对象的下一层，那么不需要执行279次"排列＞前移一层"命令，也不需要在"图层"面板中将第400个对象长距离拖曳至第120个对象的后面，只需要选择这两个对象并编组即可。编组后默认同一组中的所有对象相连，第400个对象和第120个对象编组后，会自动将第400个对象移到第120个对象的后面。后续若需要单独编辑，取消两者的编组即可。

另外，由于组内所有对象默认相连，组和组的排列顺序优先于组内对象和其他组内对象间的排列顺序，因此不可能出现A、B两个组内的对象彼此前后交错，A1在B1后面、A2在B2前面的排列情况，只可能A组全部在B组之上或者全部在B组之下。

2.3.4　对象的对齐与分布

Illustrator的"对齐与分布"功能可精准对齐和等距分布各类对象。执行"窗口＞对齐"菜单命令即可打开"对齐"面板，如图2-140所示。

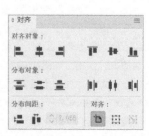

图2-140

重要参数详解

对齐对象：共有6种对齐方式，分别是"水平左对齐""水平居中对齐""水平右对齐""垂直顶对齐""垂直居中对齐""垂直底对齐"。

分布对象：共有6种分布方式，分别是"垂直顶分布""垂直居中对齐""垂直底分布""水平左分布""水平居中分布""水平右分布"。

分布间距：有"垂直分布间距"和"水平分布间距"两种，它们只有在使用"对齐关键对象"模式进行分布时才会被激活。以关键对象作为参考物（关键对象在分布后位置不变），将其他对象分布在想要的水平或垂直距离上。例如，绘制4个间距不一的圆形，全部选择后单击"对齐关键对象"按钮 和黑色圆形，黑色圆形会被认定为关键对象，蓝色路径部分会被加粗以区别其他对象，如图2-141所示；当"分布间距"处的参数从灰色不可设置变为可设置，且设置为20pt时，会自动以黑色圆形作为中心点将剩余的所有圆形按照20pt的间距等距分布，黑色圆形的位置不变，如图2-142所示。

图2-141   图2-142

对齐：包含3种对齐模式，分别是"对齐画板"（将所选对象对齐到画板的边缘）、"对齐所选对象"（默认模式，仅针对选择的对象来对齐）和"对齐关键对象"（选择关键对象后自动选中）。

在对齐和分布时，可以针对两个及两个以上的对象进行。例如，A组散落的4个圆形，先使用"水平居中分布"按钮 将4个圆形改成水平方向上间距一致，如B组所示，再使用"垂直居中对齐"按钮 将其对齐，如C组所示，如图2-143所示。

右上方面板菜单中的"使用预览边界"命令适用于不同描边粗细、对齐描边模式不统一等情况，默认按照路径位置进行对齐与分布，执行"使用预览边界"命令则按照视觉效果的对象边缘进行对齐与分布，如图2-144所示。

例如，有两个相同的路径圆形，它们分别被赋予2pt和15pt的描边后视觉上变成了大小不一的两个圆形，此时的对齐和分布若要依据路径，则不执行"使用预览边界"命令；若要追求视觉上的对齐，则执行"使用预览边界"命令，如图2-145所示。

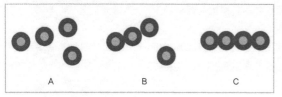

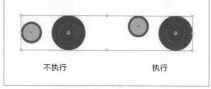

图2-143   图2-144   图2-145

2.3.5 对象的变换

对象的变换即针对对象进行移动、旋转、镜像（对称）、缩放和倾斜等操作。可以选择对象后直接使用鼠标拖曳或按E键打开变换框，拖曳四角进行缩放或旋转；也可以使用鼠标右键单击对象并执行"变换"命令，如图2-146所示，在打开的对话框中进行设置。

重要对话框详解

移动：水平移动时"垂直"为0，垂直移动时"水平"为0。可精准控制对象的移动距离。可沿设置的角度斜向移动对象，实时预览移动后的效果。单击"确定"按钮即可移动，单击"复制"按钮后原对象不动，自动生成完成移动的第2个对象，如图2-147所示。

旋转：设置旋转角度，单击"确定"按钮即可旋转，单击"复制"按钮后原对象不动，自动生成完成旋转后的第2个对象，如图2-148所示。

镜像："水平"镜像为上下翻转，"垂直"镜像为左右翻转，也可自定义翻转角度，如图2-149所示。

图2-146

图2-147

比例缩放：能够等比缩放和自定义不等比缩放，可勾选"缩放圆角"和"比例缩放描边和效果"，如图2-150所示。

倾斜："水平"为横向拉伸倾斜，"垂直"为竖向拉伸倾斜。倾斜角度可自定义输入。平时设计文字时，部分字体不包含斜体，可以使用"倾斜工具" 模拟斜体效果，如图2-151所示。

| 图2-148 | 图2-149 | 图2-150 | 图2-151 |

执行"窗口>变换"菜单命令或使用快捷键Shift＋F8打开"变换"面板，其中包含"缩放""旋转""倾斜""缩放圆角""缩放描边"等参数，可直接在面板中进行设置，如图2-152所示。

如果要同时设置多个参数，则选择对象后单击鼠标右键，执行"变换>分别变换"命令或使用快捷键Alt＋Shift＋Ctrl＋D打开"分别变换"对话框进行设置。该对话框可以说是变换功能的集合地，如图2-153所示。

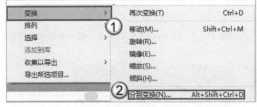
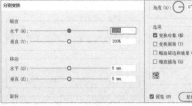

| 图2-152 | 图2-153 |

2.3.6 对象的再次变换

完成一次变换（移动、旋转、镜像、缩放、倾斜）操作后，单击鼠标右键并执行"变换>再次变换"命令或使用快捷键Ctrl＋D，可重复上一步变换操作，如图2-154所示。例如，第1次水平移动对象8cm，使用快捷键Ctrl＋D后会再次水平移动8cm；第1次旋转对象70°，使用快捷键Ctrl＋D后会再次旋转70°；第1次将对象缩小了50％，使用快捷键Ctrl＋D后会再次缩小50％，以此类推。再次变换操作非常简单，在需要大量重复操作的案例中能减少步骤、节省时间。

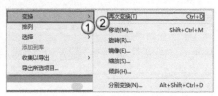

图2-154

案例训练：设计雅致风格服饰吊牌

实例文件	实例文件＞CH02＞案例训练：设计雅致风格服饰吊牌
素材文件	无
难易程度	★☆☆☆☆
技术掌握	描边与分布方式

本案例使用"描边"和"分布"功能设计一个服饰吊牌，颜色值如图2-155所示，最终效果如图2-156所示。

01 新建一个大小为210mm×210mm的"CMYK颜色"画板，使用"矩形工具" 绘制一个和画板尺寸相同的"填色"为淡紫色、"描边"为无的矩形作为底图，如图2-157所示。

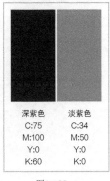
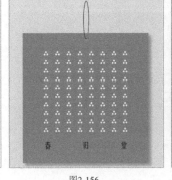

| 图2-155 | 图2-156 | 图2-157 |

02 在紫色矩形顶部中间位置绘制一个直径为4.5mm的圆形，选择圆形和矩形，在"路径查找器"面板中单击"减去顶层"按钮▣得到一个孔位以放置吊牌吊绳，如图2-158（左）所示。选择"直线段工具"✏，按住Shift键绘制一条"描边"为白色、"粗细"为8pt的垂直直线段。在"描边"面板中设置"端点"为"圆头端点"，勾选"虚线"，设置"虚线"为0pt、"间隙"为40pt，得到珠串，如图2-158（右）所示。

03 同时按住Alt键和Shift键，选择珠串并水平向右拖曳复制得到第2条珠串，使用快捷键Ctrl＋D共6次，得到剩余的6条珠串，完成点阵，如图2-159所示。

04 选择所有珠串并使用快捷键Ctrl＋G编组。同时按住Alt键和Shift键并使用鼠标水平向右拖曳点阵，复制得到第2组点阵，如图2-160所示。

  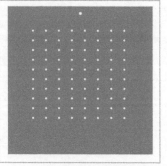 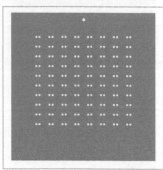

图2-158　　　　　　　　　　图2-159　　　　　　　图2-160

05 按住Alt键并使用鼠标向右上方拖曳，复制得到第3组点阵。选择所有点阵后在"对齐"面板中单击"水平居中分布"按钮▮▮，平均分布3组点阵，使最终的三点花形准确而好看，如图2-161所示。

06 使用"钢笔工具"✏绘制吊牌吊绳，"描边"为1pt深紫色、"填色"为"无"，然后添加品牌名，设置"填色"为深紫色、"字体"为"方正姚体"，一个简约素雅的服饰吊牌就完成了，最终效果如图2-162所示。

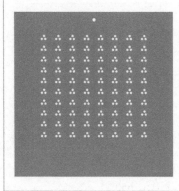 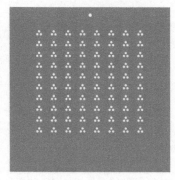 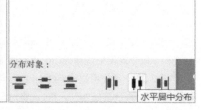

图2-161

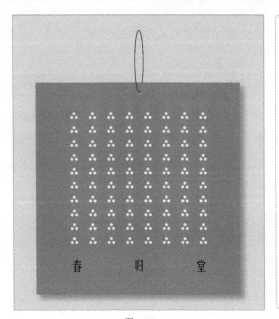

图2-162

① **技巧提示**

要达成左图的分布效果，必须将3组点阵分别编为3个组，这样分布时Illustrator才会以组为单元，对3组点阵进行水平居中分布。如果在开始的时候忘记了编组，每条直线段会被Illustrator默认为一个单元，会对24条直线段进行水平居中分布，形成非预期的分布，如图2-163所示。在对齐与分布时，对象层级非常重要，单个对象的对齐、分布与多个对象编组后再对齐、分布往往差距很大。

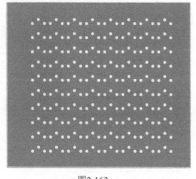

图2-163

案例训练：设计App图标

实例文件	实例文件＞CH02＞案例训练：设计App图标
素材文件	无
难易程度	★☆☆☆☆
技术掌握	旋转、再次变换

扫码看视频

本案例使用变换中的"旋转"功能和"再次变换"功能绘制一个花形App图标，颜色值如图2-164所示，最终效果如图2-165所示。

01 新建一个512px×512px的画板，使用"矩形工具" ▨ 绘制一个130px×130px、"填色"为无、"描边"为紫色的正方形，选择对象并单击鼠标右键，执行"变换＞旋转"命令，在打开的对话框中设置"角度"为45°后单击"确定"按钮，旋转对象，如图2-166所示。

紫色
R:153
G:102
B:153

图2-164

图2-165

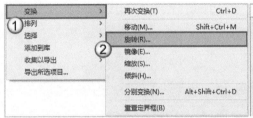
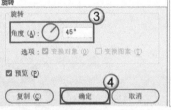
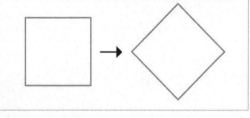

图2-166

02 使用"直接选择工具" ▷ 选择菱形左右两端的锚点，向菱形中心拖曳出现的圆角符号，将菱形两端的直角转化为圆角，完成所需的花瓣的制作，如图2-167所示。

03 同时按住Alt键和Shift键并使用鼠标垂直向下拖曳花瓣，复制出第2片花瓣，选择两片花瓣并使用快捷键Ctrl＋G编组。选择组，单击鼠标右键并执行"变换＞旋转"命令，设置"角度"为30°后单击"复制"按钮，得到第2组花瓣，如图2-168所示。

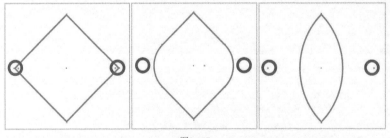
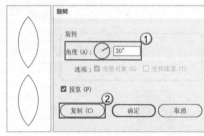

图2-167

图2-168

04 连续使用快捷键Ctrl＋D共4次，通过"再次变换"功能自动旋转并复制4次花瓣，制作出一朵花，如图2-169所示。

05 使用快捷键Shift＋X将"描边"颜色转换为"填色"颜色。选择整朵花，在"透明度"面板中设置"混合模式"为"正片叠底"，让花瓣间重叠部分的颜色自然加深，增加层次感和透明感，完成后将整朵花编组，如图2-170所示。

图2-169

图2-170

06 使用"圆角矩形工具" ▢ 绘制一个与画板大小相同的圆角矩形作为背景，设置"圆角半径"为90pt、"填色"为紫色，将编组后的花放置在圆角矩形的正中间，如图2-171所示，最终效果如图2-172所示。

图2-171

图2-172

👑 重点

🖐 案例训练：设计高级感花展海报

实例文件	实例文件＞CH02＞案例训练：设计高级感花展海报
素材文件	无
难易程度	★☆☆☆☆
技术掌握	描边和再次变换

扫码看视频

本案例使用"描边"面板中的"配置文件"和"旋转""再次变换"功能设计花展海报，颜色值如图2-173所示，最终效果如图2-174所示。

绿色
C:68 M:20
Y:45 K:0

粉色
C:0 M:30
Y:0 K:0

紫色
C:60 M:86
Y:0 K:0

图2-173

图2-174

01 新建一个200mm×280mm的画板。选择"直线段工具" ╱，按住Shift键并使用鼠标垂直向下拖曳绘制一条12mm长的紫色线段，同时按住Alt键和Shift键，使用鼠标向下拖曳得到第2条线段。选择两条线段并单击鼠标右键，执行"变换>旋转"命令，在打开的对话框中设置"角度"为30°后单击"复制"按钮，如图2-175所示。

图2-175

① 技巧提示

　　线段旋转角度30°、45°都可以，只要能被360°整除即可，角度越小花瓣越密集，30°较为适中。

02 使用4次快捷键Ctrl+D进行再次变换，旋转复制得到剩余的4组线段，构成一个由线段组成的花。选择所有线段并使用快捷键Ctrl+G编组，编组后设置"粗细"为26pt，如图2-176所示。

03 在控制面板的"变量宽度配置文件"下拉列表中选择"宽度配置文件1"，完成设计的基础单元的制作，如图2-177所示。

图2-176

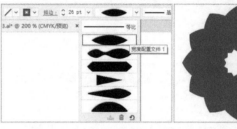

图2-177

04 复制该花形单元，执行"对象>路径>轮廓化描边"菜单命令，将路径转为闭合路径。添加文字并设置"字体"为"思源宋体"，将其作为Logo，如图2-178所示。

图2-178

05 复制4个未被轮廓化的花形单元，分别设置描边的"粗细"为26pt、16pt、11pt、6pt，不同的粗细会产生不同的花朵效果，如图2-179所示。

06 复制上述4朵花，执行"对象>路径>轮廓化描边"菜单命令后，设置"填色"为粉色。选择每朵粉色的花，分别使用单击鼠标右键并执行"变换>旋转"命令，设置"角度"为15°后单击"确定"按钮，完成第2组粉色花朵的制作，如图2-180所示。

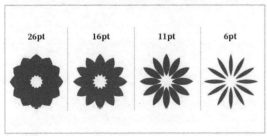

图2-179

图2-180

① 技巧提示
　　此时的旋转角度应为第1次旋转角度的一半，如果第1次旋转了45°，那么第2次应旋转22.5°。

07 选择任意一朵紫色花和粉色花，复制后在"对齐"面板中单击"水平居中对齐"按钮▣和"垂直居中对齐"按钮▣使两朵花对齐，叠加成一朵双色花。相同粗细的紫色花朵和粉色花朵叠加的效果如图2-181所示。

08 在32种花中选择9种好看的花，在每朵花的中心位置使用"椭圆工具"▣添加一个圆形。每制作完成一朵花则使用快捷键Ctrl＋G编组一次，最终排列成3×3的花朵矩阵。使用"对齐"面板对齐各朵花，选择所有对象并执行"对象＞路径＞轮廓化描边"菜单命令将描边转化为闭合路径，如图2-182所示。

图2-181

图2-182

ⓘ **技巧提示**

实际运用时有4×4＝16种不同的叠加方式。因为粉色花朵旋转了15°，所以和紫色花朵重叠后，其花瓣正好处在紫色花瓣与花瓣的中间。叠加时可以粉色在前紫色在后或紫色在前粉色在后，若算入粉色和紫色的前后顺序，则实际有16×2＝32种不同的组合。

---

09 复制此9朵花，设置"填色"为无、"粗细"为0.5pt、"描边"为粉色或紫色，使用快捷键Ctrl＋G将复制的9朵花编组，如图2-183所示。将两组花叠加在一起，有描边的组在上，位置略高一些，错位摆放，如图2-184所示。

10 使用"矩形工具"▣绘制一个绿色矩形，并将其放置在底层作为背景，将所有的花朵放置在绿色矩形上，等比例放大至合适的大小。添加文字信息和Logo，设置中文"字体"为"思源宋体"、"字体样式"为Heavy；设置英文"字体"为Bodoni MT、"字体样式"为Black、Bold和Italic，如图2-185所示，最终效果如图2-186所示。

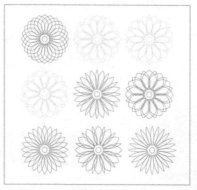

图2-183

图2-184

图2-185

图2-186

🖐重点

🖐案例训练：设计唐风讲座海报

实例文件	实例文件＞CH02＞案例训练：设计唐风讲座海报
素材文件	无
难易程度	★★☆☆☆
技术掌握	形状工具和再次变换

扫码看视频

本案例使用形状工具和"再次变换"功能设计唐风讲座海报，颜色值如图2-187所示，最终效果如图2-188所示。

01 新建一个220mm×320mm的画板，使用"矩形工具"▤绘制一个与画板大小相同的绛红色矩形作为背景，使用快捷键Ctrl＋2锁定矩形图层，如图2-189所示。

绛红色
C:43
M:88
Y:100
K:13

蓝色
C:55
M:19
Y:14
K:0

肤色
C:0
M:12
Y:22
K:0

图2-187

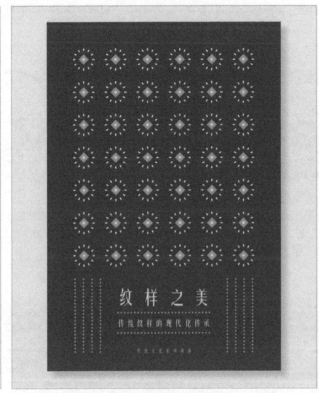

图2-188

图2-189

02 绘制一个7mm×7mm的正方形，设置"填色"为肤色、"描边"为蓝色、"粗细"为6pt、"对齐描边"为"使描边内侧对齐"，如图2-190所示。

03 使用鼠标右键单击正方形，执行"变换＞旋转"命令，在打开的对话框中设置"角度"为45°后单击"确定"按钮，将正方形旋转为菱形，如图2-191所示。

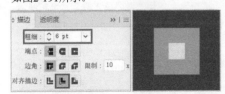

图2-190

图2-191

04 在菱形上方使用"直线段工具"╱绘制一条线段，设置"描边"为肤色、"粗细"为3pt、"端点"为"圆头端点"，如图2-192所示。

05 同时按住Alt键和Shift键，向下拖曳复制出第2条线段，选择两条线段并使用快捷键Ctrl＋G编组，如图2-193所示。

图2-192

图2-193

06 选择两条线段，单击鼠标右键并执行"变换>旋转"命令，在打开的对话框中设置"角度"为30°后单击"复制"按钮，得到第2组线段；

连续使用4次快捷键Ctrl+D，得到另外4组线段，完成基础单元的设计，如图2-194所示，效果如图2-195所示。

图2-194　　　　　　　　　　　　　　　　　　　　　　　图2-195

07 选择整个单元并使用快捷键Ctrl+G编组，单击鼠标右键并执行"变换>移动"命令，在打开的对话框中设置"水平"为30mm、"垂直"为0mm，单击"复制"按钮，如图2-196所示。

08 连续使用4次快捷键Ctrl+D，通过"再次变换"功能得到4个单元，共计6个单元，排成一行，选择所有单元并使用快捷键Ctrl+G编组，如图2-197所示。

图2-196

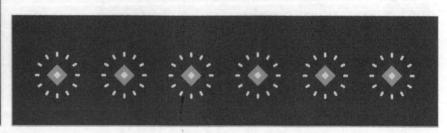

图2-197

09 单击鼠标右键并执行"变换>移动"命令，在打开的对话框中设置"水平"为0mm、"垂直"为30mm，单击"复制"按钮，在垂直方向移动复制出第2行，如图2-198所示。连续使用5次快捷键Ctrl+D，得到剩下的5行，整体构成7×6的矩阵，如图2-199所示。

图2-198　　　　　　　　　　　　　　　　　　　　　　　图2-199

10 在矩阵下方添加文字，设置"字体"为"方正姚体"，在"段落"面板中单击"全部两端对齐"按钮。使用"直线段工具"绘制线段，在"描边"面板中设置"粗细"为4pt、"端点"为"圆头端点"、"边角"为"圆角连接"、勾选"虚线"并设置"虚线"为0pt、"间隙"为9pt，如图2-200所示，最终效果如图2-201所示。

图2-200　　　　　　　　　　　　　　　　　　　　　　　图2-201

2.3.7 正常、背面与内部绘图

在工具栏底部可以选择不同的绘图模式,如图2-202所示,使用快捷键Shift+D可以在3种模式中快速切换。

"正常绘图"模式 : 先绘制的对象在下,后绘制的对象在上。

"背面绘图"模式 : 先绘制的对象在上,后绘制的对象在下。

"内部绘图"模式 : 绘制的所有对象只在选中对象的轮廓内显示,超出轮廓的部分不显示。其效果和剪切蒙版相同,如将编组后的图案A嵌入图形B,复制图案A后选择图形B并单击"内部绘图"按钮 ,图形B周围出现虚线框代表进入"内部绘图"模式 ,粘贴图案A就可以用图形B的轮廓来切割图案A,图案A中不显示的部分依旧存在,只是不可见。双击退出"内部绘图"模式 ,虚线框消失代表回到"正常绘图"模式 ,如图2-203所示。

图2-202

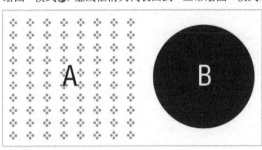

图2-203

如果需要进一步修改图案A,则双击图形B进入"内部绘图"模式 的隔离模式,调整图案A的整体位置、大小和颜色,或者双击图案A进入编组,调整组内每个小对象的位置、大小和颜色,完成后双击退出隔离模式即可。

若想撤销在"内部绘图"模式 下嵌入的图形,则选择完成内部绘图的图形B,单击鼠标右键并执行"释放剪切蒙版"命令,就可以将图案A和图形B恢复原样,如图2-204所示。

图2-204

◎ **技术专题:如何再次内部绘图**

给对象进行一次内部绘图后,该对象就成了一个复合路径。若要再次对该对象进行内部绘图,使用"选择工具" 选择对象后,可以看见"内部绘图"按钮 为灰色,无法操作。这是因为Illustrator不允许对复合路径进行内部绘图。这时只需要使用"直接选择工具" 选择对象的路径,即只选择对象而不选择对象内部的绘图部分,便可使用"内部绘图"模式 再次进行内部绘图。

或者复制第2次内部绘图需要嵌入的绘图对象,双击进入"内部绘图"模式 直接粘贴并修改。

如果要撤销第1次内部绘图操作,重新进行内部绘图,不要双击进入隔离模式后手动删除嵌入的绘图对象。虽然嵌入的绘图对象视觉上不存在了,但是Illustrator依然默认其为复合路径,"内部绘图"按钮 为灰色。可以使用"释放剪切蒙版"功能后,再一次进行内部绘图。

2.3.8 用剪切蒙版编辑对象

剪切蒙版是用对象来剪切它下方所有图形或图稿的工具,其效果和"内部绘图"模式 几乎相同。在使用时,将用来制作蒙版的对象放置在需要剪切的图形之上,选择两个对象,执行"对象>剪切蒙版>建立"菜单命令或使用快捷键Ctrl+7添加蒙版,如图2-205所示,效果如图2-206所示。

在"图层"面板中可以清楚地看到剪切蒙版和对象的顺序关系,如图2-207所示。

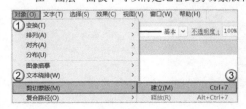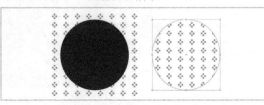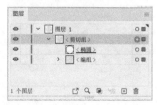

图2-205　　　　　　　　　　　　　　图2-206　　　　　　　　　　　　　　图2-207

若要修改被剪切的部分，只需要使用"选择工具"▶双击蒙版，或者单击鼠标右键并执行"隔离选中的剪切模板"命令进入隔离模式，即可看见被剪切图形的全部，完成后双击退出即可。

① 技巧提示

虽然蒙版和"内部绘图"模式 ⓖ 的对象只能是矢量对象，但是被剪切的可以是矢量图稿或位图图稿。另外，不论之前属性如何，成为蒙版后都会变成一个无填色、无描边的对象（"内部绘图"模式 ⓖ可以保留蒙版的填色和描边）。如果要给蒙版再次添加描边和填色，使用"直接选择工具"▷选择蒙版的路径进行操作即可，如图2-208所示。

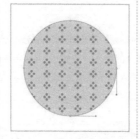

图2-208

与"内部绘图"模式 ⓖ 相同，如果要撤销剪切蒙版的效果，选择蒙版后使用鼠标右键单击并执行"释放剪切蒙版"命令即可恢复原样，如图2-209所示。

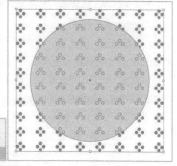

图2-209

案例训练：制作高级感唱片封面

实例文件	实例文件＞CH02＞案例训练：制作高级感唱片封面
素材文件	素材文件＞CH02＞案例训练：制作高级感唱片封面
难易程度	★★☆☆☆
技术掌握	内部绘图

扫码看视频

本案例将通过"内部绘图"模式 ⓖ，并结合基础的形状工具，将绘制的插画制作成一张具有高级感的唱片封面，颜色值如图2-210所示，最终效果如图2-211所示。

01 新建一个170mm×170mm的正方形画板，使用"矩形工具"▢绘制一个与画板大小相同的红色正方形作为底图，再绘制一个138mm×138mm的黄色正方形，并将其置于红色正方形之上，如图2-212所示。

红色
C:27 M:100
Y:100 K:0

黄色
C:0 M:21
Y:70 K:0

图2-210

图2-211

图2-212

02 打开"素材文件＞CH02＞案例训练：制作高级感唱片封面"文件夹，导入"人物.jpg"素材文件到文档中。使用"椭圆工具"◯绘制一个直径为144mm的圆形，选择圆形并进入"内部绘图"模式 ⓖ，选择插画，将其复制并粘贴置入圆形，裁切出一个圆形画稿，移动原始画稿来显示出想要显示的部分，并把圆形画稿拖曳到第1步制作的背景之上，如图2-213所示。

图2-213

① 技巧提示

此时插画会以超链接的形式存储在.ai源文件中。当完成设计稿时，将其嵌入图稿即可。

03 完成后使用鼠标右键单击圆形画稿，执行"变换>缩放"命令打开"比例缩放"对话框，设置"等比"为80%，单击"复制"按钮，如图2-214所示，得到第2个略小的圆形画稿，使用快捷键Ctrl+D复制出第3个等比缩小的圆形画稿，效果如图2-215所示。

图2-214

图2-215

04 使用"文字工具" T 添加文案并设置"字体"为"方正颜宋简体"，在"段落"面板中单击"全部两端对齐"按钮。使用"矩形工具"和"直线段工具"绘制装饰性的边框和细线，设置装饰的"描边"和文字的"填色"为白色，如图2-216所示，最终效果如图2-217所示。

图2-216

图2-217

2.4 综合训练营

千万不要小看简单的几何图形，许多优秀的设计就来自简洁的图形语言。在掌握"直线段工具"和形状工具组的基本使用方法、对象的选择和编辑的基础之上，下面来学习如何用简单的基础图形变幻出不同的设计形态。

综合训练：设计儿童美术教育机构Logo及辅助图形

实例文件	实例文件>CH02>综合训练：设计儿童美术教育机构Logo及辅助图形
素材文件	无
难易程度	★★★☆☆
技术掌握	形状工具、对象的选择和编辑

本综合训练将使用"椭圆工具"设计儿童美术教育机构Logo和配套的辅助图形，整体从"小金鱼"的形象入手，颜色值如图2-218所示，最终效果如图2-219所示。

01 新建一个220mm×320mm的画板，选择"椭圆工具"，按住Shift键并使用鼠标拖曳绘制一个直径为20mm的浅紫色圆形。使用"直接选择工具"选择圆形底部的锚点并按Delete键将其删除，继续使用"直接选择工具"选择半圆的两个端点，单击鼠标右键并执行"连接"命令，使半圆成为闭合路径，如图2-220所示。

黄色 C:0 M:21 Y:51 K:0	浅紫色 C:19 M:25 Y:0 K:00	深紫色 C:71 M:81 Y:0 K:0	浅肤色 C:0 M:4 Y:8 K:0

图2-218

图2-219

图2-220

073

02 选择半圆，单击鼠标右键并执行"变换>镜像"命令，在打开的对话框中勾选"水平"后单击"复制"按钮，复制翻转得到第2个半圆。使用快捷键Ctrl＋U打开智能参考线，按住Shift键并使用鼠标拖曳第2个半圆至与第1个半圆相切，如图2-221所示。

03 选择两个半圆并使用快捷键Ctrl＋G编组，同时按住Alt键和Shift键水平拖曳复制出第2组半圆。选择第2组半圆，单击鼠标右键并执行"变换>旋转"命令，在打开的对话框中设置"角度"为90°后单击"确定"按钮，得到金鱼身体，如图2-222所示。

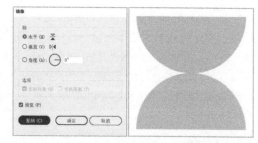

图2-221

图2-222

04 使用"椭圆工具"  在最右侧的半圆上添加两个深紫色的圆形作为金鱼的眼睛。添加中英文文字并使用"直线段工具" 绘制分隔线，设置"字体"为"思源黑体"，完成Logo的制作，如图2-223所示。

05 复制除金鱼眼睛以外的身体部分并使用快捷键Ctrl＋G编组，同时按住Alt键和Shift键并选择组，垂直向下拖曳复制得到第2组图形，如图2-224所示。

图2-223

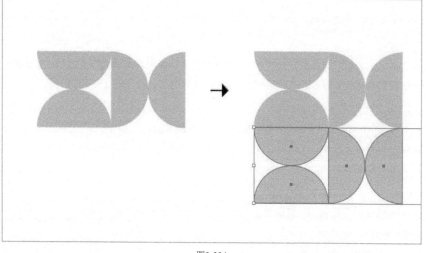

图2-224

06 单击鼠标右键并执行"变换>镜像"命令，在打开的对话框中勾选"垂直"后单击"确定"按钮，复制金鱼的眼睛并将其拖曳到图形的中心位置，辅助图形的设计单元就完成了，如图2-225所示。

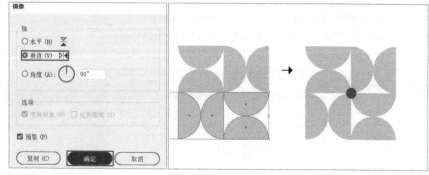

图2-225

07 选择辅助图形的设计单元，同时按住Alt键和Shift键，使用鼠标水平向右拖曳复制得到第2个设计单元，使用快捷键Ctrl＋D两次得到两个设计单元，并将它们排在一行。同时按住Alt键和Shift键并选择第1行设计单元，垂直向下拖曳复制得到第2行，设置其中4个设计单元的"填色"为黄色，如图2-226所示。

08 此辅助图形本质上是一个四方连续的图案，可以用在品牌视觉形象的各种衍生应用上，和Logo形成良好的呼应，使整套设计保持统一的图形感。添加文字信息后，最终效果如图2-227所示。

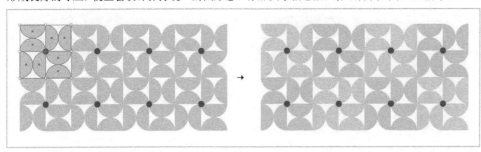

图2-226

图2-227

◆重点

◈ **综合训练：设计美容品牌Logo及辅助图形**

实例文件	实例文件＞CH02＞综合训练：设计美容品牌Logo及辅助图形
素材文件	无
难易程度	★★★☆☆
技术掌握	形状工具、对象的选择和编辑

扫码看视频

　　本综合训练将在第1个综合训练的基础上，进一步展现半圆和同一套配色方案的可能性，设计一套美容品牌Logo及辅助图形。使用相同的配色方案和基础形状，通过色彩比例的改变和路径属性的变化，呈现出不一样的设计美感，颜色值如图2-228所示，最终效果如图2-229所示。

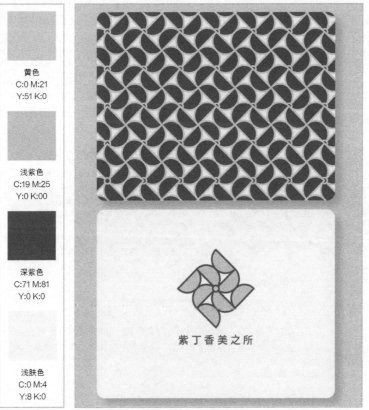

图2-228

图2-229

01 新建一个220mm×320mm的画板，复制小金鱼童画工作室的设计单元并旋转45°，设置设计单元的"填色"为浅紫色、"描边"为深紫色，设置中心圆形的"填色"为黄色，以其作为整体设计的图形参考，如图2-230所示。

02 使用"文字工具"**T**添加"字体"为"思源黑体"的文字，完成Logo的制作。因为使用了深色描边，所以能够强调Logo中图形的存在感，同时又有线的纤细之感，如图2-231所示。

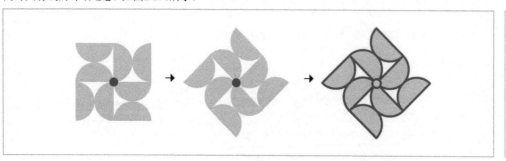

图2-230

图2-231

03 复制Logo中的图形，设置"填色"为深紫色、"描边"为黄色，同时按住Alt键和Shift键并选择图形，水平向右拖曳复制得到第2个图形，移动时注意两个图形重叠1/4部分。连续使用5次快捷键Ctrl+D，通过"再次变换"功能复制得到一整行图形，如图2-232所示。

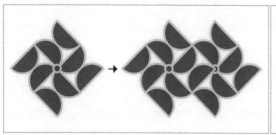

图2-232

04 向下复制第1行图形，在复制时也要重叠1/4部分（图中第1行使用反色标示，以便展示两行间的相对位置，实际操作时不需要更改），这样排列的图案更紧密。连续使用快捷键Ctrl+D多次，得到需要的图案，如图2-233所示。

05 选择所有图形并使用快捷键Ctrl+G编组，通过"内部绘图"模式将其嵌入衍生应用的设计作品中，最终效果如图2-234所示。

图2-233

图2-234

---

① **技巧提示**

在上一个综合训练中深紫色只是点缀，而在本综合训练中则大面积运用。深紫色具有一定的高贵和神秘特质，符合美容品牌的形象。由此可见，即便是相同的路径和对象，在Illustrator中也可以被赋予无限的可能性。不要放弃对每一个对象的深挖和延展，不断地尝试、变化、试验，才是获得好设计的唯一方法。

ILLUSTRATOR

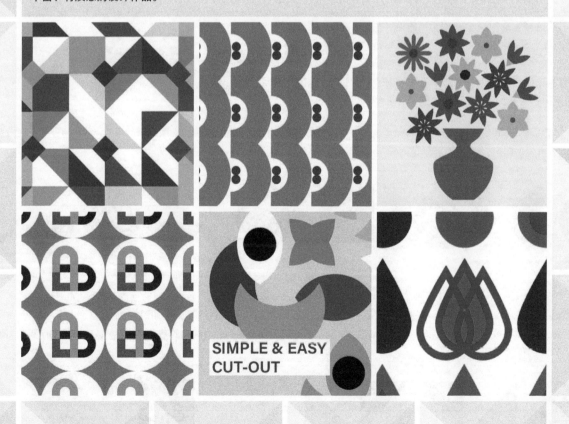

① 技巧提示

② 疑难问答

◎ 技术专题

第 3 章 形状系统

形状系统中包含能够生成简单或复杂形状的各类工具和菜单命令。形状工具组、"形状生成器工具" 和"路径查找器"面板彼此协作，可以制作出各式各样的形状，在此基础上配合"宽度工具" 和部分效果可以进一步产生更多样的形状外观变化，使用符号工具和图形样式可以批量修改形状属性，系统地学习形状系统可以培养设计师的图形设计能力。

学习重点

学完本章能做什么

在基础形状的基础上结合锚点、"路径查找器"面板和"形状生成器工具" 获得更复杂多变的复合形状，通过各种效果和"宽度工具" 快速获得有趣的不规则形状，深入矢量形状的多彩世界，完成更丰富、有质感的设计作品。

3.1 基础形状的设计

虽然使用形状工具组创建的基础形状看起来很简单，但是其本身蕴含着无穷的几何学魅力。将简单的几何形状转化为充满设计感的作品，需要设计师拥有良好的空间感、色彩感、节奏感，以及进行不断的练习与试验。

3.1.1 基础形状及其变形

使用形状工具组中的任意工具绘制的图形都可以算作非常基础的几何形状，如图3-1所示。

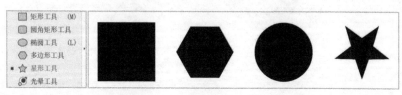

图3-1

调整基础形状的锚点可以产生初级的变形。例如，绘制一个圆形，使用"直接选择工具"▷选择并删除红圈标示的相对的两个锚点后能得到不同朝向的半圆，删除相邻的两个锚点可以得到不同朝向的圆弧，如图3-2所示。

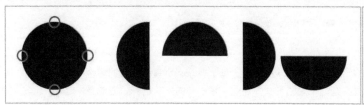

图3-2

使用"直接选择工具"▷选择红圈标示的锚点并向上拖曳，然后使用"锚点工具"▷将平滑点转化为角点，可以将圆形转化为水滴形，如图3-3所示。

使用"直接选择工具"▷选择红圈标示的3处锚点，水平向左拖曳获得1号图形，水平向右拖曳获得2号图形，如图3-4所示。

图3-3

绘制一个正方形，将其旋转45°可以获得一个菱形。使用"直接选择工具"▷选择菱形上红圈标示的锚点，以不同程度垂直向上、向下拖曳，可以得到各种变形图形，如图3-5所示。

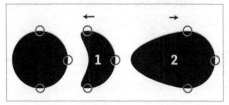

图3-4

图3-5

使用"直接选择工具"▷选择红圈标示的任意一处锚点并按Delete键将其删除，可获得各种朝向的直角三角形，如图3-6所示。

使用"直接选择工具"▷选择红圈标示的两个锚点并水平向右拖曳，可获得一个平行四边形，如图3-7所示。

通过删除、移动单个或部分锚点，旋转，平滑点转角点，角点转平滑点等一系列针对锚点的基础操作，对基础形状进行变形，变形后的形状在设计中可以拥有更多的可能性。

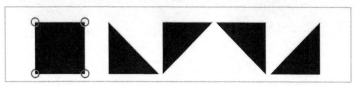

图3-6

图3-7

3.1.2 Shaper工具

"Shaper工具" 是简化不规则路径为基础形状的工具,快捷键为Shift+N。它能自动识别使用鼠标或手指在触控板上绘制的图形,将画出的歪斜的线、图形自动简化为直线段、圆形、矩形和多边形,如图3-8所示。

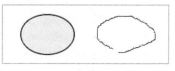

图3-8

案例训练:设计几何风格艺术海报

实例文件	实例文件 > CH03 > 案例训练:设计几何风格艺术海报
素材文件	无
难易程度	★★☆☆☆
技术掌握	基础形状的变化

本案例将使用圆形和正方形设计几何风格艺术海报,颜色值如图3-9所示,最终效果如图3-10所示。

蓝色
C:80 M:50
Y:0 K:0

藏蓝色
C:100 M:100
Y:60 K:30

红色
C:16 M:100
Y:100 K:0

图3-9

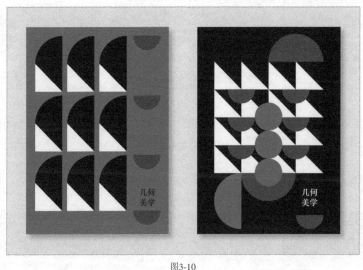

图3-10

01 新建两个A4大小的画板,使用"矩形工具" 绘制一个蓝色和一个藏蓝色的背景矩形,可以使用快捷键Ctrl+2锁定背景矩形,以免误操作移动背景矩形,如图3-11所示。

图3-11

02 使用"矩形工具" 绘制一个边长为4cm的白色正方形,使用"椭圆工具" 绘制一个直径为4cm的红色圆形、一个直径为4cm的蓝色圆形和一个直径为8cm的藏蓝色圆形。使用"直接选择工具" 选择红色圆形的顶部锚点并按Delete键将其删除(或在"变换"面板设置红色圆形的"饼图起始角度"为180°),得到红色半圆;选择正方形右上方的锚点并删除,得到一个直角三角形;选择藏蓝色圆形右侧的锚点并删除,得到的半圆如图3-12所示。

03 复制藏蓝色半圆,放置在蓝色背景上,同时按住Alt键和Shift键并选择半圆,水平向右拖曳一定距离复制出第2个半圆,使用快捷键Ctrl+D,通过"再次变换"功能复制出等距排列的第3个半圆,如图3-13所示。

图3-12

图3-13

① 技巧提示

因为本案例只添加填色,不添加描边,所以删除锚点后的开放路径也可以直接使用。

04 用相同的方法复制白色直角三角形，借助智能参考线，将白色直角三角形放置在藏蓝色半圆的下半部分。因为设置形状时正方形边长与圆形直径之比为1：2，所以白色直角三角形可以很好地贴合半圆，如图3-14所示。

05 在右侧放置一个复制的红色半圆，红色半圆的上边缘和藏蓝色半圆顶端对齐，选择所有图形后使用快捷键Ctrl＋G编组，如图3-15所示。

06 同时按住Alt键和Shift键并选择整组图形，向下拖曳一段距离复制出第2组，使用快捷键Ctrl＋D得到第3组，如图3-16所示。

07 在右下角再次放置一个红色半圆，红色半圆的上边缘和第3组图形底部在一条线上，平衡画面。第1张海报的图形部分就完成了，如图3-17所示。

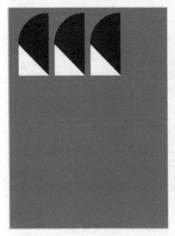 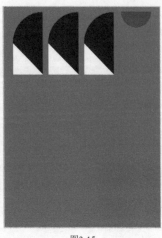  

图3-14　　　　　　　　　　图3-15　　　　　　　　　　图3-16　　　　　　　　　　图3-17

08 第2张海报使用藏蓝色矩形作为背景。复制白色直角三角形到第2个画板中，同时按住Alt键和Shift键并水平向右拖曳复制出第2个白色直角三角形，使用两次快捷键Ctrl＋D得到另外两个白色直角三角形，使用快捷键Ctrl＋G为一行白色直角三角形编组，通过相同操作向下复制3行，得到4×4的三角群，如图3-18所示。

09 添加6个直径为4cm的红色半圆，前后两个白色直角三角形相接的地方即为半圆的圆心位置，在移动时使用智能参考线以保证对齐。添加两个直径为8cm的半圆，设置"填色"为红色，如图3-19所示。

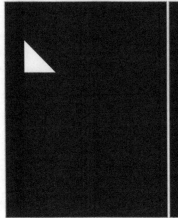   

图3-18　　　　　　　　　　　　　　　　　　图3-19

10 添加3个直径为4cm的蓝色圆形和1个直径为8cm的蓝色半圆，可以使用辅助线来观察对象和对象间是否对齐。在右下角处添加一个直径为4cm的红色半圆，如图3-20所示。

11 添加文案并设置"字体"为"方正颜宋简体"、"字体大小"为34pt，最终效果如图3-21所示。虽然基础形状简单，但形状间的相对位置、形状的组合和色彩的辅助，可以让简单的形状最终叠加成充满设计感的作品。此类作品的制作难度不在于软件操作而在于构思，需要设计师掌控画面的平衡感。

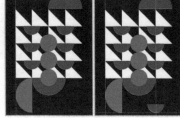  

图3-20　　　　　　　　　　　　　　图3-21

👑重点

🖐 案例训练：设计纺织纹样杂志封面

实例文件	实例文件＞CH03＞案例训练：设计纺织纹样杂志封面
素材文件	无
难易程度	★☆☆☆☆
技术掌握	基础形状的变化

本案例仅使用正方形来设计纺织纹样杂志封面，颜色值如图3-22所示，最终效果如图3-23所示。

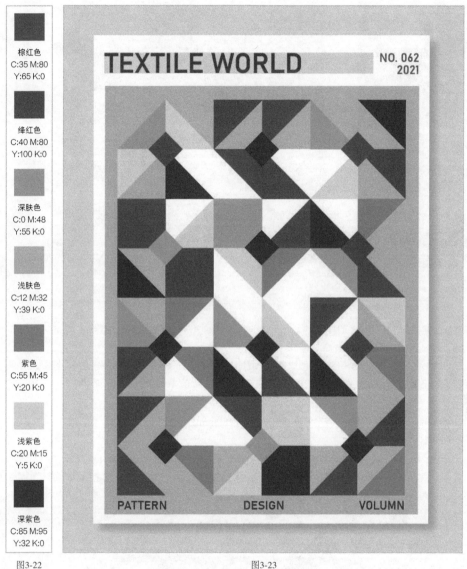

棕红色
C:35 M:80
Y:65 K:0

绛红色
C:40 M:80
Y:100 K:0

深肤色
C:0 M:48
Y:55 K:0

浅肤色
C:12 M:32
Y:39 K:0

紫色
C:55 M:45
Y:20 K:0

浅紫色
C:20 M:15
Y:5 K:0

深紫色
C:85 M:95
Y:32 K:0

图3-22　　　　　　　　　　　　图3-23

01 新建一个A4大小的画板，使用"矩形工具" ▭ 绘制6个边长为3cm的正方形，分别填入不同的颜色形成设计需要用到的彩色正方形，如图3-24所示。

图3-24

02 在画板上自由摆放6种颜色的正方形，保证正方形紧密相接，不留空隙，形成8×6的正方形群，如图3-25所示。

03 使用"直接选择工具" ▷ 将正方形的任意一个锚点删除，可以得到不同朝向的直角三角形，如图3-26所示。

04 重复步骤03中删除正方形任意一个锚点的操作，将步骤02中制作的正方形群转为三角形群（保留3～4个正方形，让画面有一些变化），如图3-27所示。

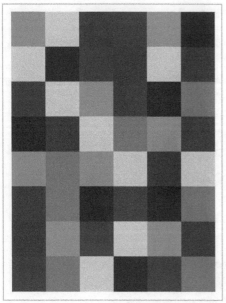

图3-25

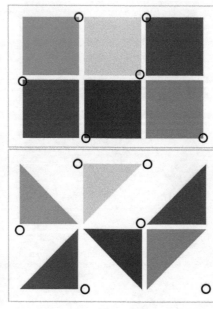

图3-26

图3-27

> ① **技巧提示**
>
> 不要完全按示范来重现画面中每一个三角形的朝向，自由地设计每个三角形的朝向，保证视觉上的平衡就可以，案例只是展示设计的思路。

05 绘制一个15mm×15mm的正方形，将其旋转45°后形成菱形，复制出3个，设置不同的"填色"颜色，如图3-28所示。

06 在步骤04的三角形群上添加这些小菱形，有效改变整个设计作品的节奏感，让画面拥有一定的视觉落脚点，如图3-29所示。

07 在画板上绘制一个195mm×260mm的肤色长方形和一个120mm×180mm的白色长方形并置于底部作为背景，白色可以将肤色背景破开一个区间，营造透气感，如图3-30所示。

08 预留四周空间，添加标题、期刊号、日期等，设置英文"字体"为Bahnschrift，最终效果如图3-31所示。

图3-28

图3-29

图3-30

图3-31

扫码看视频

👑重点

✋案例训练：绘制极简风可爱人物头像

实例文件	实例文件＞CH03＞案例训练：绘制极简风可爱人物头像
素材文件	无
难易程度	★☆☆☆☆
技术掌握	使用形状工具组绘制插画

本案例将使用"椭圆工具"⬭、"矩形工具"▢和"弧形工具"⟋绘制两个极简风可爱人物头像，颜色值如图3-32所示，最终效果如图3-33所示。

红色
C:0 M:100 Y:100 K:0

图3-32

图3-33

01 新建一个10cm×10cm的画板，使用"矩形工具"▢绘制一个3cm×3cm的正方形，使用"直接选择工具"▷选择红圈标示的两个锚点，拖曳圆角符号将直角转化为圆角，完成脸部的绘制，如图3-34所示。

02 选择脸部后进入"内部绘图"模式◉，使用"椭圆工具"⬭绘制3个圆形并内嵌脸部，作为人物的额发，如图3-35所示。

03 绘制一个直径大于脸部宽度的圆形，使用快捷键Shift＋Ctrl＋[将其置于最底层。再绘制一个较小的圆形作为丸子头，绘制一个"填色"为红色、"描边"为黑色的长方形作为装饰发带，如图3-36所示。

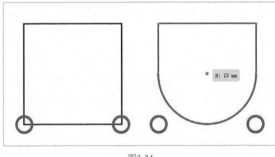

图3-34

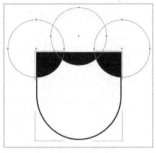

图3-35

图3-36

04 在脸部的两侧绘制两个小圆，使用快捷键Shift＋Ctrl＋[将其置于最底层，露出一半作为耳朵。在耳朵内绘制一个更小的圆形，分别删除右侧和左侧的锚点，形成半圆作为内耳廓，如图3-37所示。

05 绘制一个"填色"为白色、"描边"为黑色的圆形，通过"内部绘图"模式◉在圆形中绘制一个"填色"为黑色的圆形，将得到的形状作为眼睛。选择"弧形工具"⟋并按住Shift键绘制一个圆弧，将其旋转45°后作为眉毛。选择眼睛和眉毛后使用快捷键Ctrl＋G编组，同时按住Alt键和Shift键并向右拖曳复制得到另一侧的眉眼，如图3-38所示。

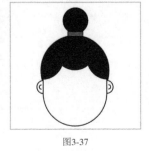

图3-37

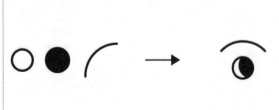

图3-38

06 绘制一个"填色"为白色、"描边"为黑色的圆形，使用"直接选择工具"▷选择顶部锚点，按住 Shift键并向上拖曳至合适位置得到鼻子的形状；添加一个圆弧作为嘴巴，如图3-39所示。

07 在第1个小女孩的基础上删除头发部分，设计第2种发型。绘制一个半圆代表前面的头发，绘制一个矩形代表后面的头发，使用"直接选择工具"▷选择矩形左右下方两个锚点并分别向外水平拖曳，形成梯形，再次选择左右下角两个锚点，拖曳圆角符号至合适位置，如图3-40所示。

08 结合帽子（半圆和椭圆），设计出第2个小女孩的插画形象，如图3-41所示。简单又可爱的女孩头像插画就绘制好了，最终效果如图3-42所示。

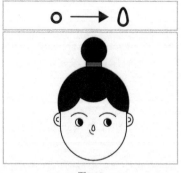

图3-39

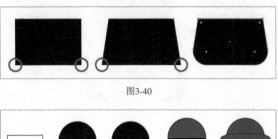

图3-40

图3-42

图3-41

3.2 复合形状的设计

复合形状就是在基础几何形状之上，使用"路径查找器"面板和"形状生成器工具"◉，利用加、减、镂空等一系列操作来合成的复杂形状。

3.2.1 "路径查找器"面板

通过Illustrator的"路径查找器"面板可以基于两个及以上对象来制作复合形状，如图3-43所示。执行"窗口>路径查找器"菜单命令即可打开"路径查找器"面板，包含"形状模式"和"路径查找器"两大类共10种操作。以两个部分重叠的圆形为例，展示面板中10种不同操作的结果，如图3-44所示。

图3-43

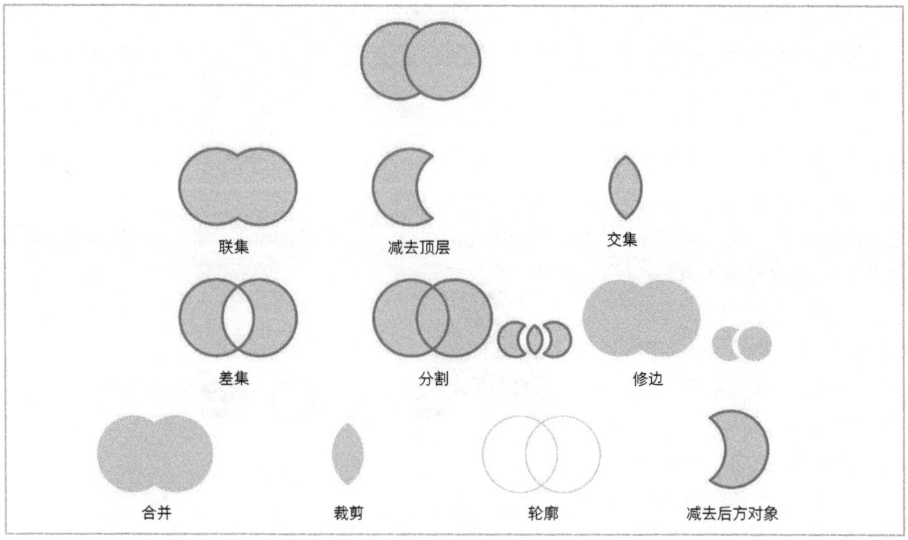

图3-44

重要参数详解

联集 ：将所有对象融合。

减去顶层 ：在最底层对象上将其上的所有对象减去。

交集 ：只保留所有对象完全重叠的部分。

差集 ：将所有对象间偶数层重叠（即两层重叠、四层重叠等）的部分删去，将所有对象间奇数层重叠（即不重叠、三层重叠、五层重叠等）的部分保留。联集、减去顶层、交集和差集这4种"形状模式"可按住Alt键同时单击来创建复合形状。

分割 ：将所有重叠和不重叠的部分全部切割成独立对象。可取消编组或双击进入隔离模式后拖曳任意部分。

修边 ：对有描边并填色的对象使用"修边"会比较好理解，就是沿着没有被填色遮挡的描边线来进行切割。不论初始对象有无描边，修边后都默认"描边"为"无"，修边后可取消编组或双击进入隔离模式后拖曳任意部分。

合并 ：将所有对象合并，默认合并后"描边"为无。

---

① **技巧提示**

在使用"合并"时，"填色"颜色相同的对象会被合并成一个对象，如图3-45所示。若对象的"填色"颜色不相同，效果与"修边"类似，不会将两个对象合并成一个对象，而会用上方对象去修整下方对象，如图3-46所示。

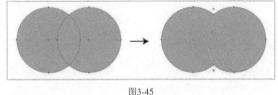
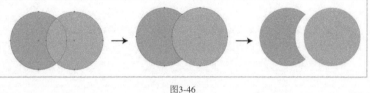

图3-45　　　　　　　　　　　　　　图3-46

裁剪 ：可以用内部绘图的思路来理解裁剪，即用最顶层对象的内部绘图来裁切下方所有对象，或者把最顶层对象作为剪切蒙版来剪切下方所有对象。虽然显示的结果部分不保留描边，只保留填色，但是实际上最顶层对象依然存在，只是默认"填色"和"描边"都为无，不可见而已。

轮廓 ：结果类似于将所有对象的填色取消，只保留描边。实际上每段描边都被切割成了独立路径，可以取消编组或双击进入隔离模式后拖曳任意路径。轮廓粗细默认为0pt，需要自行修改"描边"面板中的"粗细"参数，图中为1pt。

减去后方对象 ：和"减去顶层"的效果正好相反。

如果两个对象使用不同颜色的填色和描边，使用"路径查找器"面板中的操作后会发现，结果对象的填充和描边颜色不同，如图3-47所示。"联集""交集""差集""减去后方对象"保留最顶层的填色和描边，"减去顶层"使用底层的填色和描边，"分割"保留两个对象的填色和描边，"修边"和"合并"只保留两个对象的填色，"裁剪"保留底层的填色并取消描边，"轮廓"将初始两个对象的填色转化为结果路径的描边颜色。

---

① **技巧提示**

针对不同描边和填色对象的路径查找计算规则略复杂，读者不需要死记硬背。在实际设计时，推荐用有填色、无描边的对象来进行路径查找，获得结果对象后再添加需要的描边与填色。

对3个对象进行操作的效果如图3-48所示。

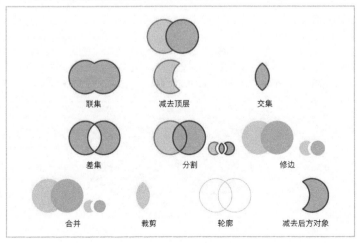

图3-47

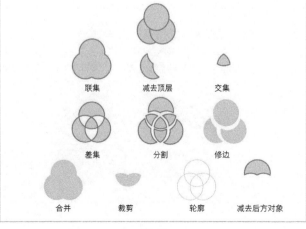

图3-48

◎ 技术专题：针对不同个数对象的"差集"效果的变化

"差集"是"路径查找器"面板中一个很特别的操作，其原理为"偶数重叠删去，奇数重叠保留"。在图3-49中，灰色标示的部分为偶数层重叠部分，操作后会产生镂空；绿色标示的部分则为奇数层重叠部分，操作后会保留原有填色和描边。组1是两个对象进行差集操作，中间灰色重叠部分包含两层即删除，两边半月形不重叠部分包含一层即保留；组2是3个对象进行差集操作，组3则是4个对象进行差集操作。对象数量越多，重叠部分的层数越多，结果就越复杂。

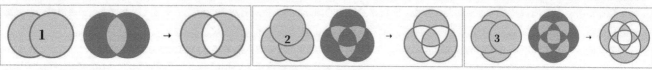

图3-49

运用"差集"操作和多个对象的重叠，可以得到许多有趣的镂空复合形状，如图3-50所示。

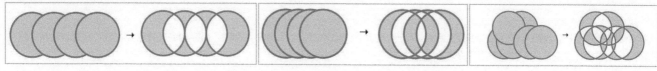

图3-50

扩展为结果路径后，复合形状中的所有部分都默认被切割开了，进入隔离模式或取消编组后就可以自由移动各个部分，如图3-51所示。

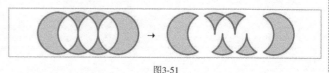

图3-51

另外，可在选择两个对象后按住Alt键并单击"路径查找器"面板中"形状模式"类别的4个操作按钮 ▣ ▣ ▣ ▣ 创建复合形状。不按住Alt键并单击会得到结果路径，按住Alt键并单击生成的复合形状可以保留原始对象的完整性和独立性。使用"直接选择工具" ▷ 可移动原始对象，移动后的结果会实时更新，方便设计师随时调整结果。若要获得实际的结果路径，需执行"对象＞扩展外观"菜单命令，或单击"路径查找器"面板中的"扩展"按钮。"路径查找器"面板中"路径查找器"类别下的6个操作没有此项功能。

3.2.2 形状生成器工具

"形状生成器工具" ◉ 针对多个对象时，操作更加自由。选择要操作的对象并选择"形状生成器工具" ◉，单击并依次划过需要合并的所有区间，即可合并其中的对象（等同于"联集"），按住Alt键并划过或单击不需要的部分，即可将其删除，如图3-52所示。

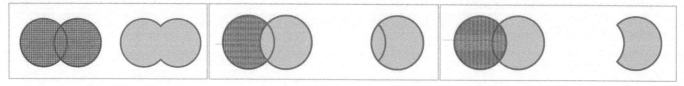

图3-52

◎ 技术专题："形状生成器工具"的进阶使用

若基于多个对象使用"路径查找器"面板，因算法比较复杂，结果比较难预判。使用"形状生成器工具" ◉ 能更直观地编辑形状。当对象有8个圆形时，使用"形状生成器工具" ◉ 删除或合并不同的重叠部分可得更多复杂花形，基础形状的变形一下子就变得丰富多彩起来，如图3-53～图3-57所示。

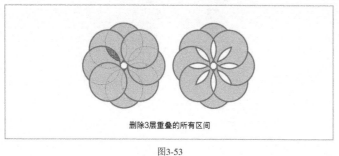

删除3层重叠的所有区间

图3-53

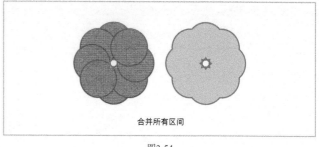

合并所有区间

图3-54

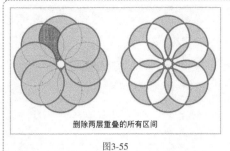

删除两层重叠的所有区间

图3-55

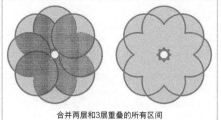

合并两层和3层重叠的所有区间

图3-56

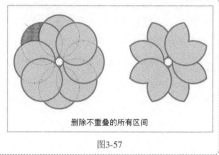

删除不重叠的所有区间

图3-57

案例训练：设计书店Logo

实例文件	实例文件＞CH03＞案例训练：设计书店Logo
素材文件	无
难易程度	★☆☆☆☆
技术掌握	"路径查找器"面板

本案例使用"路径查找器"面板中的"减去顶层"操作设计一个书本形状的书店Logo，颜色值如图3-58所示，最终效果如图3-59所示。

01 新建一个10cm×10cm的正方形画板，使用"矩形工具" ▢绘制一个4cm×4cm的正方形作为书页1。使用快捷键Ctrl＋C和Shift＋Ctrl＋V原位复制粘贴得到第2张书页，使用"直接选择工具" ▷选择其右侧两个锚点并向左下方拖曳，将其转化为平行四边形。原位复制粘贴第2张书页，使用"直接选择工具" ▷选择其右侧两个锚点并向左下方拖曳，将其转化为更窄的平行四边形，如图3-60所示。

绿色
C:75 M:15
Y:55 K:0

褐色
C:35 M:60
Y:80 K:25

图3-58

图3-59

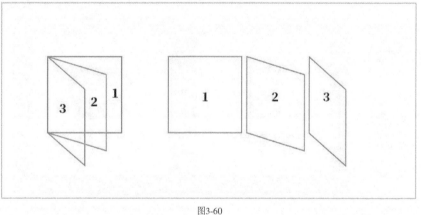

图3-60

> ① 技巧提示
>
> 为了方便读者看清形状间的关系，演示图中使用纯色描边，实际制作时设置"填色"为褐色即可。

02 复制步骤01中的2号、3号四边形并选择两个图形，在"路径查找器"面板中单击"减去顶层"按钮 ▣得到Logo中的第2张书页（图3-61棕色标示部分）。复制步骤01中的1号、2号四边形并选择两个图形，单击"减去顶层"按钮 ▣得到Logo中的第3张书页（图3-61棕色标示部分）。

03 复制步骤01中的3号四边形并放在最左侧，将步骤02中得到的两张书页依次向右摆放，如图3-62所示。

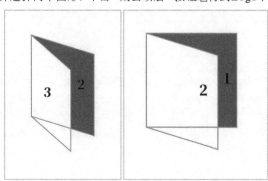

图3-61

图3-62

04 使用"直线段工具" ⁄绘制一条与Logo左侧四边形等高的直线，设置"描边"为绿色、"粗细"为8pt，模仿古书册的书脊样式，如图3-63所示。添加文字并设置"字体"为"思源宋体"，最终效果如图3-64所示。

图3-63

图3-64

★ 重点

🖐 案例训练：设计字母类Logo

实例文件	实例文件＞CH03＞案例训练：设计字母类Logo
素材文件	无
难易程度	★ ☆ ☆ ☆ ☆
技术掌握	形状生成器工具

扫码看视频

本案例将使用一个正方形来完成以字母B的字形为灵感来源的两个Logo，颜色值如图3-65所示，最终效果如图3-66所示。

01 新建一个10mm×10mm的正方形画板，使用"矩形工具" ▢绘制一个2.5cm×2.5cm的正方形，设置"描边"为深紫色、"粗细"为20pt。使用"直接选择工具" ▷选择正方形右上和右下两个锚点并向内部拖曳，将直角转化为圆角，得到一个D字图形，如图3-67所示。

棕色
C:40 M:70
Y:100 K:50

深紫色
C:63 M:79
Y:0 K:63

图3-65

图3-66

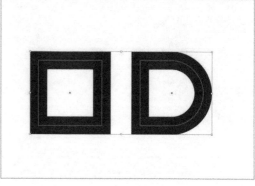

图3-67

02 将D字图形垂直向下拖曳并复制，得到第2个D字图形，形成B字图形。选择B字图形并执行"对象＞路径＞轮廓化描边"菜单命令将其转换为闭合路径。选择"形状生成器工具" ◉，按住Alt键并单击删除重叠的两个区间。使用"直接选择工具" ▷选择下半部分，设置"填色"为棕色，如图3-68所示。

03 绘制第2个Logo。第2个Logo是在单个B字图形的基础上制作出的一组对称B字图形。垂直镜像复制第1个B字图形，移动两个B字图形，使其竖线重合。执行"对象＞路径＞轮廓化描边"菜单命令将其转换为闭合路径。选择"形状生成器工具" ◉，按住Alt键并单击删除重叠的3个区间。使用"直接选择工具" ▷选择左上和右下部分，设置"填色"为棕色，如图3-69所示。

图3-68

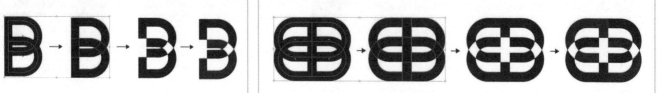

图3-69

04 添加品牌名完成最终稿，如图3-70所示。使用品牌名首字母的Logo不胜枚举，品牌名首字母Logo的辨识度较高，并且图形易于延展与应用。使用品牌名首字母设计Logo是Logo设计中的一个常见思路。

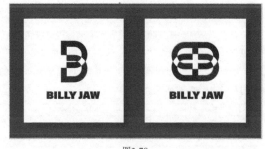

图3-70

3.3 不规则形状的设计

不规则形状是在基础形状的基础上使用效果和"宽度工具" 变形得到的形状，类似于在形状对象上叠加视觉特效，而"路径查找器"面板和"形状生成器工具" 则用于对形状对象进行物理裁剪。

3.3.1 通过效果设计

"效果"是菜单栏中的菜单，其中包含各种类型的效果，甚至包含类似于Photoshop滤镜的效果。在Illustrator中可以通过变形类效果对基础形状进行变形，以产生更丰富有趣的不规则形状。完整的效果系统详见第9章，这里只介绍部分变形类效果。

☞ 变形---

"效果＞变形"子菜单中有15个变形菜单命令，执行任意菜单命令即可打开"变形选项"对话框，如图3-71所示。

在"样式"下拉列表中可以选择不同的变形样式，如图3-72所示。例如，对红色正方形进行变形，选择前6种样式默认变形后所得到的形状结果如图3-73所示。

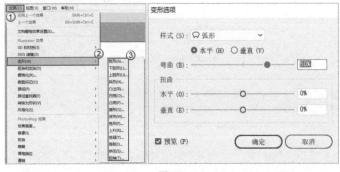  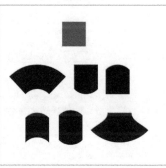

图3-71　　　　　　　　　图3-72　　　　　　　　　图3-73

变形后选择对象，可以发现路径依然显示为正方形，由此可见效果只是一种属性，添加在路径之上，可改变视觉外观，而不会像使用"路径查找器"面板一样对路径本身进行修改。添加的任何效果都会被保存在"外观"面板中，在"外观"面板中双击效果右侧的"双击以编辑效果"按钮 *fx* 就可以打开此效果的参数面板再次设置参数，如图3-74所示。

在确定变形没有问题后，选择对象并执行"对象＞扩展外观"菜单命令，即可获得一个变形后的闭合路径，就是将外观转换成实实在在

的路径。一旦扩展外观，"外观"面板中的变形效果就会消失，无法返回"变形选项"对话框进行修改。扩展外观前后路径的区别如图3-75所示。

 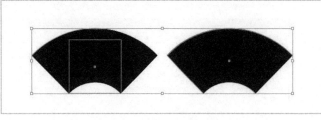

图3-74　　　　　　　　　图3-75

☞ 扭曲和变换

打开"效果>扭曲和变换"子菜单，其中包含7个菜单命令，如图3-76所示。"扭曲和变换"子菜单中的每种效果都有自己的对话框，其中包含不同设置参数，"变形"子菜单中的每种效果共用一个对话框。

例如，将"收缩和膨胀"效果应用于正方形，参数值小于0%为收缩、大于0%为膨胀，分别设置参数值为-150%、-60%、80%和140%得到的形状如图3-77所示。

图3-76

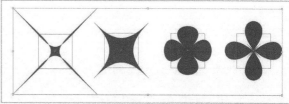

图3-77

应用"扭转"效果到正方形中，分别设置"角度"为50°、100°、200°和300°得到的形状如图3-78所示。

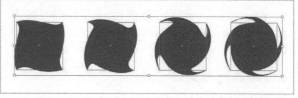

图3-78

应用"波纹效果"到正方形中，设置"大小"为3mm、"每段的隆起数"为41，勾选"尖锐"，效果如图3-79所示；设置"大小"为12mm、"每段的隆起数"为45，勾选"平滑"，效果如图3-80所示。

图3-79

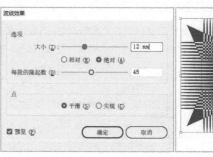
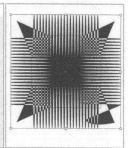

图3-80

若要将变形后的外观转化为路径，选择对象并执行"对象>扩展外观"菜单命令即可。

? 疑难问答："变形"效果可以撤销吗？

如果没有扩展外观就可以撤销"变形"效果。选择对象，在"外观"面板中单击效果左侧的"单击以切换可视性"按钮 ◉ 即可隐藏效果，再次单击即可重新显示效果，效果参数保留在"外观"面板中。若要彻底删除效果，选择效果后单击"外观"面板右下角的"删除所选项目"按钮 🗑 即可，如图3-81所示。

图3-81

👑 重点

✍ 案例训练：设计羽扇品牌Logo及辅助图形

扫码看视频

实例文件	实例文件＞CH03＞案例训练：设计羽扇品牌Logo及辅助图形
素材文件	无
难易程度	★☆☆☆☆
技术掌握	矩形工具、"变形"效果

本案例使用"矩形工具"▭和"变形"效果来制作品牌Logo和辅助图形。因为是羽扇类的品牌，所以使用扇面的形状来进行整体设计，颜色值如图3-82所示，最终效果如图3-83所示。

01 新建一个16cm×23cm的画板，使用"矩形工具"▭绘制一个1.5cm×1.5cm的粉色正方形，执行"效果＞变形＞弧形"菜单命令，在打开的对话框中设置"弯曲"为50%，单击"确定"按钮，将正方形转化为扇形，如图3-84所示，效果如图3-85所示。

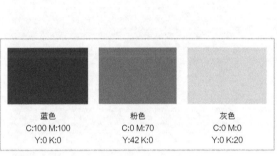

蓝色	粉色	灰色
C:100 M:100 Y:0 K:0	C:0 M:70 Y:42 K:0	C:0 M:0 Y:0 K:20

图3-82

图3-83

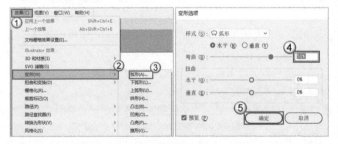

图3-84

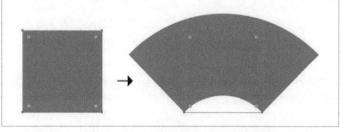
图3-85

02 执行"对象＞扩展外观"菜单命令，扩展扇形为闭合路径，接着将扇形逆时针旋转225°，添加一个蓝色圆形，完成Logo图形部分的制作，如图3-86所示。

03 选择扇形和圆形，使用快捷键Ctrl＋G编组，复制一组图形并顺时针旋转90°，将两组图形一上一下地放置，如图3-87所示。

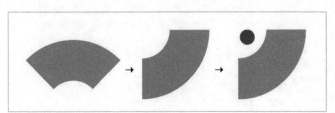
图3-86

图3-87

04 使用智能参考线辅助移动，将上下两组图形拼接成半圆扇面的形状，使用快捷键Ctrl＋G再次编组。因为"弧形"效果中的"弯曲"为50％，即1/4圆的弧度，所以两个1/4圆环正好组合为半圆圆环，如图3-88所示。

05 同时按住Alt键和Shift键，使用鼠标水平拖曳复制得到第2个图形，使用6次快捷键Ctrl＋D，获得一整行图形，如图3-89所示。

图3-88

图3-89

06 同时按住Alt键和Shift键并垂直拖曳复制得到第2行图形，注意观察路径，两行图形会重叠一部分，这样最终的平铺图形会更连贯，如图3-90所示。再使用3次快捷键Ctrl＋D，向下复制，将扇面铺满整个区间形成辅助图形1，如图3-91所示。

图3-90

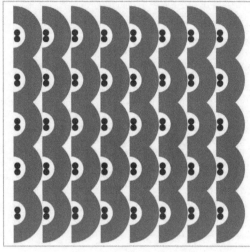

图3-91

07 实际运用时，例如制作名片、明信片、手提袋等衍生物，可绘制一个矩形，选择矩形并使用"内部绘图"模式 嵌入辅助图形1，调整显露出的辅助图形1的位置，再添加一个蓝色矩形作为背景，如图3-92所示。

08 设计另一组辅助图形。使用同一个Logo图形，通过不同的组合方式可以生成不同的辅助图形，这样既可以丰富整套设计，又能保持两组辅助图形间的视觉关联性。使用原始Logo图形复制并平铺即可得到辅助图形2，如图3-93和图3-94所示。

09 实际运用时同辅助图形1，可以绘制一个矩形，使用"内部绘图"模式 嵌入辅助图形2，矩形大小依据实际运用情况设定即可。设置Logo文字的"字体"为"方正颜宋简体"，最终效果如图3-95所示。

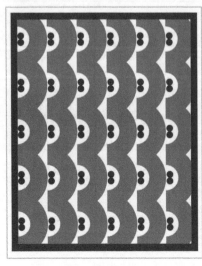

图3-92

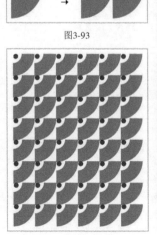

图3-93

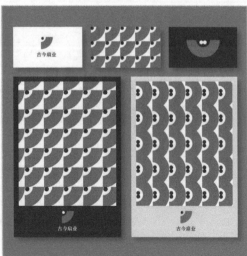

图3-94

图3-95

3.3.2 宽度工具

"宽度工具" ✎（快捷键为Shift+W）能够针对有描边的路径，自定义设置宽度、变形描边，无描边的路径无法使用。

例如，绘制一条"描边"为黑色、"粗细"为1pt的直线段，使用"宽度工具" ✎在该直线段任意需要调整粗细的位置上单击并向右侧拖曳，描边粗细会随着拖曳的距离变化，松开鼠标左键后自动填充黑色；若要继续调整，则在第2个需要调整粗细的位置上单击并拖曳，如图3-96所示。还可以继续调整第3、4、5、6、7个等位置的粗细，形成不规则的形状。

调整了5个位置的粗细形成的对称不规则形状如图3-97所示。

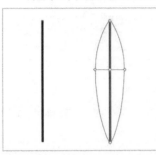  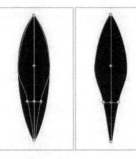

图3-96

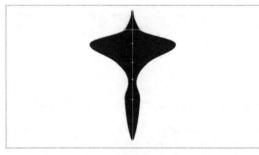

图3-97

使用"宽度工具" ✎变形后的对象也可以设置描边粗细，边缘将随描边粗细的变化而变化，如图3-98所示。

"描边"面板中"配置文件"下拉列表中的预设即"宽度工具" ✎的几个默认预设。"宽度工具" ✎能够随时撤销调整，只需要再次单击线段上的相同位置并拖曳调整粗细即可，完成形状的调整后执行"对象>扩展外观"菜单命令将其轮廓化，转为闭合路径。

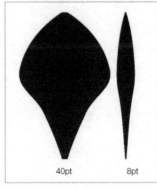

40pt　　　8pt

图3-98

⑦ **疑难问答：如何撤销"宽度工具" ✎的应用？**

"宽度工具" ✎不是效果，应用后不显示在"外观"面板中。没有扩展外观前若要撤销，需要选择应用了"宽度工具" ✎的对象，在"配置文件"下拉列表中选择"等比"即可，如图3-99所示。若已扩展外观，可以尝试使用快捷键Ctrl+Z撤回到扩展前。

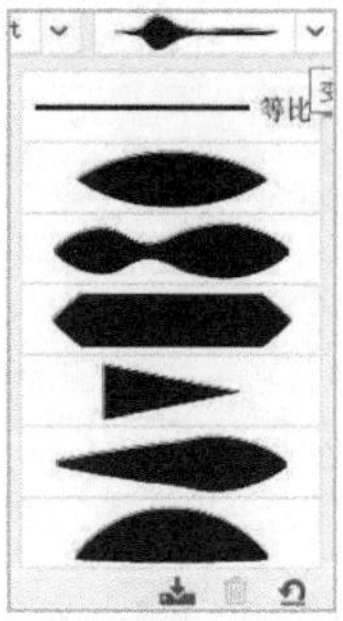

图3-99

✍ 案例训练：设计花店海报

实例文件	实例文件＞CH03＞案例训练：设计花店海报
素材文件	无
难易程度	★★☆☆☆
技术掌握	宽度工具

扫码看视频

本案例将使用"宽度工具" ✎设计一套花店海报，颜色值如图3-100所示，最终效果如图3-101所示。

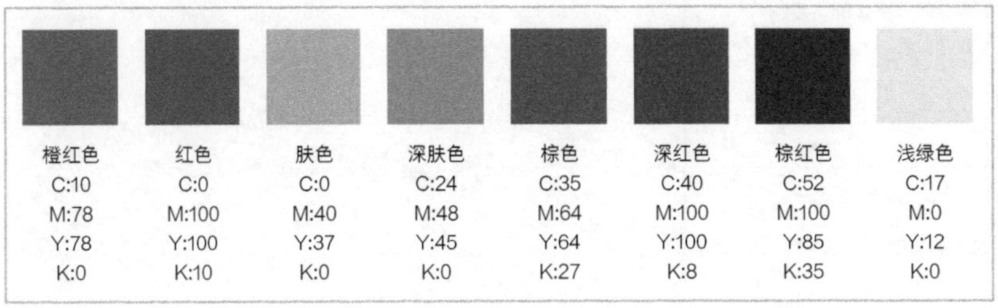

橙红色	红色	肤色	深肤色	棕色	深红色	棕红色	浅绿色
C:10	C:0	C:0	C:24	C:35	C:40	C:52	C:17
M:78	M:100	M:40	M:48	M:64	M:64	M:100	M:0
Y:78	Y:100	Y:37	Y:45	Y:64	Y:100	Y:85	Y:12
K:0	K:10	K:0	K:0	K:27	K:8	K:35	K:0

图3-100

图3-101

01 新建一个22cm×31cm的画板、两个15cm×15cm的画板（可新建文档后再添加两个小的画板）。绘制一条垂直直线段，使用"宽度工具" ✎ 向右侧拖曳其中间部分，如图3-102所示。执行"对象＞扩展外观"菜单命令将其扩展为闭合路径，第1种花瓣制作完成。

02 选择单个花瓣，单击鼠标右键并执行"变换＞旋转"命令，在打开的对话框中设置"角度"为45°，单击"复制"按钮后使用两次快捷键Ctrl＋D，变换铺出整朵花朵，如图3-103所示。

03 复制花1，在"路径查找器"面板中单击"交集"按钮 ◨，将花朵中间的重叠部分剪切出来作为花蕊，如图3-104所示。

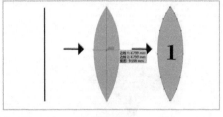

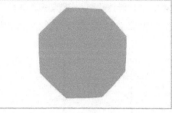

图3-102　　　　　　　　　　　图3-103　　　　　　　　　　　图3-104

04 将花1和花蕊摆放在一起，设置花1的"填色"为红色、花蕊的"填色"为棕红色，在"对齐"面板中单击"水平居中对齐"按钮 ♣ 和"垂直居中对齐"按钮 ♣ 使花蕊在花1的正中间，花1制作完成，如图3-105所示。

05 绘制一条垂直直线段，使用"宽度工具" ✎ 分别拖曳直线段上中下3部分，执行"对象＞扩展外观"菜单命令将其扩展为闭合路径，第2种花瓣制作完成。将花瓣旋转60°后复制并再次变换后，绘制一个圆形作为花蕊，设置花朵的"填色"为肤色、花蕊的"填色"为红色，花2制作完成，如图3-106所示。

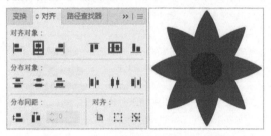
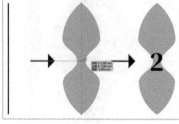

图3-105　　　　　　　　　　　　　　　　图3-106

06 制作花3。绘制一条垂直直线段，使用"宽度工具" ✎ 调整直线段，执行"对象＞扩展外观"菜单命令将其扩展为闭合路径，第3种花瓣制作完成。选择花瓣，水平镜像翻转复制出另一个花瓣，垂直拖曳两个花瓣，使其只重叠小部分，如图3-107所示。

07 将两个花瓣编组，单击鼠标右键并执行"变换＞旋转"命令，在打开的对话框中设置"角度"为30°，单击"复制"按钮后使用4次快捷键Ctrl＋D，铺出整朵花，添加一个圆形作为花蕊，分别填色后完成花3的制作，如图3-108所示。

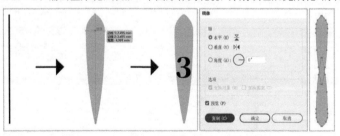
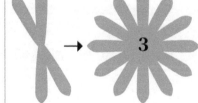

图3-107　　　　　　　　　　　　　　　　图3-108

08 制作花4。绘制一条垂直直线段，使用"宽度工具" ✎ 拖曳直线段。执行"对象＞扩展外观"菜单命令将其扩展为闭合路径，第4种花瓣制作完成，水平镜像翻转复制出第2个花瓣，拖曳至部分重叠，如图3-109所示。

09 单击鼠标右键并执行"变换＞旋转"命令，在打开的对话框中设置"角度"为45°，使用两次快捷键Ctrl＋D，不添加花蕊，分别设置"填色"为棕红色和棕色，花4制作完成，如图3-110所示。

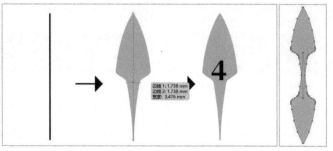

图3-109

10 接下来制作花瓶。绘制长短不同的直线段，使用"宽度工具" 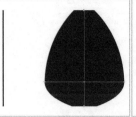 自由制作花瓶形状，如图3-111所示。

图3-110

图3-111

---

① 技巧提示

　　不需要完全按照案例中花瓶的模样制作，"宽度工具" 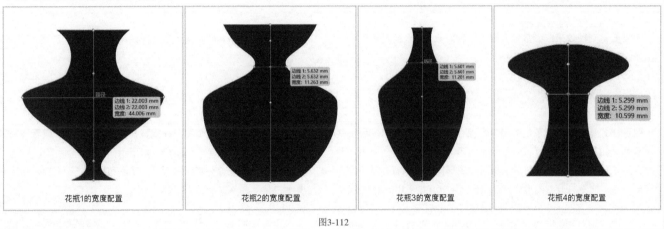 是非常灵活且很难100%精准再现效果的工具，如图3-112所示。学习思路，而不是学习再现参数，读者可自由创作喜欢的花瓶形状。

图3-112

---

11 制作12个不同的花瓶，执行"对象＞扩展外观"菜单命令将花瓶扩展成闭合路径，并添加不同的填色，如图3-113所示。

12 为了丰富画面，可以使用花1的花瓣，分别旋转30°和-30°复制出左右各一个花瓣，并添加上一个正三角形作为花萼，制作一朵半开的小花，如图3-114所示。

图3-113

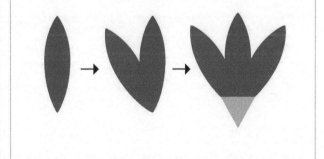

图3-114

13 绘制完所有花朵和花瓶后，同一种花朵也可以设置不同的填色，以丰富色彩。将花瓶和花朵自由摆放，添加一个淡绿色的圆角矩形作为背景，如图3-115和图3-116所示。

14 在两个小画板上分别放置一个插满鲜花的花瓶，如图3-117所示，用来制作小卡片。添加文字并设置"字体"为"方正颜宋简体"，最终效果如图3-118所示。

图3-115

图3-116

图3-117

图3-118

3.4 批量修改形状属性

如果要将某种效果或参数批量赋予各种对象，或者批量修改同一对象的某种效果、参数，可以使用图形样式和符号工具来加速进程，缩短操作时间。

3.4.1 图形样式

图形样式是将一个对象的外观参数保存下来，并且快速应用在其他对象身上的工具。图形样式可应用于对象、组和图层。当应用于图层时，图层内所有对象同时被赋予相同的图形样式。执行"窗口>图形样式"菜单命令打开"图形样式"面板，其中有很多Illustrator默认自带的图形样式，在面板左下角单击"图形样式库菜单"按钮 可查看所有自带图形样式组，如图3-119所示。

任意选择一组图形，单击某个图形样式，单击右上角的"面板菜单"按钮 并执行"添加到图形样式"命令即可将其添加到"图形样式"面板，如图3-120所示。

应用时可以将某个图形样式直接拖曳到对象上，或者选择对象并单击某个图形样式，如图3-121所示。

图形样式包含外观参数组合、填色和描边、各类特效和透明度设置。虽然使用"吸管工具" 可以吸取其他对象的填色和描边，但是默认无法吸取效果，因此当需要对各类对象应用相同的外观参数时（尤其是包含结果的外观参数），新建图形样式将是必要的操作。

图3-119　　　　　　　　图3-120

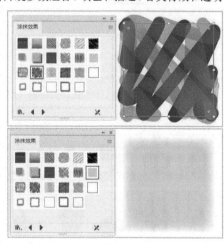

图3-121

☞ 新建图形样式

绘制一个对象，赋予其各种需要的外观参数，并将此对象新建为图形样式。选择需要赋予此类外观参数的其他对象，单击此图形样式，就可以把保存的外观参数赋予其他对象。

例如，绘制一条直线段，设置"描边"为白色、"粗细"为9pt、"填色"为无，执行"效果>风格化>外发光"菜单命令，为其添加一个效果，模拟荧光灯管的视觉效果，如图3-122所示。

图3-122

将被赋予了外观参数的直线段直接拖曳到"图形样式"面板中即可保存，如图3-123所示。

绘制新的对象，选择对象后单击保存的图形样式即可将自定义的图形样式赋予新的对象，非常方便快捷，如图3-124所示。

图3-123

图3-124

修改图形样式

若需要批量修改所有应用了同一图形样式的对象，可以在原始对象上修改其外观参数。按住Alt键并使用鼠标拖曳修改后的对象覆盖原图形样式，松开鼠标左键后，所有对象的图形样式都会统一替代为更改后的图形样式。例如，修改原始对象的"描边"为橙色，覆盖原图形样式，所有应用该图形样式的对象会自动更新，如图3-125所示。

例如，为原始对象的白色描边添加"虚线"参数，将其转换为圆珠串，如图3-126所示。

图3-125

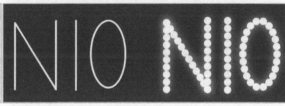

图3-126

3.4.2 符号工具组

将一个完整的矢量对象复制在"符号"面板中，使用工具栏中的"符号喷枪工具"可以粘贴矢量对象。默认符号是预存在Illustrator中的符号，进行新建符号操作可以创建自定义符号。

默认符号

执行"窗口>符号"菜单命令打开"符号"面板，单击左下角的"符号菜单库"按钮可以查看所有预存符号，如点状图案矢量包，如图3-127所示。

选择"芙蓉"符号，在工具栏中选择"符号喷枪工具"，在画板上单击一次即可喷绘一个符号，如图3-128所示。

在使用"符号喷枪工具"时不松开鼠标左键，符号就会开始叠加出现，停留在画板上的时间越久，符号越多，数量足够时可以松开鼠标左键，如图3-129所示。

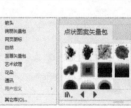

图3-127

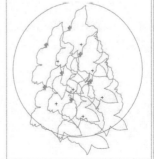

图3-128　　　　　　　　　　　图3-129

也可以在画板中拖曳该工具，符号会随着拖曳路径不断产生，如图3-130所示。

还可以先后使用多个符号，形成符号群，如图3-131所示。

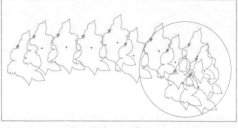  

图3-130　　　　　　　　　　　　　　　　　　图3-131

① 技巧提示

　　若要删除符号群中的某一个符号，选择"符号喷枪工具" 并按住Alt键单击需要删除的符号即可。同时按住Alt键和Shift键并单击符号群，则能一次一个或一次两个地删除符号群中的符号。

　　若符号群中包含不止一种类型的符号，如图3-131中包含"莲花"和"芙蓉"两种符号，要删除莲花需要在"符号"面板中选择"莲花"符号，要删除芙蓉需要选择"芙蓉"符号，无法混删。

使用鼠标右键单击打开符号工具组，可见各种符号调整工具，如图3-132所示。

"符号移位器工具" ：用来调整符号群内符号的前后位置，按住Shift键并单击某个符号可将其移到顶层，同时按住Alt键和Shift键并单击某个符号可将其移到底层，如图3-133所示。

图3-132　　　　　　　　　图3-133

"符号紧缩器工具" ：单击并拖曳，可将分散的符号群调整至紧凑状态，紧缩前后的对比效果如图3-134所示。

"符号缩放器工具" ：单击或单击后拖曳符号群，符号群内的符号会自动放大；按住Alt键并单击或拖曳，符号群内的符号会缩小。停留的时间越久，符号缩放越多，缩放前后的对比效果如图3-135所示。

图3-134　　　　　　　　　　　　　　　　图3-135

"符号旋转器工具" ：用于旋转符号群，单击并拖曳可调整旋转方向，旋转前后的对比效果如图3-136所示。

"符号着色器工具" ：用于修改符号群内符号的颜色。在色板中选择一个颜色，单击符号群内任意一个符号，符号的颜色会变成在色板中选定的颜色，但会保留符号的原始明度。单击次数越多，颜色改变越大，按住Alt键并单击可以恢复符号本来的颜色。"符号着色器工具" 的原理是新色相和原始明度的结合，因此对明度极高或极低的颜色改变很少，黑色或白色对象无变化。单击1次和单击5次的对比效果如图3-137所示。

  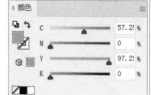  

图3-136　　　　　　　　　　　　　　　　图3-137

"符号滤色器工具" 🔅：用于调整符号群内符号的透明度，多次单击可逐渐加强透明感，单击1次和单击5次的对比效果如图3-138所示。

"符号样式器工具" 🎨：结合图形样式与符号工具组，将选中的图形样式赋给符号群。先绘制符号或符号群，这里使用符号库中"艺术纹理"中的"小球"符号演示，绘制一群小球符号，如图3-139所示。

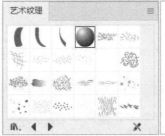
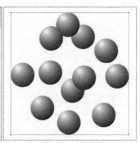

图3-138　　　　　　　　　　　　　　　　　　图3-139

再在"图形样式"面板中选择一个图形样式，此时符号工具会自动切换为"符号样式器工具" 🎨，单击符号群可添加图形样式，添加1次和5次的对比效果如图3-140所示，按住Alt键并单击可逐渐恢复。

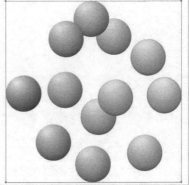
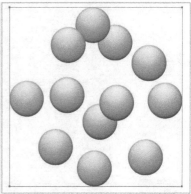

图3-140

👉 新建符号--

任何对象都可以成为符号，拖曳对象到"符号"面板中，打开"符号选项"对话框，设置"符号类型"为"动态符号"，单击"确定"按钮即可发现"符号"面板中出现了对象。将一片红色四叶草创建为动态符号，如图3-141所示。

图3-141

使用动态符号的好处就是可以随时创建成符号的原始对象或"符号"面板中的该符号，进入隔离模式，任何在隔离模式下对原始对象或该动态符号进行的参数编辑都会被保存在该动态符号中，并且自动同步到所有运用了该符号的实例，如图3-142所示。静态符号则不具备同步修改的功能。

动态符号在批量修改同一对象时也非常有用，尤其在VI设计中，可以将Logo存储为动态符号，并用喷枪喷出，在同一个.ai文件中进行各类衍生设计的运用。

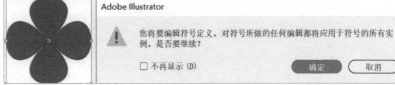

图3-142

👑重点

👆 案例训练：设计针织品牌Logo及辅助图形

实例文件	实例文件>CH03>案例训练：设计针织品牌Logo及辅助图形
素材文件	无
难易程度	★★☆☆☆
技术掌握	"路径查找器"面板和动态符号

扫码看视频

本案例使用两个长方形设计一套针织品牌Logo及辅助图形，用于构成品牌的视觉形象中的核心图形元素，颜色值如图3-143所示，最终效果如图3-144所示。

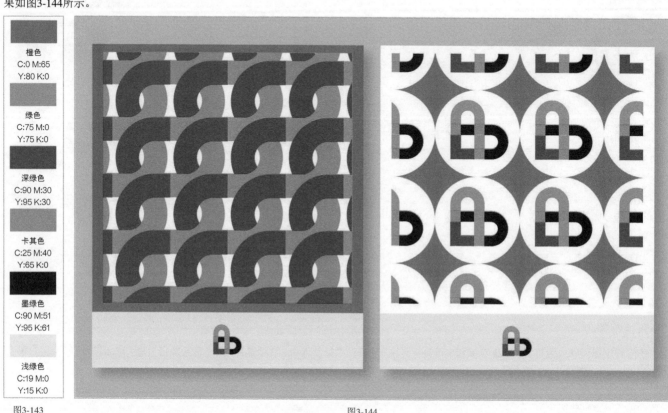

橙色
C:0 M:65
Y:80 K:0

绿色
C:75 M:0
Y:75 K:0

深绿色
C:90 M:30
Y:95 K:30

卡其色
C:25 M:40
Y:65 K:0

墨绿色
C:90 M:51
Y:95 K:61

浅绿色
C:19 M:0
Y:15 K:0

图3-143 图3-144

01 因为是设计针织品牌Logo及辅助图形，所以把纤维在纺织过程中经纬线穿插的样式作为设计灵感。新建A4大小的画板，使用"矩形工具" ▣绘制25mm×50mm和50mm×25mm的长方形，将两个长方形重叠摆放，如图3-145所示。

02 使用"直接选择工具" ▷选择红圈标示的锚点，向内拖曳出现的圆角符号，将直角转化为圆角形成半圆顶端，设置"粗细"为30pt，如图3-146所示。

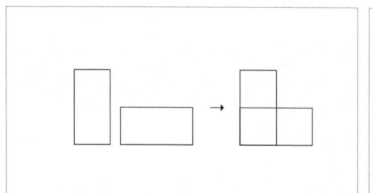

图3-145

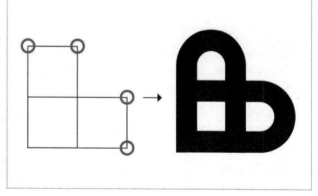

图3-146

03 执行"对象＞路径＞轮廓化描边"菜单命令，将对象的路径转化为闭合路径，如图3-147所示。

04 在"路径查找器"面板中单击"分割"按钮▣分割整个对象，为各个部分填色，Logo图形部分制作完成，如图3-148所示。

05 接下来绘制辅助图形。在Logo图形部分中复制出最右侧黑色标示描边的半圆环，设置"填色"为深绿色。复制第2个半圆环并设置"填色"为卡其色，选择卡其色的半圆环并单击鼠标右键，执行"镜像＞垂直翻转"命令，水平拖曳卡其色半圆环与深绿色半圆环重叠摆放，左右两侧分别对齐，如图3-149所示。

图3-147

图3-148

图3-149

① 技巧提示

　　3个重叠部分形成的小方格里，只有右上方的小方格被切割成了单独的一个区间，可直接设置"填色"为卡其色，其他两个重叠的方格区间需要使用"内部绘图"模式◉内嵌两个卡其色正方形，注意对齐边缘。

06 在"路径查找器"面板中单击"分割"按钮▣将其全部分割，设置白色标示部分的"填色"为深绿色，即可产生两个半圆环交错穿套的效果，如图3-150所示。

07 将交错的半圆环向右拖曳复制，得到第2个交错的半圆环，接着使用5次快捷键Ctrl＋D，通过"再次变换"功能以平铺的方式制作一行图形，形成视觉上互相穿套的半圆环，如图3-151所示。

图3-150

图3-151

① 技巧提示

　　之前在"对象的排列"中提过，Illustrator中不存对象A在对象B之上，同时对象A又在对象B之下的悖论情况，任何视觉上交错的图形都是将对象分割后进行各部分的前后位置调整，并结合色彩运用来造成视觉假象。

08 复制得到第2行图形，注意行与行之间需要重叠一部分，使用快捷键Ctrl＋D，通过"再次变换"功能向下平铺其余各行，如图3-152所示。第1个辅助图形制作完成。实际使用时可以将其嵌入各尺寸的文件，调整位置和大小作为装饰图案。

09 绘制第2个辅助图形。将Logo图形放置在白色的圆形上，进行平铺。这是将Logo图形转化为辅助图形的简单方法，如图3-153所示。

图3-152

图3-153

10 在设计过程中，将制作完成的Logo图形保存为动态符号，再使用"符号喷枪工具"喷绘（喷绘一个符号后常规复制排列即可），如图3-154所示。

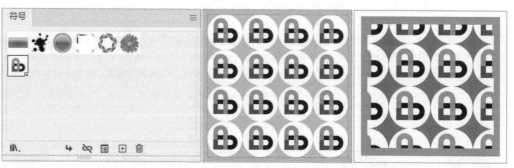

图3-154

11 双击"符号"面板中该符号，进入符号的隔离模式设置"描边"颜色，退出隔离模式即可同时修改所有符号，如图3-155所示，最终效果如图3-156所示。

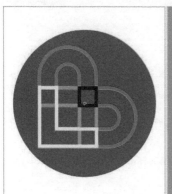

图3-155

图3-156

◎ **技术专题：制作穿套形状的另一种方法**

除了可以使用"路径查找器"面板设计缠绕穿套式的不规则形状，还可以借助"缠绕"菜单命令来完成设计。

例如，绘制一黑一红两个部分重叠的无填色、粗描边的圆形，选择两个圆形后执行"对象>缠绕>建立"菜单命令，如图3-157所示。

使用鼠标在上方交叉处绘制一个圈，松开鼠标左键会自动将此交叉处的对象顺序交换，形成视觉上两者彼此缠绕穿套的效果，如图3-158所示。

图3-157

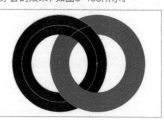

图3-158

若对象是3个圆形，则先在右侧红蓝交叉处绘制一个圈，再在左侧红黑交叉处绘制一个圈，完成三环缠绕效果的制作，如图3-159所示。

若要恢复原样，执行"对象>缠绕>释放"菜单命令即可。制作完成后可执行"对象>路径>轮廓化描边"菜单命令将描边转化为闭合路径，若双击进入隔离模式移动任何一环，缠绕效果就会在视觉上失效。"缠绕"功能就是将原本需要手动完成的分割并填色这一步骤交由Illustrator完成，移动圆环后分割的部分就会显现出来，如图3-160所示。

图3-159

图3-160

3.5 综合训练营

不论是规则几何形状还是复杂复合形状，它们都是很好的设计素材。在掌握基础形状的变形、复合形状的设计和不规则形状的设计后就可进行综合实践。设计过程并不复杂，需要举一反三创作出有自己风格的作品。

◈ 综合训练：设计抽象艺术线上展海报

实例文件	实例文件＞CH03＞综合训练：设计抽象艺术线上展海报
素材文件	无
难易程度	★★★☆☆
技术掌握	椭圆工具和"路径查找器"面板

扫码看视频

本综合训练使用圆形作为设计的起点，设计抽象剪纸风格海报，颜色值如图3-161所示，最终效果如图3-162所示。

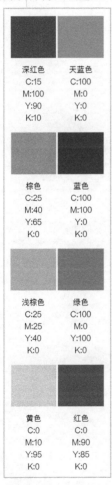

深红色
C:15
M:100
Y:90
K:10

天蓝色
C:100
M:0
Y:0
K:0

棕色
C:25
M:40
Y:65
K:0

蓝色
C:100
M:100
Y:0
K:0

浅棕色
C:25
M:25
Y:40
K:0

绿色
C:100
M:0
Y:100
K:0

黄色
C:0
M:10
Y:95
K:0

红色
C:0
M:90
Y:85
K:0

图3-161

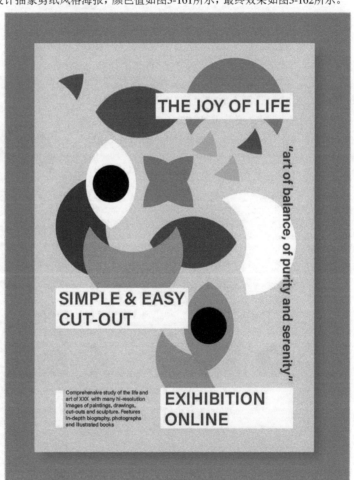

THE JOY OF LIFE

"art of balance, of purity and serenity"

SIMPLE & EASY
CUT-OUT

Comprehensive study of the life and
art of XXX with many hi-resolution
images of paintings, drawings,
cut-outs and sculpture. Features
in-depth biography, photographs
and illustrated books

EXIHIBITION
ONLINE

图3-162

01 新建A4大小的画板。使用"椭圆工具" ⬭ 绘制4个直径为75mm的圆形，将圆形相互重叠摆放，即每个圆形的边界线都经过另外两个圆形的圆心，构成一个四圆对象，如图3-163所示。

02 在"路径查找器"面板中单击"分割"按钮 ▣ 将四圆对象分割，取消编组可以获得各种各样的部件形状，如图3-164所示。

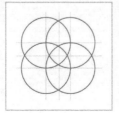

图3-163

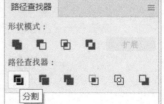

路径查找器

形状模式：

扩展

路径查找器：

分割

图3-164

03 选择喜欢的部件形状并复制作为设计素材，这里选择了图3-165中黑色标示的6个部分，效果如图3-166所示。

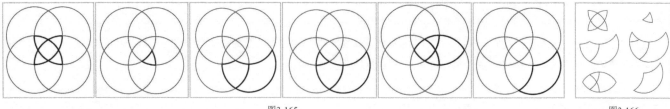

图3-165   图3-166

04 在"路径查找器"面板中单击"联集"按钮，将形状合并为单独的闭合路径，并赋予不同的填色，如图3-167所示。对剩余部件形状进行相同操作，如图3-168所示。

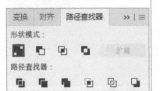
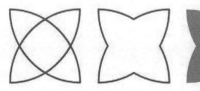

图3-167   图3-168

05 选择棕色月牙，旋转180°并复制，设置"填色"为绿色；将绿色月牙逆时针旋转90°并复制，设置"填色"为蓝色；另外再绘制一个直径为27mm的黑色圆形，复制小三角形并设置"填色"为浅棕色，复制眼睛形状并设置"填色"为天蓝色，如图3-169所示。

图3-169

06 依据自身喜好自由组合各个形状并设置不同的填色，放置到合适的位置，绘制一个黄色的矩形放置于底层作为海报的背景，如图3-170所示。

07 添加海报的文案，设置英文"字体"为Acumin Variable Concept，为了在鲜艳的图形上凸显文字，在大标题下方添加白色矩形，最终效果如图3-171所示。

图3-170   图3-171

❦重点
◈ 综合训练：设计玄幻文学线下大会的宣传物料

实例文件	实例文件＞CH03＞综合训练：设计玄幻文学线下大会的宣传物料
素材文件	无
难易程度	★★★☆☆
技术掌握	椭圆工具

本综合训练使用"椭圆工具" ⬭设计一套玄幻文学线下大会的部分视觉形象，选择"水"和"火"两种元素进行设计，颜色值如图3-172所示，最终效果如图3-173所示。

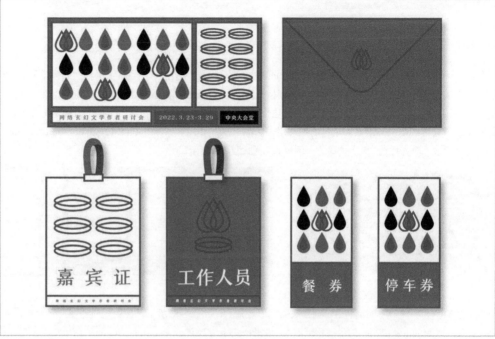

图3-173

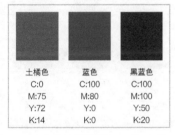

土橘色	蓝色	黑蓝色
C:0	C:100	C:100
M:75	M:80	M:100
Y:72	Y:0	Y:50
K:14	K:0	K:20

图3-172

01 新建一个200mm×100mm的画板，使用"椭圆工具" ⬭绘制一个直径为13mm的圆形，使用"直接选择工具" ▷选择顶端的锚点，按住Shift键并使用鼠标垂直向上拖曳，使用"锚点工具" ⌐将顶端的平滑点转化为角点，使圆形变为水滴形状，代表"水"元素，如图3-174所示。

02 复制出两个水滴，重叠摆放3个水滴，设置"描边"为蓝色、"粗细"为4pt、"对齐描边"为"使描边内侧对齐"，代表"火"元素，将其编组，如图3-175所示。

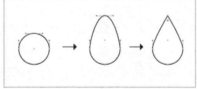

图3-174

图3-175

03 将原始水滴形状复制3份，将其中一份缩小到原始水滴大小的60%得到1号水滴，设置"填色"为蓝色。将另外两份分别设置"填色"为土橘色和黑蓝色，如图3-176所示。

04 组合"火"元素形状＋2号土橘色水滴、1号蓝色水滴＋2号土橘色水滴，编组形成新的形状，如图3-177所示。

图3-176

图3-177

05 使用"椭圆工具" ⬭ 绘制一个23mm×7mm的扁椭圆,垂直向下拖曳复制得到第2个扁椭圆,两个图形为一组编组成为形状组,如图3-178所示。

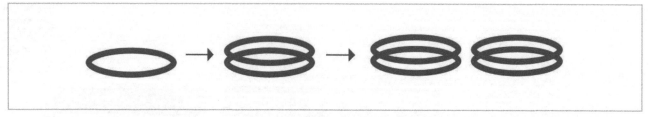

图3-178

06 使用"矩形工具" ⬜ 绘制一个200mm×100mm的矩形,设置"填色"为土橘色、"描边"为蓝色、"粗细"为4pt,如图3-179所示。

07 在土橘色矩形上方绘制3个矩形,大小分别为130mm×80mm、60mm×80mm和90mm×12mm(尺寸可以自行调整),设置"填色"为白色、"描边"为蓝色、"粗细"为4pt、"对齐描边"为"使描边内侧对齐",精准控制描边后的矩形位置,如图3-180所示。

08 在空白处继续绘制两个不同填色的矩形用来区隔信息,大小分别为60mm×12mm和35mm×12mm,设置"填色"为蓝色和黑蓝色、"描边"为"无"、"对齐描边"为"使描边内侧对齐",如图3-181所示。

图3-179

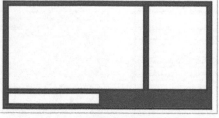
图3-180

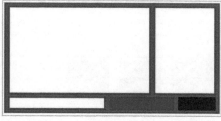
图3-181

09 将步骤04和步骤05中的形状组平铺在底部矩形背景上,如图3-182所示。使用相同的图形元素制作一些衍生品,如员工证件、停车券等。

10 绘制一个60mm×120mm的土橘色矩形作为底图,在上方放置一个60mm×80mm的白色矩形(尺寸根据实际需求调整),设置相同的蓝色描边,使用和前述步骤一样的操作添加形状组,如图3-183所示。

11 绘制两个90mm×120mm的矩形作为底图,设置"描边"为蓝色、"填色"为白色和土橘色,添加前述的形状组,在底部绘制一条蓝色的直线段,制作成两版证件图形,如图3-184所示。

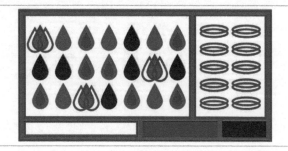
图3-182

图3-183

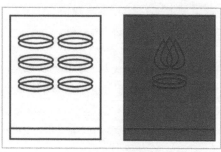
图3-184

12 添加文案,设置"字体"为"方正颜宋简体"。这套设计本身的元素非常简单,后期在运用过程中只需要根据不同的场合来进行排列组合即可,最终效果如图3-185所示。

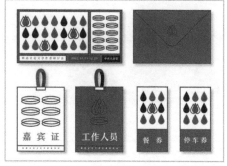

图3-185

ⓘ **技巧提示**

虽然综合训练的两个案例使用的都是比较简单的形状,但是组合排列后能产生许多变化,这就是形状的魅力,简单而有趣。设计师在设计时不要一味追求复杂和高难度,有时候越是简单的形状越能创作出多的变化。简单的工具从不意味着单一化的运用,形状系统中的万化永无尽头,只要设计师潜心构思,就能从简单的矩形、圆形、多边形和线条中发现巨大的设计潜力。

第 4 章 色彩系统

色彩系统是Illustrator中非常重要的辅助系统之一，也是设计中非常重要的组成部分。任何设计作品都离不开色彩，好的色彩运用可以为作品锦上添花。

学习重点 🔍

学完本章能做什么

使用颜色组、色板库、"颜色参考"面板来寻找优质的配色方案，使用"实时上色工具" 🞄 和混合模式来获得更丰富的上色方式和色彩叠加模式，并在设计完成后借助"重新着色图稿"功能更换作品配色方案，突破配色的固有思路，玩转色彩设计。

4.1 配色工具

配色是设计过程中非常重要的内容，优秀的配色方案可以凸显作品的特质和设计师的个人风格。Illustrator中拥有强大的配色工具，可以帮助设计师快速完成配色。

4.1.1 颜色组与色板库

在"色板"面板中可以看到大量存在的色板，颜色组是容纳一套配色方案中各个色板的容器，如图4-1所示。单击"色板"面板下方的"新建颜色组"按钮■或"'色板库'菜单"按钮■可以创建颜色组。

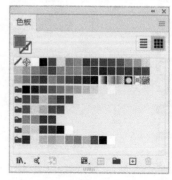

图4-1

☞ 新建颜色组--

单击"色板"面板下方的"新建颜色组"按钮■新建颜色组，输入颜色组名称后单击"确定"按钮，即可看见"色板"面板中出现了一个包含白色色板的新颜色组，如图4-2所示。

选择该颜色组，单击"新建色板"按钮田，在"新建色板"对话框中设置颜色类型和颜色参数后，单击"确定"按钮即可在颜色组中添加新的色板，如图4-3所示。也可以直接将"色板"面板中的任意色板拖曳到该颜色组中。

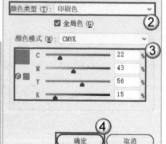

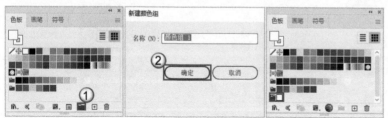

图4-2   图4-3

> ① 技巧提示
>
> 颜色组只能包含印刷色、专色和全局色，不能包含渐变色和图案。

☞ 色板库菜单--

单击"色板"面板下方的"'色板库'菜单"按钮■，打开色板库菜单，可以看到许多默认的色板、渐变及图案色板，如图4-4所示。

图4-4

例如，执行"自然>花朵"命令即可打开"花朵"面板，里面包含了各种以花朵颜色为灵感的颜色组。单击任意颜色组左侧的文件夹图标，如"紫罗兰"，"色板"面板中就会自动出现"紫罗兰"颜色组，如图4-5所示。

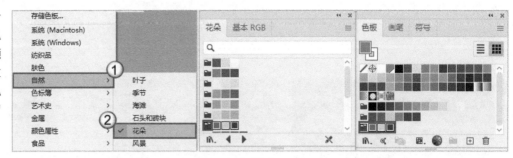

图4-5

色板库中包含大量的颜色组，每一种组合都可以为设计带来全新的色彩灵感。即使是同一个颜色组，也会因为使用的比例不同而产生不同的视觉效果。Illustrator自带海量配色方案，设计师能够从中获得非常多的配色参考。

例如，可以使用各种色板库中的颜色组为同一个海报配色，也可以专门使用色板库中"自然>花朵>鸢尾花"这一颜色组搭配出不同的色彩感觉，如图4-6～图4-8所示。

图4-6

图4-7

图4-8

例如，使用色板库中的"科学＞互补色"中的3个互补颜色组绘制插画，撞色设计让插画变得更有特色，如图4-9所示。

图4-9

☞ **从对象创建颜色组**--

从对象创建颜色组是指将现有图稿中所包含的所有颜色或部分颜色存储为一个颜色组，并保留在"色板"面板中，方便设计师随时取用。

选择需要的图稿或其中的一部分，单击"色板"面板中的"新建颜色组"按钮📁，在"新建颜色组"对话框中勾选"选定的图稿"，单击"确定"按钮后即可将选择的图稿中所有的颜色存成一个颜色组，如图4-10所示。

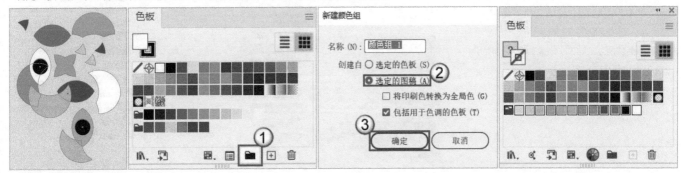

图4-10

除了选择图稿外，还可以选择"色板"面板中现有的色板，按住Shift键并单击色板选择颜色，单击"新建颜色组"按钮📁，默认勾选"选定的色板"，单击"确定"按钮，即可将选择的色板整理成一个颜色组，如图4-11所示。也可以直接拖曳单个色板到颜色组中进行添加。

若要删除颜色组，单击颜色组左侧的文件夹图标📁，接着单击"删除色板"按钮🗑即可，如图4-12所示。

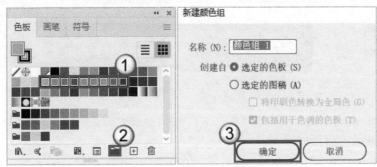
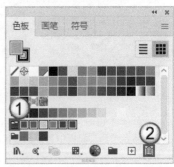

图4-11   图4-12

4.1.2 颜色参考

"颜色参考"面板是功能强大的自定义配色工具，根据选择的基色和协调规则，可以自动给出很多种配色方案。执行"窗口＞颜色参考"菜单命令即可打开该面板，如图4-13所示。

在"色板"面板中单击选择"CMYK绿"色板，会自动设置"颜色参考"面板中的基色为绿色，如图4-14所示。

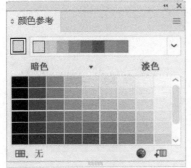

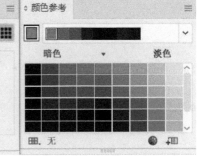

图4-13   图4-14

或者选择某个对象，如深蓝色花瓣，该对象的深蓝色会显示在"颜色参考"面板中，只是协调规则并没有以深蓝色为基准，单击深蓝色的"将基色设置为当前颜色"按钮■，协调规则才会将深蓝色作为基色，给出色彩搭配，如图4-15所示。

打开"协调规则"列表框,能够看见互补色、近似色、单色、三色组合、四色组合、五色组合等许多配色方案,如图4-16所示。

选择以绿色为基色的互补色,"颜色参考"面板中就会显示互补色的色盘,单击右上角的"面板菜单"按钮▤,能够看见"显示淡色/暗色""显示冷色/暖色""显示亮光/暗光"3种分类,如图4-17所示,这3种分类如图4-18所示。

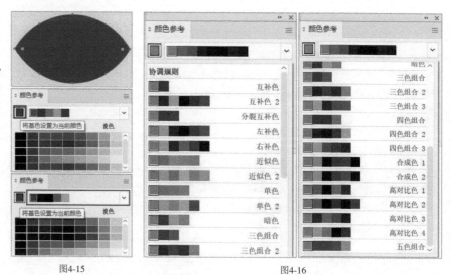

图4-15

图4-16

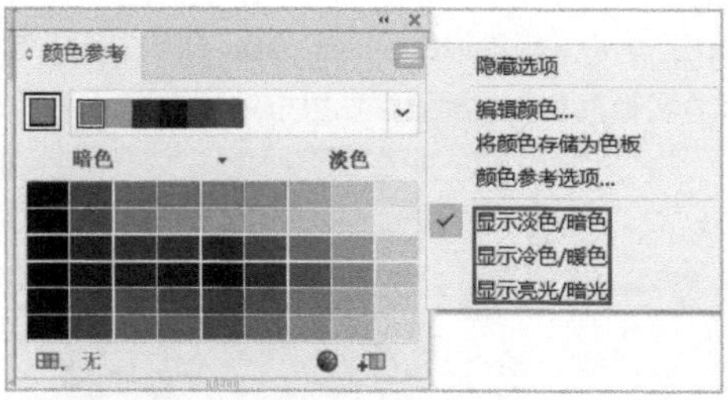

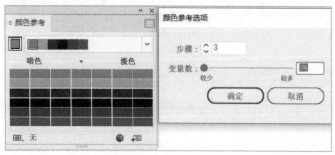

图4-17

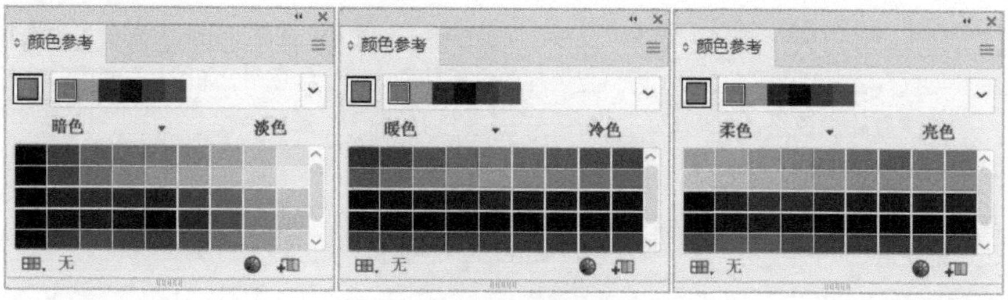

图4-18

单击右上角的"面板菜单"按钮▤,执行"颜色参考选项"命令,打开"颜色参考选项"对话框,可以设置"步骤"和"变量数"参数来改变"颜色参考"面板中色板的数量,如图4-19和图4-20所示。

图4-19

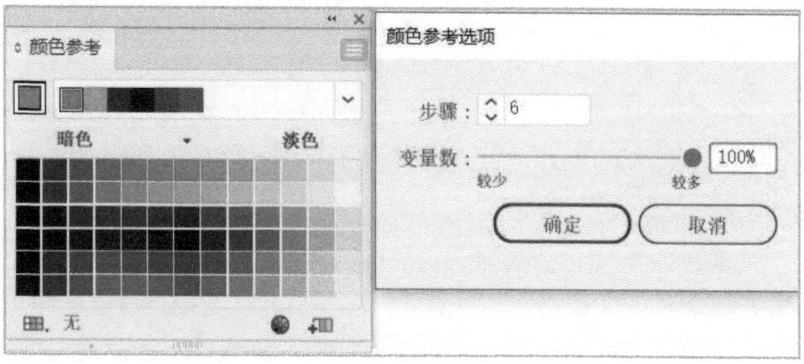

图4-20

运用时单击"颜色参考"面板中的任意一个色板都可以直接为选择的对象赋色。执行"将颜色存储为色板"命令或单击"将颜色保存到'色板'面板"按钮▤,就可以在"色板"面板中添加新的颜色,如图4-21所示。选择"颜色参考"面板中的任意一个色板可以单独将此色板保存至"色板"面板,选择基色色板则会将整个颜色组保存至"色板"面板,如图4-22所示。

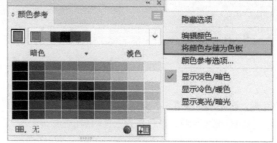

图4-21

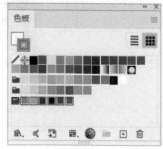

图4-22

可以成组运用"颜色参考"面板中的色板，也可以直接单击某个色板为对象上色。不同基色下的相同协调规则、相同基色下的不同协调规则，以及相同基色下的相同协调规则的不同比例运用，都可以极大地扩展设计师的配色思路，帮助设计师在设计过程中不断进行色彩调试。

例如，在同一个基色（CMYK绿）前提下，不同协调规则产生的3个颜色组的运用如图4-23所示。

图4-23

在同一个基色（CMYK绿）前提下，相同协调规则产生的相同颜色组的不同运用如图4-24所示。

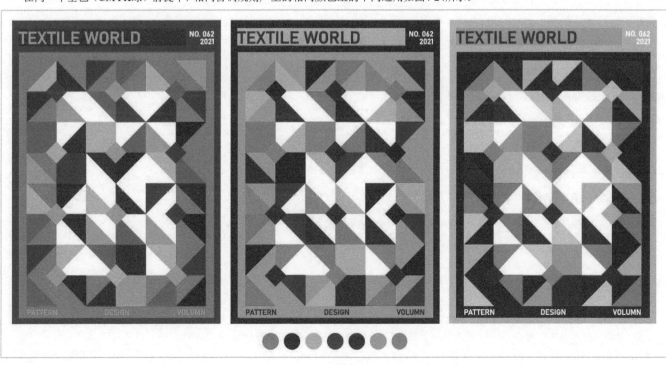

图4-24

在不同基色（黄色、红色、蓝色）前提下，"互补色"协调规则下3个互补颜色组的运用如图4-25所示。

图4-25

4.1.3 吸管工具

选择对象A，在工具栏中选择"吸管工具" ✐ 后单击对象B，即可将对象B的"填色"和"描边"颜色赋予对象A。该工具支持批量操作，选择多个对象，吸取一个对象，即可将被吸取对象的颜色属性赋予多个对象。该工具可以结合"魔棒工具" ✐ 使用。

例如，使用"魔棒工具" ✐ 选择所有的紫色圆形，再使用"吸管工具" ✐ 单击右侧圆形，即可将所有紫色圆形设置为绿色填色、紫色描边，如图4-26所示。

双击"吸管工具" ✐ 可以打开"吸管选项"对话框，默认勾选全部属性，可以选择勾选需要吸取的属性，如图4-27所示。

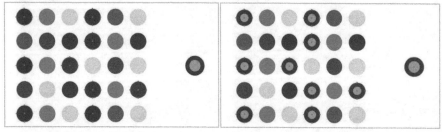

图4-26

图4-27

4.1.4 实时上色工具

"实时上色工具" ⛁ 位于形状生成器工具组中，如图4-28所示。实时上色与常规上色的方式不同，常规上色针对单个对象，实时上色则将所有路径看作一个平面内的线条，路径相交形成的区域都被视作可单独上色的空间。其效果与Photoshop中的"油漆桶工具" ⬧ 类似。

图4-28

首先选择需要上色的对象组和"实时上色工具" ，然后将鼠标指针放到对象组的任意部分，此时会显示红字"单击以建立'实时上色'组"，最后单击即可建立实时上色组。建立后即可在"色板"面板中选择颜色色板、渐变色板或图案色板分别为对象组内的每一个区域进行填色，如图4-29所示。

实时上色组保持了内部所有对象的路径的可修改性，双击进入实时上色组，移动任意对象，重叠部分的填色也会随着对象的移动而变化，如图4-30所示。

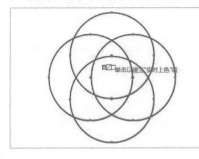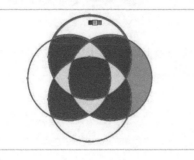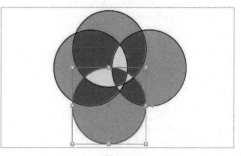

图4-29　　　　　　　　　　　　　　　　图4-30

如果要对已完成实时上色的对象组进行改色，可以再次使用"实时上色工具" 对该部分进行填色，或者使用"实时上色选择工具" 选择需要修改颜色的区域，再进入"色板"面板修改颜色。

> **① 技巧提示**
>
> 若使用"直接选择工具" 双击实时上色组进入隔离模式，再使用"选择工具" 选择实时上色组内的某个对象并修改颜色，和此对象关联的实时上色部分会失效。若要修改实时上色组内某个对象的颜色，则需要使用"实时上色选择工具" 选择对象。

"色板"面板中的渐变色板、图案色板都可以运用在实时上色组中，如图4-31所示。

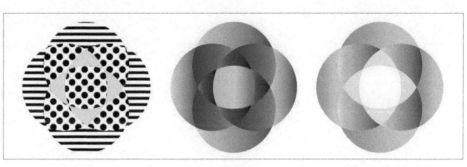

图4-31

👑 重点

🖐 **案例训练：设计波纹文字Logo**

实例文件	实例文件＞CH04＞案例训练：设计波纹文字Logo
素材文件	无
难易程度	★☆☆☆☆
技术掌握	实时上色工具

本案例使用"实时上色工具" 在文字中添加异色波纹来制作Logo，颜色值如图4-32所示，最终效果如图4-33所示。

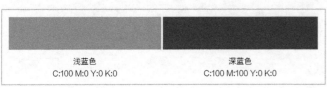

浅蓝色　　　　　　　　　　深蓝色
C:100 M:0 Y:0 K:0　　　　C:100 M:100 Y:0 K:0

图4-32

图4-33

01 新建一个A4大小的画板,使用"文字工具"**T**输入文字,设置"字体"为Impact、"字体大小"为46pt、"填色"为深蓝色,使用鼠标右键单击文字并执行"创建轮廓"命令,将文字转为闭合路径,如图4-34所示。

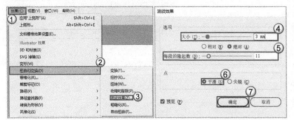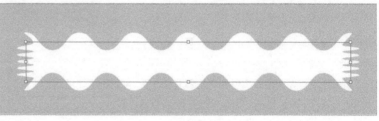

图4-34

02 使用"矩形工具"▭绘制一个114mm×14mm的长方形(能遮住整个文字部分即可),执行"效果>扭曲和变换>波纹效果"菜单命令,在打开的对话框中设置"大小"为3mm、"每段的隆起数"为11、"点"为"平滑",单击"确定"按钮添加效果,如图4-35所示,效果如图4-36所示。

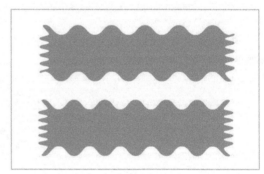

图4-35　　　　　　　　　　　　　　　　图4-36

> ① **技巧提示**
>
> 　　在设置"每段的隆起数"时,偶数隆起数会让波纹左右两端一起一伏,奇数隆起数会让波纹左右对称,如图4-37所示。
>
> 图4-37

03 选择波纹形状,执行"对象>扩展外观"菜单命令,将其扩展为具体的路径(添加效果后变换出的形状都只是外观,并非实际路径,只有扩展后才能将实时上色组赋予波纹形状),如图4-38所示。

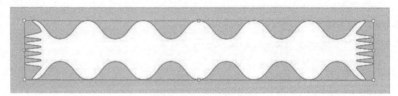

图4-38

04 把波纹放置在文字的上一层,选择波纹与文字,使用"实时上色工具"▦单击建立实时上色组,使用浅蓝色为文字与波纹的重叠部分上色,如图4-39所示。

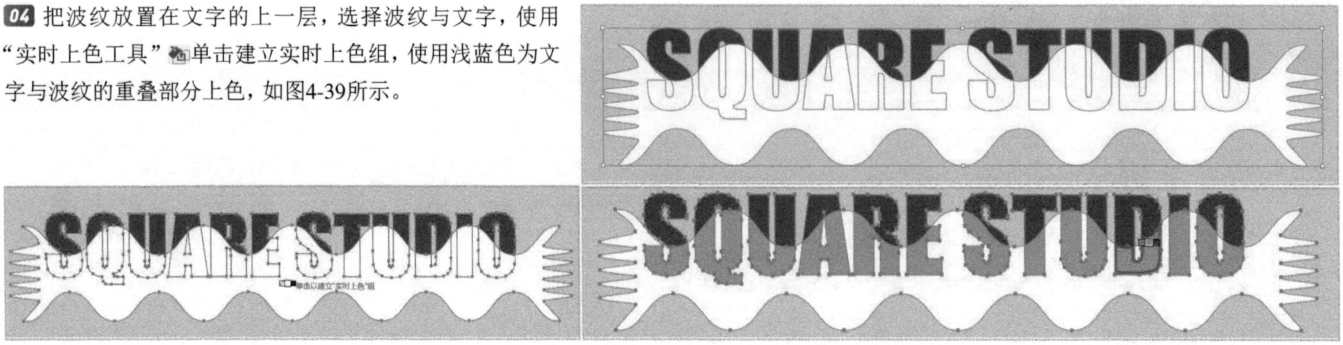

图4-39

05 设置多余的白色部分的"填色"为"无",形成透明的效果,确定无误后执行"对象>扩展"菜单命令,将实时上色组扩展为实际的路径,无填色的区间会在扩展时自动删除,如图4-40所示,最终效果如图4-41所示。

图4-40

图4-41

> ① 技巧提示
>
> 也可以使用"路径查找器"面板中的"分割"按钮,将波纹和文字分割成各部分后分别上色来完成此Logo效果。

👆 重点

🖐 案例训练:设计CD封套

实例文件	实例文件>CH04>案例训练:设计CD封套
素材文件	无
难易程度	★★☆☆☆
技术掌握	实时上色工具

扫码看视频

本案例使"实时上色工具"设计几何图形CD封套,颜色值如图4-42所示,最终效果如图4-43所示。

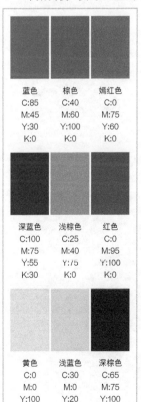

蓝色	棕色	嫣红色
C:85	C:40	C:0
M:45	M:60	M:75
Y:30	Y:100	Y:60
K:0	K:0	K:0

深蓝色	浅棕色	红色
C:100	C:25	C:0
M:75	M:40	M:95
Y:55	Y:75	Y:100
K:30	K:0	K:0

黄色	浅蓝色	深棕色
C:0	C:30	C:65
M:0	M:0	M:75
Y:100	Y:20	Y:100
K:0	K:0	K:45

图4-42

图4-43

01 新建一个大小为210mm×210mm的画板，使用"椭圆工具" 绘制两个直径为68mm的圆形，两个圆形彼此穿过对方圆心。在"路径查找器"面板中单击"交集"按钮 ，得到中间重叠的花瓣形状，如图4-44所示。

02 同时按住Alt键和Shift键并垂直向下拖曳复制得到第2个花瓣形状，同时选择两个花瓣形状，在"路径查找器"面板中单击"联集"按钮 合并两个花瓣形状，如图4-45所示。

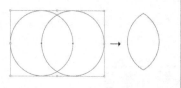

图4-44

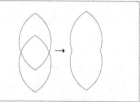

图4-45

03 单击鼠标右键并执行"变换＞旋转"命令，在打开的对话框中设置"角度"为45°后单击"复制"按钮，如图4-46所示，使用两次快捷键Ctrl＋D，通过"再次变换"功能得到一朵八瓣花。设置"描边"为12pt、"填色"为无，效果如图4-47所示。

图4-46

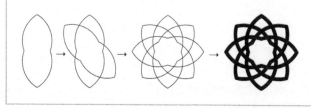

图4-47

04 此时的花朵是纯路径，选择花朵并执行"对象＞路径＞轮廓化描边"菜单命令，将12pt宽的描边转化为闭合区间，由于描边存在一定的粗细，因此轮廓化后黑色描边就形成了可供上色的区域。使用"实时上色工具" 单击花朵以建立实时上色组，此时既可以填充花朵的白色部分，也可以填充黑色轮廓线的部分，从外向里一层一层填充不同颜色，如图4-48所示，八瓣花的效果如图4-49所示。

图4-48

图4-49

05 选择步骤02中得到的花瓣形状并单击鼠标右键，执行"变换＞旋转"命令，在打开的对话框中设置"角度"为90°后单击"复制"按钮，如图4-50所示，得到四瓣花，效果如图4-51所示。

06 对四瓣花进行实时上色，如图4-52所示。在画板中放置3×3的八瓣花，在中间空白处添加4朵四瓣花，封面图形部分制作完成，如图4-53所示。

图4-50

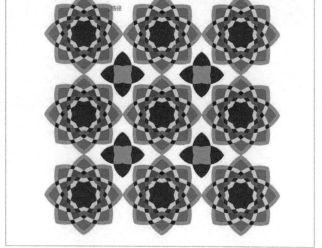

图4-53

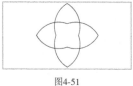

图4-51

图4-52

07 以四角的4朵八瓣花的中心为端点（图中用白圈标示的位置），使用"矩形工具" ▣绘制一个"填色"为黄色、"描边"为无的正方形，如图4-54所示。

08 选择黄色矩形，通过"内部绘图"模式◉剪切封面图形再复制，嵌入黄色矩形，效果如图4-55所示。绘制直径分别为210mm和34mm的圆形，居中对齐两圆后在"路径查找器"面板中单击"减去顶层"按钮得到CD形状。使用"文字工具" T添加文字，设置"字体"为"方正颜宋简体"，最终效果如图4-56所示。

图4-54

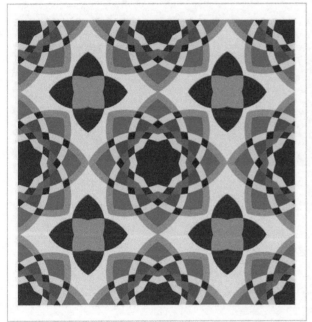

图4-55

图4-56

4.2 透明度与混合模式

透明度用于调整对象的色彩"不透明度"参数，使其产生通透感。混合模式与Photoshop的图层模式相似，通过不同的计算公式来计算对象重叠部分色彩的呈现方式。两者都是在原本的对象色彩参数上添加，可以呈现出有趣的色彩重叠效果。

4.2.1 透明度

在Illustrator中改变对象的不透明度，产生通透感的方法有以下4个。

第1个： 在"属性"面板或"透明度"面板中降低对象的不透明度，使对象和对象间、对象和背景间产生通透感。

第2个： 使用不透明度蒙版来创建不同的透明度。

第3个： 通过修改混合模式改变对象之间重叠部分的色彩显示方式，产生通透感。

第4个： 使用包含透明度的渐变色，使对象部分通透。

☞ "透明度"面板---

　　执行"窗口＞透明度"菜单命令可打开"透明度"面板，如图4-57所示。

　　透明的对象会透出背景色，不同的背景色会直接影响
对象的显色效果。透明度在呈现色彩时有独特的作用，如
"不透明度"为100%的纯色在色感上带来的实、厚、扁平
的感觉，可以使对象变得透气、透明且更加轻盈。"不透
明度"为100%和49%的对象在深色和白色背景上的显色
效果如图4-58所示。"不透明度"为49%的蓝色和玫红色
在不同底色上呈现出的色彩效果如图4-59所示。

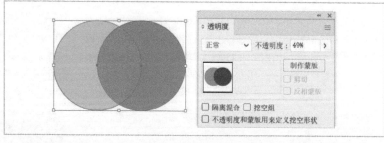

图4-57

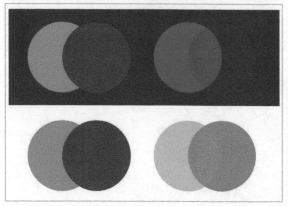

图4-58

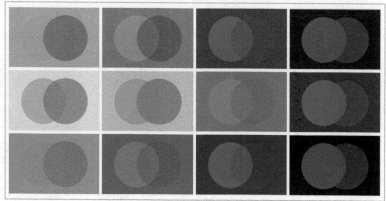

图4-59

　　在"透明度"面板中勾选"挖空组"，可以防止组内对象相互透过对方，即组内对象彼此间不透色，整组对象透背景色。注意，需要将对
象编组后再勾选，勾选前后的视觉区别如图4-60所示。

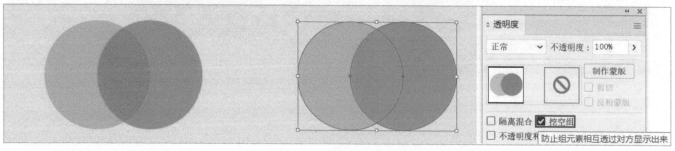

图4-60

☞ 不透明度蒙版---

　　使用不透明度蒙版创建不同的透明度即用带有透明度
的蒙版剪切下方不带透明度的对象，让对象带上蒙版的透
明度属性。因为被剪切的对象本质上"不透明度"依然为
100%，所以彼此重叠处不会透色，而且它们作为一个整体
被降低色彩不透明度。制作出来的蒙版整体透明，可在不
同的背景色上呈现不同的显色效果。左侧为"不透明度"
为45%的绿色蒙版，右侧为即将被蒙版剪切的"不透明度"
为100%的组合圆形，如图4-61所示。

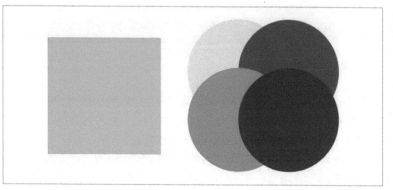

图4-61

将绿色蒙版放在组合圆形上方，在"透明度"面板中单击"制作蒙版"按钮，组合圆形就会被"不透明度"为45%的蒙版剪切。因为组合圆形本身的"不透明度"为100%，所以彼此重叠处不透色，整体添加了来自蒙版的45%不透明度，如图4-62所示。

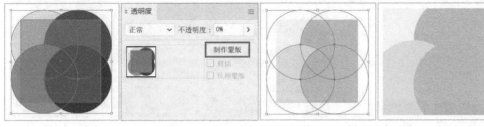

> ① 技巧提示
>
> 同时选择两个不透明度不同的对象时，"透明度"面板中的"不透明度"显示为0%。同时选择两个不透明度相同的对象时，"透明度"面板中的"不透明度"显示为50%。

图4-62

如果需要取消蒙版，选择对象后在"透明度"面板中单击"释放"按钮即可，如图4-63所示。

因为该图形添加了"不透明度"为45%的蒙版，所以放置在不同颜色的背景上，呈现的颜色会有所变化。分别在8种颜色的背景上放置此图形的显色效果如图4-64所示。

图4-63

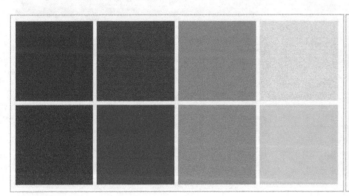

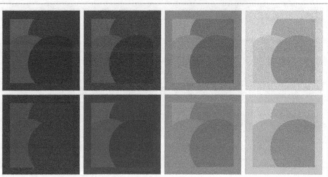

图4-64

4.2.2 混合模式

混合模式通过不同的计算公式来计算两种颜色的混色结果。混合色是添加了混合模式的最上层对象的颜色，基色则是位于混合色对象下层的其他对象的颜色，结果色是对象重叠部分产生的颜色，如使用"色相"模式得到的结果色如图4-65所示。

"透明度"面板中的"混合模式"默认为"正常"，即对象彼此间的颜色互不影响，在下拉列表中有其他15种模式可供选择，如图4-66所示。

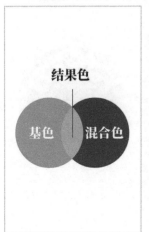

混合模式的数学原理比较复杂，同一个混合模式下不同色相、明度的颜色组都可能得到不同的结果。例如，为下列两组圆形的右侧圆形（分别为蓝色和灰色圆形）添加"正片叠底"模式，黄蓝组结果色为绿色，黑灰组结果色为黑色，如图4-67所示。因为"正片叠底"模式的数学原理是将基色与混合色相乘，任何颜色与黑色相乘都会生成黑色，任何颜色与白色相乘则保持不变。

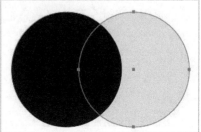

图4-65   图4-66   图4-67

对于初学者来说,较快找到合适的混色结果的方法就是多尝试。例如,同一个颜色组,对顶层黄色圆形设置16种混合模式的效果如图4-68所示;不同颜色组,为顶层圆形添加不同混合模式的效果如图4-69所示。

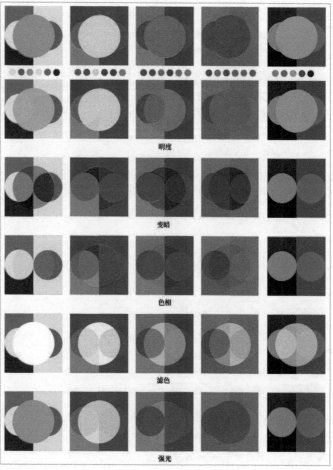

图4-69

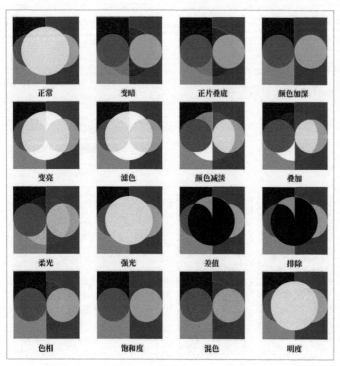

图4-68

虽然混合模式的数学原理非常复杂,但是实际操作比较简单,能够即时观察结果。要想得到一个好看、有趣的混色结果,尝试多个混合模式准没错。

◉ **技术专题:多次使用混合模式**

可以针对对象和对象构成的组多次使用混合模式,以达到更多变的色彩效果。例如,绘制两个圆形,选择双圆后单击鼠标右键,执行"变换>旋转"命令旋转60°并复制,再次旋转120°并复制,得到由3组双圆构成的六圆图形,请先不要编组,如图4-70所示。

对每个圆形进行填色后选择所有圆形,设置"混合模式"为"差值",将获得一个色彩变化十分丰富的图形,图形的路径并没有变,只是混合模式让色彩和色彩原本重叠遮挡的部分显现了,如图4-71所示。

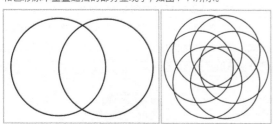

图4-70

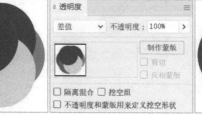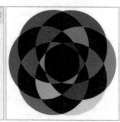

图4-71

此时选择所有圆形并编组,编组后可以发现"透明度"面板中的"混合模式"为"正常",如图4-72所示。因为编组后组成了更高一级的框架,成了新的对象,所以框架下一级中各个圆形的混合模式并不在上一级组的"透明度"面板中显示。这意味着每一次编组,组的混合模式回到"正常",并不影响组内各对象已经获得的混色结果。

如果此时在组的下方放置不同颜色的背景色，可以发现混合模式的应用范围超过了组的底部，背景色会和组的颜色再次混合，得到混色结果，这样的变化相当于进行了两次混合，如图4-73所示。

如果想要保持原本的混色结果，只需选择组后在"透明度"面板中勾选"隔离混合"即可，如图4-74所示。

图4-72

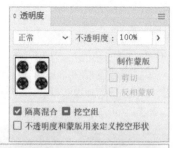

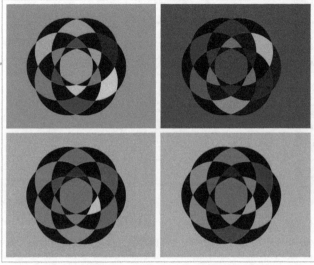

图4-73

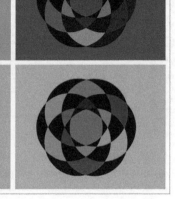

图4-74

也可以取消勾选"隔离混合"，利用编组后组的混合模式回归"正常"这一特性，再次设置组的混合模式。例如，添加黄色背景后，设置组的"混合模式"为"色相"，色彩会再次变化，如图4-75所示。

如果把黄色背景移走一半，在背景上的半组和不在背景上的半组会产生巨大的色彩反差，效果如图4-76所示。原本只有6个圆形路径，却能通过混合模式获得36个色彩区块，比使用"路径查找器"面板中的"分割"按钮 后再分别填色要便捷得多。

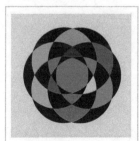

图4-75

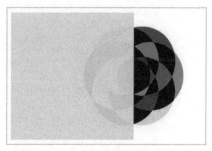

图4-76

当然，也可以将黄色背景放置在组的上方，设置黄色背景的"混合模式"为"排除"，这也是两次混合模式的叠加，效果如图4-77所示。这些就是多次添加混合模式的方式，还可以继续添加第3次混合模式，获得复杂的色彩表现。

图4-77

👆 案例训练：设计美妆App图标

实例文件	实例文件＞CH04＞案例训练：设计美妆App图标
素材文件	无
难易程度	★☆☆☆☆
技术掌握	混合模式

本案例在基础图形和RGB颜色的基础上，使用"差值"模式设计一个美妆App图标，颜色值如图4-78所示，最终效果如图4-79所示。

01 美妆App图标以眼睛和眼影盘的形状特征进行设计。新建一个大小为512px×512px的画板，绘制3个直径分别为320px、160px和45px的圆形，如图4-80所示。

天蓝色
R:153
G:255
B:255

玫红色
R:255
G:51
B:204

黄褐色
R:255
G:204
B:0

淡黄色
R:255
G:255
B:153

图4-78

图4-79

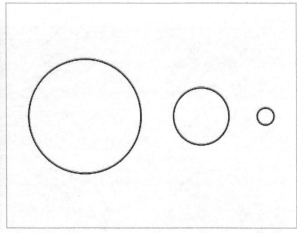

图4-80

02 复制一个大圆，重叠两个直径为320px的圆形，在"路径查找器"面板中单击"交集"按钮，得到花瓣形状，将花瓣形状旋转45°并复制，如图4-81所示。

03 将直径为160px的圆形和直径为45px的圆形居中重叠摆放，获得同心圆，如图4-82所示。得到所有需要用到的形状，如图4-83所示。

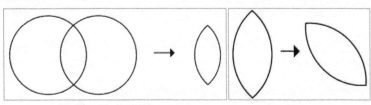

图4-81

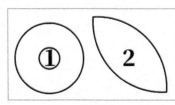

图4-82　　　　　　　图4-83

04 组合形状1和形状2获得图形，按住Alt键和Shift键，使用鼠标往右下角45°拖曳复制第2个图形，如图4-84所示。

图4-84

05 选择两个图形并单击鼠标右键，执行"变换＞旋转"命令，旋转90°并复制，如图4-85所示。选择每个对象并分别填色，如图4-86所示。

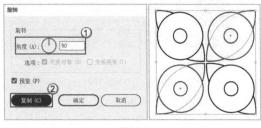

图4-85

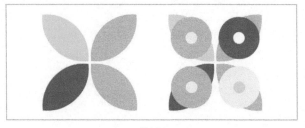

图4-86

06 选择所有对象,设置"混合模式"为"差值"并使用快捷键Ctrl | G编组。选择整组图形,在"透明度"面板中勾选"隔离混合",防止组的颜色和背景色继续混色,如图4-87所示,最终效果如图4-88所示。

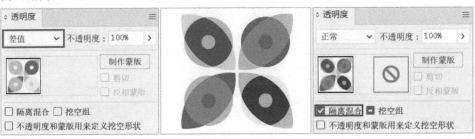

图4-87

图4-88

> ① 技巧提示
>
> "差值"模式需要添加在未被编组的所有对象上,"隔离混合"需要在编组后勾选。

🖐 案例训练:设计极简现代风Logo

实例文件	实例文件>CH04>案例训练:设计极简现代风Logo
素材文件	无
难易程度	★☆☆☆☆
技术掌握	混合模式

本案例使用"正片叠底"混合模式设计极简风格的Logo,颜色值如图4-89所示,最终效果如图4-90所示。

蓝色
R:0
G:153
B:255

红色
R:255
G:0
B:0

图4-89

图4-90

01 新建一个大小为130mm×130mm的画板，使用"矩形工具"▭绘制一个边长为25mm的红色正方形，将黑圈标示的两个直角向内拖曳，如图4-91所示。

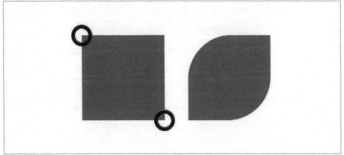

图4-91

① 技巧提示
还可以选择正方形后打开"变换"面板，单击"矩形属性"中的"链接圆角半径值"按钮🔗关闭数据链接，设置左上和右下两个"圆角半径"为13mm，如图4-92所示。

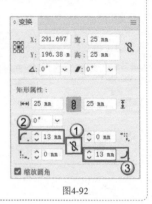

图4-92

02 复制一个红色图形，设置"填色"为蓝色，使两个图形部分重叠，蓝色图形在上，如图4-93所示。

03 选择两个图形，在"透明度"面板中设置"混合模式"为"正片叠底"，使用快捷键Ctrl+G编组后勾选"隔离混合"，如图4-94所示。

图4-93

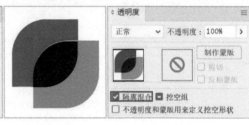

图4-94

04 输入"字体"为Impact的文字，在"段落"面板中单击"全部两端对齐"按钮▤，如图4-95所示。

05 选择文字，单击鼠标右键并执行"创建轮廓"命令，将文字转为路径，选择转为路径的文字后取消编组。使用"选择工具"▶拖曳STUDIO文字至与SQUARE文字部分重叠，设置SQUARE文字的"填色"为红色，如图4-96所示。

图4-95

图4-96

06 选择STUDIO文字，在"透明度"面板中设置"混合模式"为"正片叠底"，将整体文字编组后勾选"隔离混合"，如图4-97所示。略微缩小文字，使其与Logo的图形部分左右对齐，Logo的最终效果如图4-98所示。

图4-97

图4-98

4.3 重新着色图稿

重新着色图稿是集大成的改色工具,使用起来非常便捷、功能极其强大,在设计过程中使用重新着色图稿能够有效拓宽设计师的配色思路,在完成设计后使用重新着色图稿能够为作品带来全新的色彩。

重新着色图稿只能针对矢量路径进行改色(位图改色用Photoshop),不能针对嵌入Illustrator的位图进行改色,只有在选择可被改色的对象或图稿时才能打开"重新着色图稿"面板。

4.3.1 "重新着色图稿"面板

选择需要改色的整体或部分路径,单击"控制"面板中的"重新着色图稿"按钮⚫,或者执行"编辑>编辑颜色>重新着色图稿"菜单命令打开"重新着色图稿"面板,如图4-99和图4-100所示。

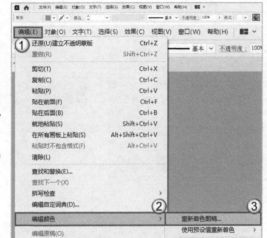

图4-99

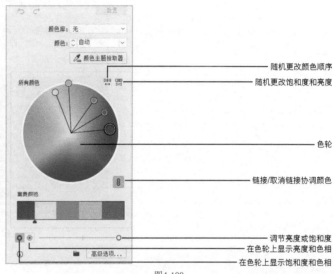

图4-100

重要参数详解

还原更改↩:撤销操作。

重做更改↪:恢复被还原的操作。

重置:恢复为初始的色彩设置。

颜色库:从自带的颜色库中选取颜色来给图稿上色。

颜色:控制重新着色图稿中显示的颜色数量,可以有效增加或减少画面的颜色。

颜色主题拾取器:从其他图稿中选取配色方案,并且在当前图稿中应用该配色方案。

色轮:显示和调整颜色、颜色顺序、亮度、饱和度和色相。

链接/取消链接协调颜色:链接时各颜色色相角度关系固定不变,用于整体调整色相;不链接时可以自由调整单种颜色而不改变其他颜色。

随机更改颜色顺序🖳:随机更改图稿中现有颜色的顺序。

随机更改饱和度和亮度🖳:随机更改图稿中现有颜色的饱和度和亮度。

重要颜色:根据色相和其他参数显示图稿中的所有重要颜色。

在色轮上显示饱和度和色相⚫:更改色轮的显示方式。

在色轮上显示亮度和色相⚪:更改色轮的显示方式。

存储🖿:单击此按钮可存储所有颜色或重要颜色。

高级选项:单击此按钮可打开旧版本的"重新着色图稿"对话框,进行更详细的改色操作,如图4-101所示。

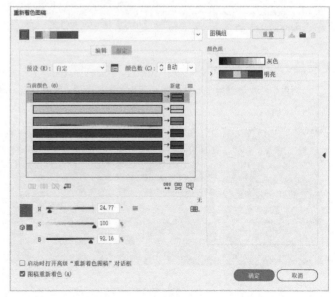

图4-101

4.3.2 默认选项

颜色库中的配色和"色板"面板中色板库的配色一致,若尝试对图稿整体使用颜色库里的配色,在下拉列表中选择任意颜色库即可。同一个配色方案会因为随机填色而产生不同的效果。选择插画,设置"颜色库"为"文艺复兴风格",效果如图4-102所示。

当"颜色库"分别为"纺织品""儿童物品""自然＞风景"时,随机为图形填色,效果如图4-103所示。

单击"随机更改颜色顺序"按钮,会随机更改同一个配色方案中各颜色的位置,如图4-104所示(左图为原图)。

图4-102

图4-103

图4-104

单击"随机更改饱和度和亮度"按钮,会随机更改同一个配色方案中各颜色的饱和度和亮度,如图4-105所示(左图为原图)。

"颜色"参数可以用于有效控制画面中的颜色数量,即便只有一种颜色,也存在不同变化。当"颜色"分别为原稿的数量、4和1时,效果如图4-106所示。

图4-105

图4-106

当图稿各颜色被链接在一起时，拖曳色轮旋转任意颜色，其他颜色会跟着一起变化，颜色和颜色间的连线为实线。单击"链接/取消链接协调颜色"按钮 ⑧ ，则只改变被选择的颜色，其他颜色不变，颜色与颜色间的连线为虚线，如图4-107所示。

如果在链接状态下进行整体改色，会在原本的基础配色上获得各种色相变化，如图4-108所示。

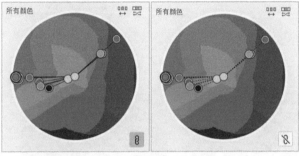

图4-107

图4-108

ⓘ 技巧提示

如果针对人物插画进行重新着色，肤色可能会被替换成奇怪的颜色。若需要保持肤色等一些重要颜色不变，同时替换其他颜色，需单击"高级选项"按钮并进行设置。

在色轮中所有颜色被链接的情况下，只是色相关系被链接，任意颜色在其调节手柄上都是可以随意调整的，如将图中白圈标示的颜色调节手柄拉长，该颜色就会产生变化，其他颜色不变，如图4-109所示。

选择对象并使用鼠标右键单击色轮中的任意颜色，执行"设置为基色"命令，整体配色将以此色为基色进行修改。例如，设置肤色为基色，如图4-110所示（右图为原图）。

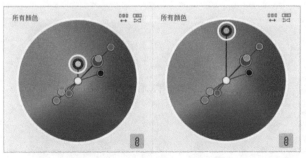

图4-109

图4-110

执行"移去颜色"命令，可以将此颜色全部去除。例如，去除黄色，黄色会被替换为其他颜色，如图4-111所示（右图为原图）。

拖曳"重要颜色"下的色标可以通过调整颜色权重来调节画面效果，如图4-112所示。同一组重要颜色不同颜色权重的画面效果如图4-113所示。

"颜色主题拾取器"按钮是将其他图稿（位图或矢量图）的配色赋予某一对象的工具，如将女孩位图拖曳到画板中，无须嵌入，全选左侧需要改色的绿底海报图形，如图4-114所示。

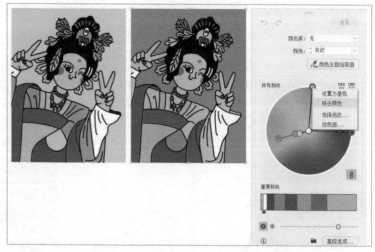

图4-111

图4-112

图4-113

图4-114

单击"重新着色图稿"面板中的"颜色主题拾取器"按钮，鼠标指针将变成吸管形状，使用鼠标拖曳将需要取色的位图圈出，如图4-115所示。左侧绿底海报图形就会参考位图的配色自动调整颜色，如图4-116所示。

图4-115

图4-116

4.3.3 "重新着色图稿"对话框

单击"重新着色图稿"面板中的"高级选项"按钮即可打开"重新着色图稿"对话框，如图4-117所示。

"重新着色图稿"对话框中有"编辑"和"指定"两种模式，默认为"指定"模式，在该模式下可以控制对图稿进行重新改色的方式。单击"编辑"按钮打开"编辑"模式，在该模式下能够编辑现有颜色，如图4-118所示。

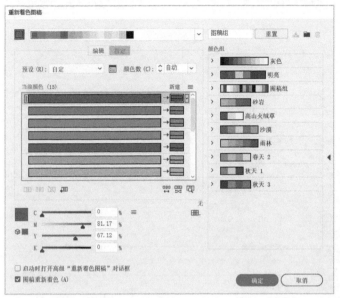

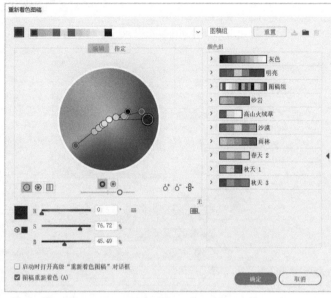

图4-117　　　　　　　　　　　　　图4-118

☞ "编辑"模式--

"编辑"模式下的大部分功能等同于"重新着色图稿"面板中的功能，如分别单击色轮下方的"在色轮上显示亮度和色相"按钮◉和"在色轮上显示饱和度和色相"按钮◉，改色时可以根据亮度或饱和度来调整色相，如图4-119所示。结合色轮下方的滑条可调整"亮度"模式下整个色轮的亮度或"饱和度"模式下整个色轮的饱和度，如图4-120所示。

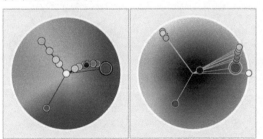

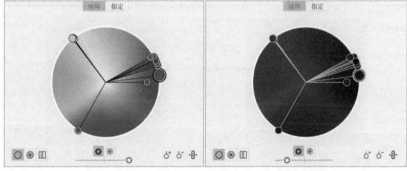

图4-119　　　　　　　　　　　　　图4-120

单击色轮左下方的"显示平滑的色轮"按钮〇、"显示分段的色轮"按钮❋或"显示颜色条"按钮▮▮，可以指定色轮的呈现方式，效果如图4-121所示。

单击色轮右下方的"添加颜色工具"按钮可以在色轮任意处添加颜色，单击"移去颜色工具"按钮可以删除当前颜色。

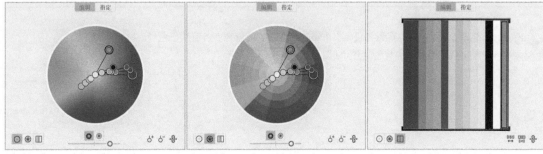

图4-121

单击色轮右下方的"取消链接协调颜色"按钮 ⬤ 转换为无链接模式,代表色轮中显示的画稿中各色色彩关系链接被取消,可以随意调整各色的位置,再次单击能够恢复各色的链接关系。

☞ "指定"模式--

在"指定"模式下可选择基色、修改基色、选择协调规则来控制配色、控制图稿中的颜色数量、指定某些颜色固定不变、使用色板中保留的颜色组来进行改色等,如图4-122所示。

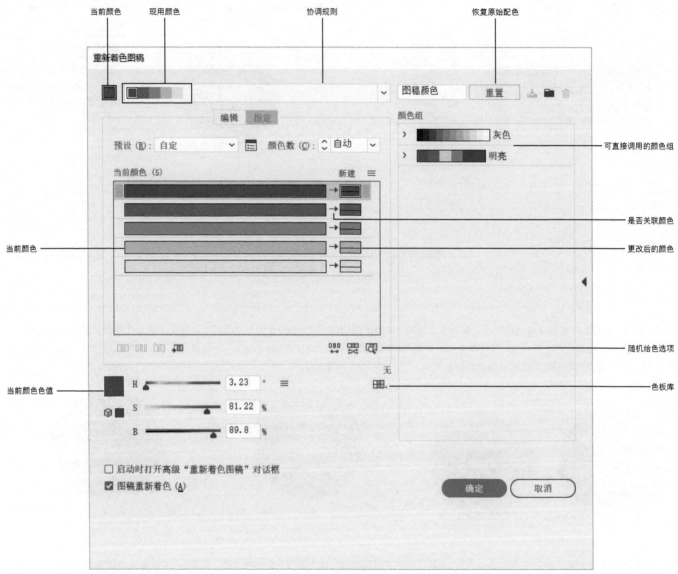

图4-122

例如,调整某个单色,在"现用颜色"中单击黄色色板,接着在"当前颜色色值"中调整颜色值,相当于直接修改图稿中的黄色部分,如图4-123所示。

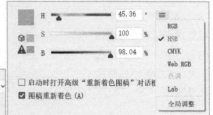

图4-123

也可以在"当前颜色"中选择黄色，接着在"当前颜色色值"中设置颜色值，将黄色改为蓝色。这两种方法都可以将画稿的黄色转为指定的蓝色，如图4-124所示，前后对比效果如图4-125所示。

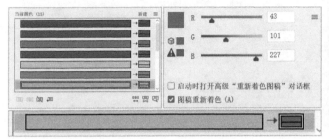

图4-124

图4-125

技术专题：使用HSB颜色模式调整色彩

若要专门从饱和度、亮度去调整当前色彩，除了可以使用"饱和度＋色相的色轮"或"亮度＋色相的色轮"取色外，还可以在当前颜色色值处单击"指定颜色调整滑块模式"按钮，选择"RGB""HSB""CMYK"等颜色模式，如图4-126所示。选择任意模式可以打开该颜色模式的色值条，在此更换颜色模式并不会更改文档本身的颜色模式。它只是寻找颜色的辅助手段。

设置为"HSB"颜色模式，更容易针对一个色相来调整色彩的饱和度和亮度。H代表色相，S代表饱和度，B代表亮度，当"H"为226°蓝色时，"S"和"B"从0%～100%变化可得到此色相所有饱和度和亮度的变化结果，这比使用"RGB"或"CMYK"颜色模式来找同色相的饱和度和亮度的变化要便捷得多，如图4-127所示。

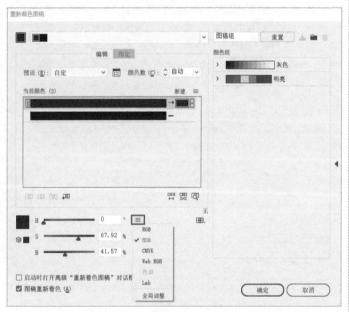

图4-126

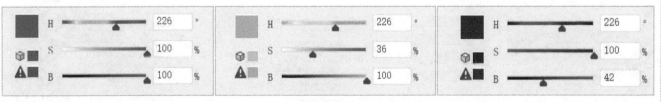

图4-127

也能快速地找到相同饱和度、亮度下的不同色相，如在"S"为90%、"B"为90%的情况下，可以快速找到"H"为183°的天蓝色和285°的紫色，如图4-128所示。

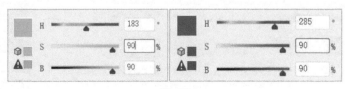

图4-128

打开"协调规则"列表框能够看见不同的协调规则，选择协调规则后会以左侧的基色为准计算并赋予图稿新的配色，如图4-129所示。例如，设置"协调规则"分别为"右补色""左补色""三色组合"，Illustrator会在此配色颜色组下随机赋予不同的用色比例和用色位置，效果如图4-130所示。

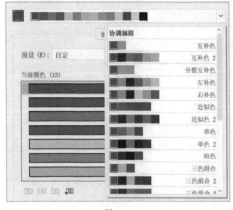

图4-129

图4-130

如果对某组配色感到满意，可以单击"新建颜色组"按钮 将该配色直接存储在面板右侧的"颜色组"中。该颜色组会同步保存在"色板"面板中，"色板"面板和"重新着色图稿"对话框中的颜色组是共用的，如图4-131所示。

若在"色板"面板中添加了颜色组（从色板库中添加或新建颜色组自行配色），打开"重新着色图稿"对话框，右侧的颜色组也会实时更新，如图4-132所示。单击任意颜色组，图稿将会使用该颜色组的配色。例如，选择"秋天1"颜色组给图稿换色，如图4-133所示。

> ① 技巧提示
>
> 若原图颜色较多，替换为颜色数量较少的配色时，Illustrator会自动缩放色调，将配色中的某种颜色扩展为深浅不一的同色系颜色赋予原图。

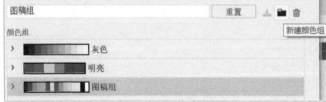

图4-131

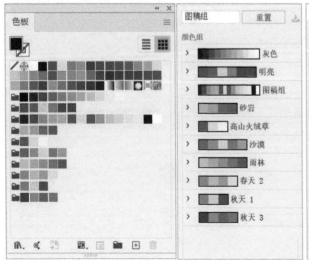

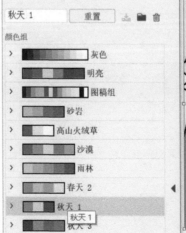

图4-132

图4-133

部分图稿或插画中要保证某些重要颜色不被改变，如肤色等，只需要在"当前颜色"中找到使用的肤色，单击关联的箭头，当箭头变成横线时，即表示此色不参与改色，如图4-134所示。在肤色不变的前提下其他颜色会被自动修改，效果如图4-135所示。

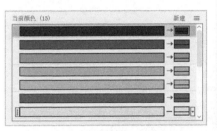

图4-134

图4-135

在肤色不变的前提下，还可以在同一颜色组的配色下，单击"随机更改颜色顺序"按钮 或"随机更改饱和度和亮度"按钮 来尝试新的配色，效果如图4-136所示。

也可以手动控制颜色的数量，如选中"当前颜色"中的第1个长色条，将其拖曳到第2个长色条，就能将这两个颜色统一改为第2个长色条后面的更改后的颜色，如图4-137所示。

单击第2个更改后的颜色右侧的"指定着色方法"按钮 打开卷展栏，如图4-138所示，可选择是将这两个颜色完全替代为同一个颜色，还是保留色调，即改色成为不同深浅的颜色等。

图4-136

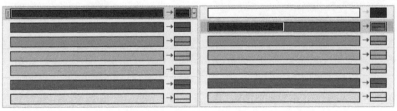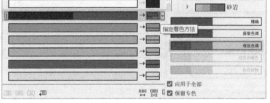

图4-137

图4-138

---

⑦ **疑难问答：什么是超出色域警告？**

在"重新着色图稿"对话框的"当前颜色色值"中操作时，会发现显示的颜色和文档中呈现出的颜色有时会有 定的偏差。色块下会出现"超出Web颜色警告（单击以校正）"按钮 和"超出色域警告（单击以校正）"按钮 ，色域警告其实就是部分在RGB颜色模式下能够呈现的颜色，转为CMYK颜色模式或其他颜色模式后超出了CMYK颜色模式或其他颜色模式能表达的颜色范围，校正后软件就只能用相近的颜色代替。如果文档本身就是RGB颜色模式设置，可以忽略超出色域警告。

而Web颜色是指能在不同操作系统和不同浏览器中安全显示的216种颜色，如果当前的颜色不能在网上准确显示，就会出现超出Web颜色警告，单击校正后软件会寻找相近的颜色替代。如果图稿并非用于网络，可以忽略警告。例如，在图4-139中使用HSB颜色模式找到该绿色，"超出色域警告（单击以校正）"按钮 右侧的小色块就会显示在CMYK颜色模式下该绿色的实际打印效果。

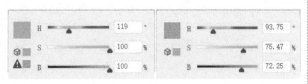

图4-139

4.4 综合训练营

Illustrator中的各种色彩进阶工具都属于辅助类工具，用于为创作效果锦上添花，强大的色彩系统可以帮助设计师更好地进行色彩设计。

👑重点

◈ 综合训练：设计缠绕式Logo及辅助图形

实例文件	实例文件 > CH04 > 综合训练：设计缠绕式Logo及辅助图形
素材文件	无
难易程度	★★★☆☆
技术掌握	实时上色工具、形状工具、缠绕（可选）

扫码看视频

本综合训练将使用"实时上色工具" 🖐 和形状工具设计一套Logo及辅助图形，颜色值如图4-140所示，最终效果如图4-141所示。

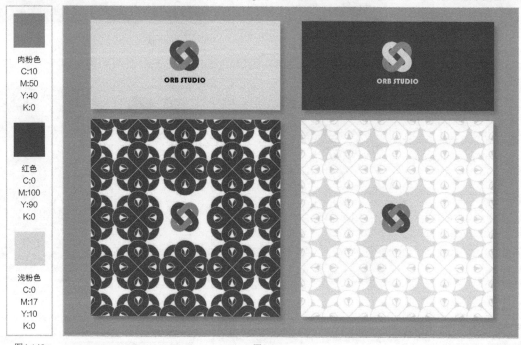

肉粉色
C:10
M:50
Y:40
K:0

红色
C:0
M:100
Y:90
K:0

浅粉色
C:0
M:17
Y:10
K:0

图4-140　　　　　　　　　　　　　　　　　　图4-141

01 新建一个大小为220mm×220mm的画板，使用"矩形工具" 🔲 绘制一个28mm×60mm的长方形，选择长方形并打开"变换"面板，设置4个"圆角半径"为14mm（矩形宽度的一半），将长方形转化为圆角矩形，如图4-142所示。

02 选择圆角矩形，单击鼠标右键并执行"变换>旋转"命令，在打开的对话框中分别设置"角度"为45°和90°并单击"复制"按钮获得两个圆角矩形，选择两个圆角矩形，在"对齐"面板中单击"水平居中对齐"按钮 🖫 和"垂直居中对齐"按钮 🖷 ，使用快捷键Ctrl+G编组，如图4-143所示。

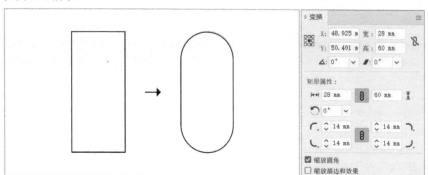

图4-142

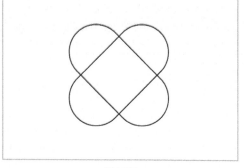

图4-143

03 设置描边的"粗细"为38pt，执行"对象>路径>轮廓化描边"菜单命令，将粗描边转成闭合路径，如图4-144所示。

04 使用"实时上色工具" 单击图形建立实时上色组，将红色椭圆环和肉粉色椭圆环交错的上下两处填充为肉粉色，两个椭圆环缠绕的效果就制作完成了。执行"对象>扩展"菜单命令，将实时上色组扩展成正常路径，如图4-145所示。

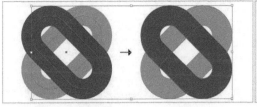

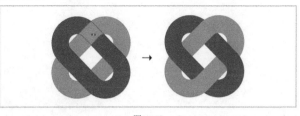

图4-144　　　　　　　　　　　　　　　　　　　　　　　　　　　图4-145

05 双击进入Logo图形的隔离模式，使用"魔棒工具" 选择所有的红色闭合路径，在"路径查找器"面板中单击"联集"按钮 ，将所有红色和肉粉色区域合并成一个区间，如图4-146所示。虽然视觉上没有变化，但是Logo整体的路径会更干净。

06 制作辅助图形。复制Logo图形的左上部分（图中白色填色、黑色描边标示的部分），获得用来制作辅助图形的初始形状，如图4-147所示。从Logo图形中提取部分图形来延展设计辅助图形，既可以在设计上和Logo图形有所区别，又能保留Logo图形和辅助图形间的图形关联度。

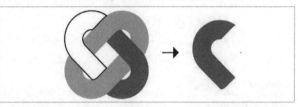

图4-146　　　　　　　　　　　　　　　　　　　　　　　　　　　图4-147

07 绘制两个矩形，放置在初始形状的上层。选择3个图形，在"路径查找器"面板中单击"减去顶层"按钮 删去路径右侧不太整齐的部分，效果如图4-148所示。

图4-148

08 单击鼠标右键并执行"变换>镜像"命令，在打开的对话框中勾选"垂直"后单击"复制"按钮，调整左右两个图形至合适的位置后，在"路径查找器"面板中单击"联集"按钮 ，将两个图形合并成单个闭合路径，如图4-149所示。

图4-149

09 单击鼠标右键并执行"变换>镜像"命令，水平复制得到镜像图形，选择两个图形并使用快捷键Ctrl+G编组，如图4-150所示。

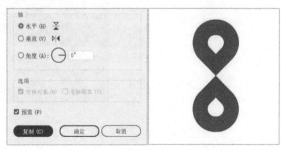

图4-150

10 选择组并单击鼠标右键,执行"变换>旋转"命令,在打开的对话框中设置"角度"为90°后单击"复制"按钮,获得四瓣花,使用快捷键Ctrl+G编组,如图4-151所示。

11 选择组并单击鼠标右键,执行"变换>旋转"命令,在打开的对话框中设置"角度"为45°后单击"复制"按钮,得到八瓣花,如图4-152所示。编组后即完成了辅助图形基础单元的制作。

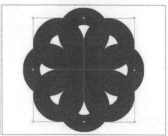

图4-151 图4-152

12 使用基础单元手动平铺出5×5的辅助图形,选择所有图形并使用快捷键Ctrl+G编组。使用"矩形工具" 绘制一个浅粉色的正方形,选择正方形后进入"内部绘图"模式 ,剪切辅助图形并复制嵌入浅粉色正方形,辅助图形制作完成,如图4-153所示(实际运用时可以根据衍生物的尺寸来调整辅助图形里基础单元的个数)。

13 实际运用时,为了增加变化,可以设置原版辅助图形的"填色"和"描边"参数,得到不同版本的图形,丰富整套设计。例如,将辅助图形里的所有基础单元的"填色"设置为白色,"描边"设置为浅粉色,"粗细"设置为1pt,如图4-154所示。

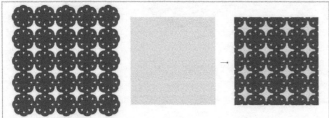

图4-153 图4-154

14 也可以设置"填色"为红色、"描边"为白色、"粗细"为1pt,如图4-155所示,最终两版辅助图形的效果如图4-156所示。

15 为Logo图形添加文字,设置"字体"为Bauhaus 93,将辅助图形最中间的基础单元删除,放置Logo图形,最终效果如图4-157所示。

图4-155

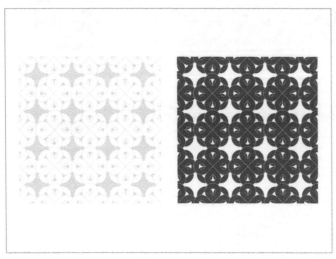

图4-156 图4-157

① 技巧提示

本综合训练涉及图形的穿套和缠绕，除了使用"实时上色工具"　外，也可以使用"缠绕"功能来获得穿套效果。

首先在步骤04中选择轮廓化描边后的两个椭圆环，执行"对象＞缠绕＞建立"菜单命令，使用鼠标先后圈出两处交叉部分，形成缠绕效果，如图4-158所示。

然后，因为需要从Logo图形中提取部分形状制作辅助图形，所以选择Logo图形后在"路径查找器"面板中单击"分割"按钮　分割各部分，如图4-159所示。

图4-158

图4-159

最后按住Shift键并使用"直接选择工具"　连续选择图中黑色描边标示的3个部分，在"路径查找器"面板中单击"联集"按钮　将其合并，复制合并后的对象并设置"填色"为红色，后面的操作全部同上，如图4-160所示。

制作缠绕的方法并无好坏之分，得到相同结果的方法不止一种，也可以在"路径查找器"面板中分割对象后在交叉处分别填色，形成缠绕的视觉效果。

图4-160

◈ 综合训练：设计医药管理App图标

实例文件	实例文件＞CH04＞综合训练：设计医药管理App图标
素材文件	无
难易程度	★★☆☆
技术掌握	混合模式和形状生成器工具

本综合训练和上一个综合训练一样，使用圆角矩形设计面向看护人员的医药管理App的图标，颜色值如图4-161所示，最终效果如图4-162所示。

01 借鉴常见的胶囊形状进行设计。新建一个大小为512px×512px的画板，使用"矩形工具"　绘制一个80px×180px的长方形，如图4-163所示。

02 在"变换"面板中设置4个"圆角半径"为40px（长方形宽度的一半）、"矩形角度"为45°，如图4-164所示。

03 选择倾斜的圆角矩形，单击鼠标右键并执行"变换＞镜像"命令，在打开的对话框中勾选"垂直"后单击"复制"按钮，获得图标形状，如图4-165所示。

黄色
R:255
G:204 B:0

图4-161

图4-162

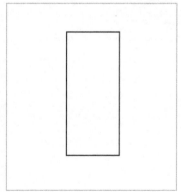

图4-163

图4-164

 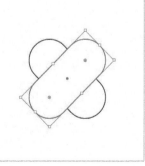

图4-165

04 选择上方对象，设置"填色"为无、"描边"为白色；选择下方对象，设置"填色"为无、"描边"为黄色、"粗细"为60pt，如图4-166所示。

05 选择两个对象并执行"对象＞路径＞轮廓化描边"菜单命令，将描边路径转为闭合路径，在"透明度"面板中设置"混合模式"为"排除"，如图4-167所示。

图4-166

图4-167

---

① 技巧提示

在"排除"模式下的背景色会影响到对象的显色效果，本综合训练为了让大家看清楚设计过程中的白色描边，使用了浅灰色的底图。选择"排除"混合模式后图标会出现黑色部分，如图4-167所示，若使用其他颜色的底图，图标颜色也会产生相应的变化。无须担心，编组后隔离混合即可看见在"排除"混合模式下图标原本的颜色。

---

06 使用快捷键Ctrl＋G编组，在"透明度"面板中勾选"隔离混合"，得到正确的混色结果，如图4-168所示。

07 选择"形状生成器工具" ，按住Alt键并单击删除左下角和右上角的白色部分，获得最终的胶囊图形，如图4-169所示，最终效果如图4-170所示。

图4-168

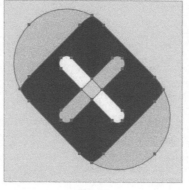

图4-169

图4-170

第5章 绘画系统

Illustrator中除了有变化无穷的形状系统、色彩系统，还有一个更自由、有机的绘画系统。结合手绘板可以实现更复杂的商业插画，但需要设计师拥有一定的美术功底。矢量商业插画跨美术和设计领域，可以应用在海报、包装、品牌形象、绘本、图书、服装、交互等领域中，适用传统纸媒和移动新媒体。

学习重点

· 掌握"钢笔工具" ✐ 的用法　　　　　　142页　　· 掌握"画笔工具" ✐ 的用法　　　　　　150页

· 掌握"斑点画笔工具" ✐ 的用法　　　　158页　　· 了解插画在设计中的运用方式　　　　　172页

学完本章能做什么

深入Illustrator的矢量绘画世界理解锚点和路径，结合"钢笔工具"✐、"铅笔工具"✐、"画笔工具"✐和"斑点画笔工具"✐4种绘画类工具，及"橡皮擦工具"◆、"剪刀工具"✂、"美工刀"工具✐和"路径橡皮擦工具"✐4种剪切类工具完成个性图形和插画的设计，通过"图像描摹"功能将位图转为矢量图，丰富设计素材。

5.1 用"钢笔工具"绘画

"钢笔工具" ✒ 是结合鼠标进行路径绘制的工具,可通过贝塞尔曲线、调节手柄来调整每两个锚点间线段的曲率,构成千变万化的路径。每一个锚点的落点、每一次拖曳鼠标都会对路径的曲率造成影响,设计师需要反复练习来适应和精进技术。使用"钢笔工具" ✒ 绘制矢量插画只是一个将手绘草稿或想法转化为矢量稿的过程,设计师有一定的绘画基础才能绘制出更优质的矢量插画。

5.1.1 钢笔工具组

在工具栏中打开钢笔工具组,能够看到4种工具,分别是"钢笔工具" ✒ 、"添加锚点工具" ✚ 、"删除锚点工具" ➖ 和"锚点工具" ⏷ ,如图5-1所示。

图5-1

☞ 创建路径--

锚点是路径的关节,分为平滑点和角点两种。平滑点用于绘制曲线,角点用于绘制直线,可以混合两种锚点来制作各式图形。任何复杂的路径都是靠一个个锚点和调节手柄创建而成的,这与传统绘画方式在思维方式上有着本质的不同,这也是很多初学者不太习惯的原因。

选择"钢笔工具" ✒ 后在画板的任意位置单击,可以看到生成了一个锚点,这就是路径的起点,如图5-2所示。

移动鼠标指针到第2个锚点的位置,单击得到第2个锚点,松开鼠标左键即可得到一段直线段路径,如图5-3所示。

如果得到第2个锚点后不松开鼠标左键,而是向外拖曳鼠标,会得到第2个锚点的调节手柄,能够用于调节该锚点左右两侧曲线的形态,通过拖曳鼠标到不同角度、距离创造不同的曲线曲率,松开鼠标左键后曲线路径即绘制完成。绘制的路径默认使用"填色"和"描边"颜色自动上色,而在绘制时路径只显示为蓝色,如图5-4所示。

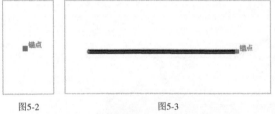

图5-2   图5-3   图5-4

移动鼠标指针到第3个锚点的位置,在没有单击前可以看见下一段蓝色路径的轨迹,提示设计师下一段曲线的样式,蓝色路径的轨迹由第2个锚点右侧的调节手柄决定,如果要继续绘制曲线则直接单击得到第3个锚点即可,如图5-5所示。

若要将第2段路径绘制成直线,添加第3个锚点前单击第2个锚点并松开鼠标左键,删除第2个锚点右侧的调节手柄即可(此操作不会删除第2个锚点左侧的调节手柄,即第1段路径并不会产生变化。删除右侧的调节手柄即删除了右侧路径的曲率,第2段路径将从曲线变回直线),如图5-6所示。

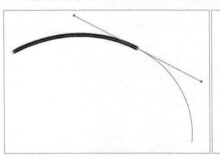

图5-5

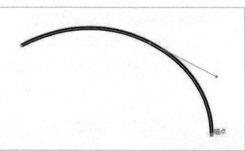

图5-6

添加第3个锚点前拖曳鼠标可以观察到第2段蓝色路径轨迹成了直线,此时单击就可以生成一段直线路径,如图5-7所示。

在第3个锚点的基础上单击任意位置可得到一段直线和第4个锚点,如图5-8所示。

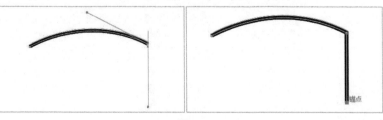

图5-7

或者在第4个锚点的位置单击并拖曳鼠标，可见蓝色路径轨迹再次根据第4个锚点两侧的调节手柄生成了曲线，如图5-9所示，松开鼠标左键后即可赋予描边。

第5个锚点也通过相同的操作添加，可以删除第4个锚点右侧的调节手柄绘制直线，或者默认保留调节手柄，根据鼠标指针停留的位置自动生成下一段的蓝色路径轨迹，如图5-10所示。

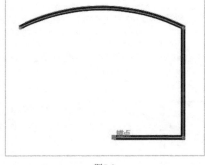
图5-8

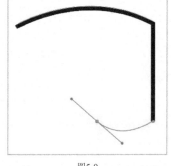
图5-9

图5-10

◎ **技术专题：删除调节手柄的作用**

使用"钢笔工具" 🖋 绘制路径时删除锚点的右侧调节手柄并不仅仅是为了绘制一段直线。例如，绘制图5-11所示的路径。

添加第1个和第2个锚点后，向左拖曳鼠标时会发现第2个锚点右侧的调节手柄导致第2段路径的蓝色轨迹不符合预期，无法形成预期图中右侧的尖角，如图5-12所示。

图5-11

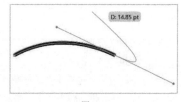
图5-12

这时就需要删除第2个锚点右侧的调节手柄，再次拖曳鼠标即可看见蓝色路径轨迹恢复成直线，在第3个锚点的位置单击并拖曳鼠标可见蓝色路径轨迹变回曲线，如图5-13所示。

松开鼠标左键后得到第2段路径，最后单击第1个锚点闭合路径，得到预期的路径，如图5-14所示。

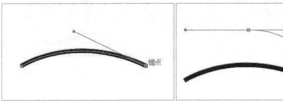
图5-13

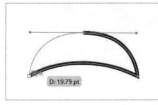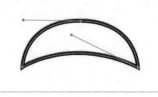
图5-14

由此可见，本质上删除锚点右侧的调节手柄，是为了消除此锚点对下一段路径曲率的影响，而下一段路径是直线还是曲线，取决于添加下一个锚点时是否拖曳出调节手柄。虽然添加没有右侧调节手柄的锚点生成的路径不一定是直线，但是添加存在右侧调节手柄的锚点生成的路径肯定是曲线，并且会决定这条曲线50%的曲率，剩下50%的曲率靠下一个锚点左侧的调节手柄调整。

☞ **闭合路径与开放路径**--

绘制路径时，第1个锚点和最后一个锚点相同即闭合路径，不相同即开放路径，如图5-15所示。填色时，开放路径会自动将第1个锚点和最后一个锚点连接，形成假性闭合空间，区别如图5-16所示。

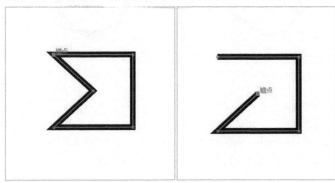
图5-15

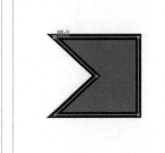
图5-16

闭合路径绘制完成后，Illustrator会默认此路径绘制已经结束。直接移动鼠标指针到下一个路径的起点处并单击，就可以绘制第2个路径，如图5-17所示。

在绘制完开放路径后，Illustrator会默认路径未绘制完成，移动鼠标指针到第2个路径的起点处，会继续出现蓝色路径轨迹，若单击则会将第1个和第2个路径连接到一起，如图5-18所示。

在绘制完开放路径后，按Esc键或单击任意其他工具都可以退出第1个开放路径的绘制。使用"钢笔工具" ✒再次单击添加锚点就可以开始第2个路径的绘制，彼此不连接，如图5-19所示。

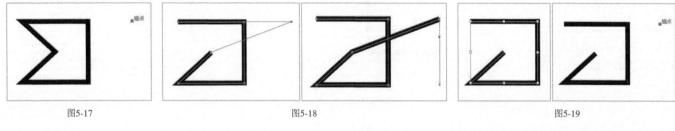

图5-17　　　　　　　　　　　图5-18　　　　　　　　　　　图5-19

☞ 锚点工具

路径绘制完成后可以随时使用"直接选择工具" ▷选择任意锚点，调整锚点的位置和锚点两侧的调节手柄。拖曳调节手柄的末端即可调整整路径，如图5-20所示。

在修正路径时，转换平滑点或角点需要使用"锚点工具" ▷。以圆形路径为例，选择顶端锚点，使用"锚点工具" ▷单击此处即可删除此锚点的调节手柄，将其转为角点；若要转回到平滑点，再次用"锚点工具" ▷单击锚点并拖曳得到调节手柄即可，如图5-21所示。

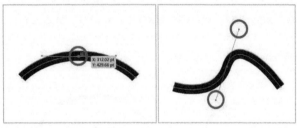

图5-20

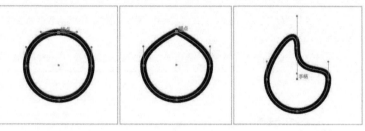

图5-21

☞ 删除锚点

任何锚点都可以被删除。选择"删除锚点工具" ✒并单击圆形路径的顶端锚点删除该锚点，Illustrator会自动连接删除锚点的左右两侧锚点，并形成曲线，如图5-22所示。

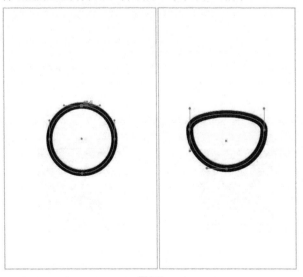

图5-22

☞ 添加锚点工具

使用"添加锚点工具" ✒或"钢笔工具" ✒直接在路径上单击即可添加一个锚点，添加锚点并不会对路径的形态造成影响，只是在之后修改路径时拥有更多的锚点来操作。例如，在圆形路径的左上1/4圆弧的中点处添加一个锚点，圆形路径的形态不变，可以使用"直接选择工具" ▷选择新增的锚点，拖曳或调整调节手柄来改变其形态，如图5-23所示。

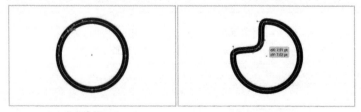

图5-23

> ① 技巧提示
>
> 锚点越多，变化越多，越考验设计师对"钢笔工具" ✒的掌控能力。对初学者而言，锚点越多，路径越容易因为操作不到位而变得不顺滑。使用少而精的锚点绘制出较顺滑的路径，才是"钢笔工具" ✒的运用准则。

5.1.2 曲率工具

钢笔工具组中的"曲率工具" 则是"钢笔工具" 的简化版，是帮助设计师更加简单地进行曲线路径设计的工具。使用"曲率工具" 单击并松开鼠标左键创建起始锚点，添加第2个锚点后会自动生成一段直线段路径，不需要拖曳鼠标拉出调节手柄。直接移动鼠标指针到第3个锚点的位置，单击前可以看见锚点1、2、3之间生成了一段平滑的蓝色曲线路径轨迹，单击即可生成曲线路径，如图5-24所示。

图5-24

"曲率工具" 默认在锚点间生成曲线，即每一个锚点都是平滑点。在绘制时按住Alt键可以将下一个平滑点转换为角点（第2段路径仍是曲线，第3段路径才会变成直线，第4段路径默认恢复为曲线），如图5-25所示。

按住Alt键能够一直绘制直线，绘制完成后使用"曲率工具" 双击锚点，可以将角点转换为平滑点，如图5-26所示。

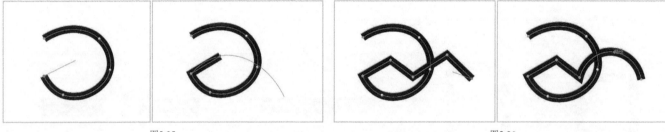

图5-25   图5-26

另外，使用"曲率工具" 可在现有路径上直接添加锚点，单击锚点并拖曳可以自由移动锚点，各段路径会随移动后的锚点位置自动修正。选择锚点并按Delete键可删除该锚点，按Esc键可停止绘制。

5.1.3 剪切类工具

工具栏中的剪切类工具分为对路径进行剪切的工具和对闭合路径构成的区域进行剪切的工具。路径的剪切使用"剪刀工具" ，路径的擦除使用"路径橡皮擦工具" ，区域的擦除使用"橡皮擦工具" ，区域的剪切使用"美工刀"工具 ，如图5-27所示。

图5-27

☞ 橡皮擦工具--

"橡皮擦工具" 可以擦去任何填色区域中的任何部分，选择工具后按[键或]键可以放大或缩小橡皮擦，在画板上拖曳即可擦除。如果擦除的部分将原本的路径区域切开，则会自动形成两个独立的闭合路径区域，后续可分别为两个闭合路径区域进行设置，如图5-28所示。

图5-28

如果擦除的对象没有填色只有描边，擦除方式和结果不变，只是擦除完毕后依旧使用该对象初始的填色和描边，可以手动设置"填色"和"描边"颜色，如设置"描边"为无、"填色"为黑色，如图5-29所示。

如果擦除的是仅有描边的开放路径，擦除的部分消失，开放路径变为两段独立的开放路径，如图5-30所示。

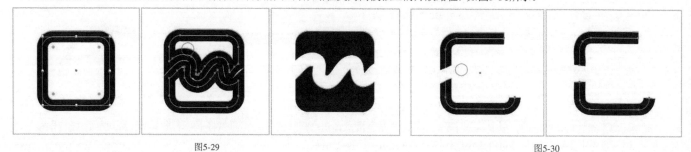

图5-29   图5-30

☞ 剪刀工具

使用"剪刀工具" ✂在需要处理的路径的两个位置单击，就可以将路径剪开，如图5-31所示。

在开放路径的中间任意位置剪切就可以将其分成两段，如图5-32所示。

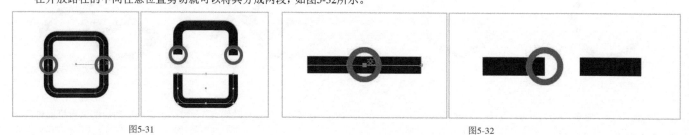

图5-31   图5-32

☞ "美工刀"工具

选择"美工刀"工具 🔪后，拖曳鼠标划过路径区域，即可将路径区域切开。使用"美工刀"工具 🔪划过路径区域，即可将其划分成独立的两个闭合路径区域，可随意设置两部分的"填充"和"描边"，如图5-33所示。划过仅存在描边的闭合路径，可获得两个独立的、有描边的闭合路径，如图5-34所示。

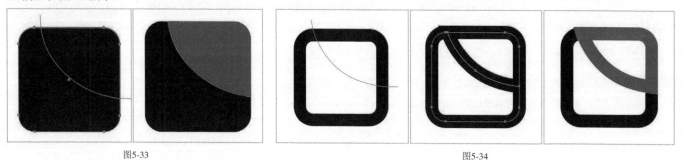

图5-33   图5-34

> ① 技巧提示
> "美工刀"工具 🔪对有描边的开放路径无效。

☞ 路径橡皮擦工具

"路径橡皮擦工具" ✐用来擦除路径，选择该工具后直接拖曳鼠标划过需要删除的路径即可，不论此时的路径有没有描边，都可以擦除路径本身，如图5-35所示。

图5-35

👑 重点

🖐 案例训练：绘制插画风格水果图标

实例文件	实例文件＞CH05＞案例训练：绘制插画风格水果图标
素材文件	无
难易程度	★☆☆☆☆
技术掌握	钢笔工具和形状工具

扫码看视频

　　本案例使用"钢笔工具" 🖊 和"内部绘图"模式 🔘 绘制一个插画风格水果图标，颜色值如图5-36所示，最终效果如图5-37所示。

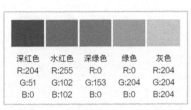

深红色	水红色	深绿色	绿色	灰色
R:204	R:255	R:0	R:0	R:204
G:51	G:102	G:153	G:204	G:204
B:0	B:102	B:0	B:0	B:204

图5-36

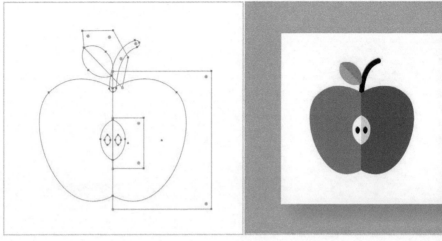

图5-37

01 新建一个500px×500px的画板，使用"矩形工具" 绘制一个100px×200px的矩形，选择矩形并执行"视图＞参考线＞建立参考线"菜单命令将矩形转为参考线，以便后续绘制苹果中心处时进行对齐，如图5-38所示。

02 选择"钢笔工具" 🖊，在矩形右侧边上单击得到第1个锚点，移动鼠标指针到左侧单击并拖曳鼠标形成曲线得到第2个锚点，移动鼠标指针到下方单击并拖曳鼠标形成曲线，得到第3个锚点，完成半个苹果路径的绘制，单击第3个锚点删除其右侧调节手柄，如图5-39所示。

图5-38

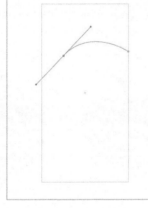
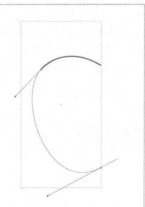
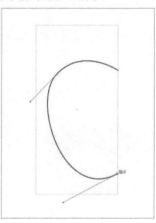

图5-39

03 使用"选择工具" ▶ 选择半个苹果路径，单击鼠标右键并执行"变换＞镜像"命令，在打开的对话框中勾选"垂直"并单击"复制"按钮获得右半个苹果路径，放置到合适的位置，保证左半个和右半个苹果路径的起始和结尾锚点重合，如图5-40所示。

04 两个半苹果路径都还是彼此独立的开放路径，需要将其合并。使用"直接选择工具" ▷ 分别同时选择黑圈标示的两个上方锚点和两个下方锚点，单击鼠标右键并执行"连接"命令将两个开放路径相连形成一个闭合路径，设置"填色"为水红色、"描边"为无，如图5-41所示。

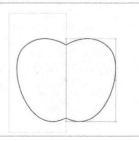

图5-40

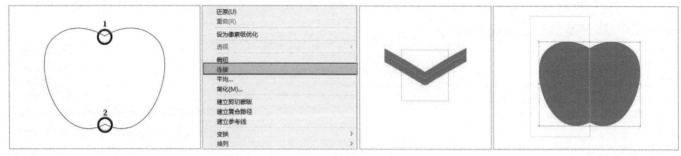

图5-41

05 绘制果核。使用"钢笔工具"✐添加3个锚点得到曲线，垂直镜像复制出右半部分，拖曳形成一个果核，分别连接两对互相重叠的两个锚点，将两个半个果核的开放路径连接为一个闭合路径，如图5-42所示。

图5-42

06 设置果核的"填色"为白色、"描边"为无，将其放置在苹果的中心位置。复制两个果核后按住Shift键并使用鼠标拖曳变换框，将其等比缩小作为种子，设置"填色"为黑色并放置在果核内，如图5-43所示。

图5-43

07 使用"钢笔工具"✐添加两个锚点得到一段曲线路径，形成果柄，设置"填色"为无、"描边"为黑色、"粗细"为8pt，完成描边后选择果柄并执行"对象＞路径＞轮廓化描边"菜单命令将其转换为闭合路径，如图5-44所示。

08 复制果核并设置"填色"为绿色，拖曳绿色果核到果柄旁，逆时针旋转45°作为叶片，如图5-45所示。

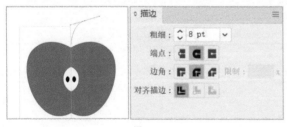

图5-44

图5-45

09 选择苹果，进入"内部绘图"模式🔘，在苹果右侧绘制一个矩形并设置"填色"为深红色，让苹果的一半呈现深红色，完成后双击退出"内部绘图"模式🔘。选择果核并进入"内部绘图"模式🔘，绘制一个灰色的矩形，让果核的一半呈现灰色，如图5-46所示。

10 选择叶片，进入"内部绘图"模式🔘，使用"钢笔工具"✐在叶片右侧绘制一个深绿色的闭合路径，如图5-47所示，最终效果如图5-48所示。

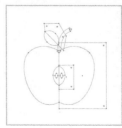

图5-46　　　　　　　　　　　　图5-47　　　　　　　　　　　　图5-48

案例训练：设计循环感浏览器Logo

实例文件	实例文件＞CH05＞案例训练：设计循环感浏览器Logo
素材文件	无
难易程度	★☆☆☆☆
技术掌握	剪刀工具和实时上色工具

扫码看视频

本案例使用"剪刀工具" ✂ 和"实时上色工具" 🪣 设计一个浏览器Logo，颜色值如图5-49所示，最终效果如图5-50所示。

红色	蓝色	中蓝色	深蓝色
R:204	R:0	R:0	R:51
G:0	G:153	G:102	G:51
B:0	B:255	B:204	B:153

图5-49　　　　　　　　　图5-50

01 新建一个512px×512px的画板，绘制一条230px的水平直线段，将其逆时针旋转45°复制得到第2条直线段，使用两次快捷键Ctrl＋D得到一个米字形直线段组，如图5-51所示。

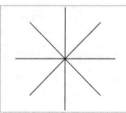

图5-51

02 选择直线段组，执行"视图＞参考线＞建立参考线"菜单命令将其转化为参考线，为"剪刀工具" ✂辅助定位。绘制一个直径为120px的圆形，设置"填色"为无、"描边"为黑色、"粗细"为50pt、"端点"为"圆头端点"，如图5-52所示。

03 使用"剪刀工具" ✂分别单击参考线和圆形路径相交的8个点位，即圆形路径的1/8处，获得8段独立的路径，如图5-53所示。

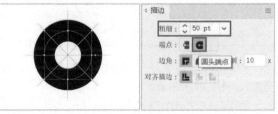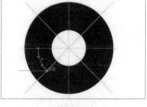

图5-52　　　　　　　　　图5-53

04 分别选择对应的路径并设置蓝色、中蓝色、深蓝色和红色的描边，因为设置了"端点"为"圆头端点"，所以每个路径的端点处都会形成半圆弧，如图5-54所示。

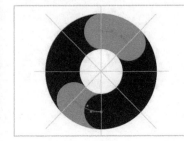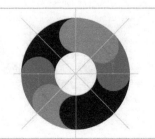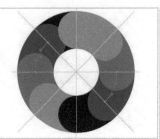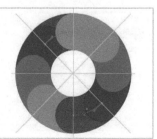

图5-54

05 设置结束后选择整体图形并执行"对象>路径>轮廓化描边"菜单命令，将各色描边转成闭合路径。完成这一步后会发现每一段路径在视觉上彼此相压，都只显示了一半，最后一段蓝色路径全部显露在上方，破坏了圆环的循环往复之感，如图5-55所示。

06 选择整个图形，使用"实时上色工具" 🖱单击图形建立实时上色组，分部分进行颜色调整，如图5-56所示，达到视觉上犹如漩涡一般的循环效果，最终效果如图5-57所示。

图5-55 图5-56 图5-57

5.2 用"画笔工具"绘画

"画笔工具" ✏和"钢笔工具" ✒的不同之处在于，前者模拟自然绘画方式，将鼠标指针看作笔，将画板看作画布。使用"画笔工具" ✏绘制的图形具有艺术的自由之感，使用"钢笔工具" ✒绘制的图形则具有科学的严谨感。

5.2.1 "画笔工具"的使用方法

Illustrator中自带极其丰富的画笔类型，使用不同类型的画笔可以绘制出线条、毛刷，甚至图案等。设计师还可以自定义画笔，让画笔变得独一无二。

☞ 使用方法-----

"画笔工具" ✏可以结合手绘板、手绘屏使用，也可以结合鼠标使用，拖曳鼠标，鼠标指针的移动路线即路径，类似手绘的方式，虽然更快捷、简单，但是精准度不高。"画笔"面板如图5-58所示。

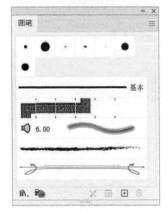

选择"画笔工具" ✏后使用鼠标绘制一段路径，在绘制时就会自动按照"描边"颜色给路径上描边色，如图5-59所示。完成后松开鼠标左键，路径会变得更光滑一些。选择路径后可见所有锚点，所有锚点都可用"直接选择工具" ▷进行调整，如图5-60所示。松开鼠标左键等同于完成绘制，可继续绘制第2笔。

图5-58 图5-59 图5-60

"画笔工具选项"对话框

双击工具栏中的"画笔工具" ✐，可以打开"画笔工具选项"对话框，如图5-61所示。

图5-61

重要参数详解

保真度：针对画笔识别路径的平滑度。越精确，绘制出的路径越接近鼠标指针的移动路线，锚点数量也越多；越平滑，线条则优化越多，完成后的路径越光滑，锚点数量越少，如图5-62所示。

填充新画笔描边：若勾选，绘制完成后会自动使用工具栏中的"填色"颜色为路径填色，不论是开放路径还是闭合路径，如图5-63所示。

图5-62

图5-63

保持选定：若勾选，绘制完成后会自动选择该路径，可直接修改路径的各项属性。

编辑所选路径：若勾选，绘制完一段路径后，可再次使用"画笔工具" ✐在原路径上调整，不用调整锚点，直接在不满意的部分绘制新的路径即可。松开鼠标左键后这部分路径会按照第2次的路径修正，如图5-64所示。

范围：对第2笔的修正范围进行设定。范围越小，修正的路径离原路径远一些就会被自动识别成独立的第2段路径；范围越大，修正的路径离原路径比较远也会被自动识别为对第1笔的修改。

图5-64

画笔矢量包

在"画笔"面板中单击"画笔库菜单"按钮，执行"矢量包"子菜单中的命令可以打开画笔矢量包，如图5-65所示。

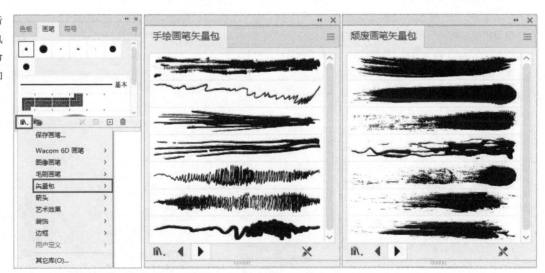

图5-65

单击画笔库中的任意画笔即可添加该画笔到"画笔"面板中，在"画笔"面板中选择画笔，单击"删除画笔"按钮即可删除画笔，如图5-66所示。

对用任何工具创建的路径都可以添加画笔，选择路径后单击任意画笔即可添加画笔效果。例如，使用"钢笔工具" ✐绘制一个爱心，选择后单击画笔库"艺术效果_粉笔炭笔铅笔"中的第3个画笔，可以添加此画笔到爱心上，如图5-67所示。

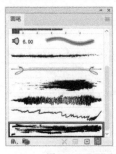
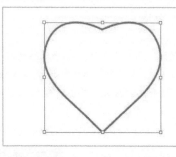
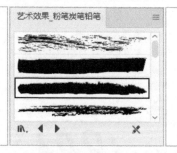

图5-66   图5-67

画笔库中的各种画笔其实就是使用各种类型的笔触来进行描边，是路径的外观参数。使用了某种画笔会记录在"外观"面板的"描边"中，单击"炭笔-羽毛"打开画笔卷展栏，可在"外观"面板中设置画笔参数，如图5-68所示。

选择添加了画笔的路径，可随时更换为其他画笔，画笔只是一种属性。若选择对象并执行"对象>扩展外观"菜单命令，Illustrator会将使用画笔得到的外观实体化，转化为闭合路径，如图5-69所示。

图5-68   图5-69

☞ 画笔类型 --

画笔类型有5种，分别是书法画笔、散点画笔、艺术画笔、图案画笔和毛刷画笔，如图5-70所示。

书法画笔：用于创建有粗细变化的路径描边。本质上就是使用椭圆连点成线进行描边。使用圆形的笔尖可以得到粗细均匀的路径，而使用椭圆的笔尖会产生粗细变化，因为椭圆有不同的宽高、拐角和弧度。

散点画笔：将一个对象，如一个爱心或一朵小花，沿着路径不断复制、分布。

艺术画笔：将一段笔触，如炭笔笔触，或者一个对象，如一个爱心或一朵小花，沿路径均匀拉伸。

图案画笔：将一个图案沿路径重复拼贴，组成条形图案描边。图案画笔最多可以包括5种拼贴方式，即边线拼贴、内角拼贴、外角拼贴、起点拼贴及终点拼贴。

毛刷画笔：使用毛刷创建具有自然画笔外观的描边。

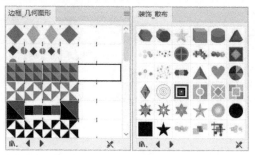

图5-70

? 疑难问答：使用自带颜色的图案画笔时如何修改颜色？

所有图案画笔或散点画笔都自带颜色，如图5-71所示。

为路径添加这类画笔后，路径的描边颜色即画笔颜色，设置"描边"颜色对添加画笔的路径无影响，如图5-72所示。

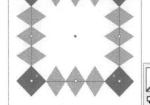

图5-71   图5-72

若要修改描边处图案的颜色，可以执行"对象>扩展外观"菜单命令将其转换为实际路径，再使用"魔棒工具"选择同一个颜色的选区后重新填色，如图5-73所示。

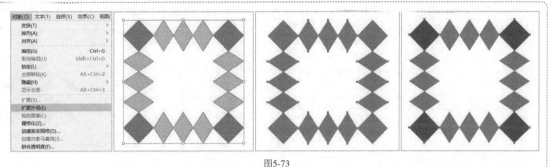

图5-73

在扩展外观后，画笔赋予路径的外观就实体化成了闭合路径，无法再在原矩形路径上修改画笔。这时就可以使用"重新着色图稿"功能，不扩展外观，保留描边中画笔的可修改性来更改颜色，非常方便。若再次拉伸矩形路径，描边中的画笔会自动修正，同时保留修改后的颜色，如图5-74所示。

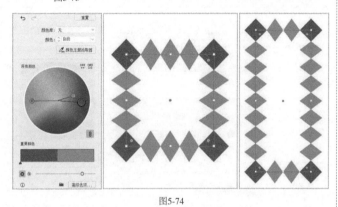

图5-74

5.2.2 新建画笔

新建画笔就是创建自定义的独特画笔，在"画笔"面板中单击"新建画笔"按钮，在打开的对话框中勾选需要的画笔类型后单击"确定"按钮即可，如图5-75所示。

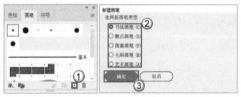

图5-75

☞ 书法画笔--

书法画笔的默认图形是一个圆形，可以通过自定义这个圆形的"角度""圆度""大小"来改变画笔，如图5-76所示。

"角度"和"圆度"需搭配使用，"圆度"为100%时画笔图形为圆形，小于100%时画笔图形为椭圆。"大小"默认为9pt，等同于"描边"面板中的1pt（画笔最粗的位置）。在运用书法画笔时实际呈现的粗细（最粗部分）是描边"粗细"×"大小"（书法画笔的大小）得出的结果。例如，使用基本画笔绘制的1pt曲线和使用书法画笔（"大小"为9pt）绘制的1pt曲线如图5-77所示。

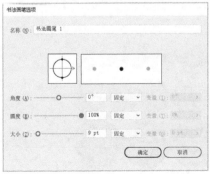

图5-76

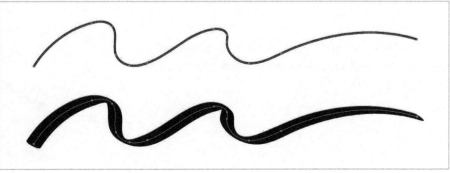

图5-77

可以设置"角度""圆度""大小"为"随机"，右侧的"变量"用于设置数据随机变化的范围，如图5-78所示。在使用随机的书法画笔时，每次都会随机产生一组参数，得到不同的效果。例如，对路径添加"书法画笔1"，添加两次得到两种不同的效果，与基本画笔对比如图5-79所示。

图5-78 　　　　　　　　　　　　　　　　　　图5-79

👉 散点画笔

使用"椭圆工具"⬭绘制一个直径为5mm的圆形，选择圆形后在"画笔"面板中单击"新建画笔"按钮⊞，在打开的对话框中勾选"散点画笔"后单击"确定"按钮，如图5-80所示。

此时会打开"散点画笔选项"对话框，保持所有参数设置不变，单击"确定"按钮，在"画笔"面板中可以看见新的散点画笔，如图5-81所示。

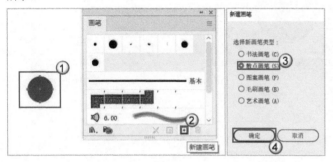

图5-80 　　　　　　　　　　　　　　　图5-81

使用"画笔工具"✏绘制一条直线段，选择直线段添加该画笔就可以得到玫红色的珠串，如图5-82所示。

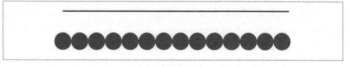

图5-82

① 技巧提示

用来新建画笔的圆形的直径不同，新建画笔后在运用时，即使"描边"面板中的"粗细"相同，也会呈现不同的实际大小。例如，使用直径为5mm的圆形和直径为20mm的圆形分别新建散点画笔，添加在"粗细"为1pt的直线段上，如图5-83所示。"粗细"为2pt时差异会成倍增加，如图5-84所示。

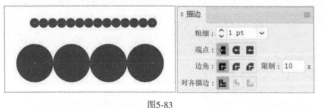

图5-83 　　　　　　　　　　　　　图5-84

在应用画笔时，"描边"面板中的"粗细"会影响画笔笔刷的视觉效果，同一条直线段、同一个画笔、不同描边粗细（从上到下分别是1pt、2pt、3pt）的效果如图5-85所示。

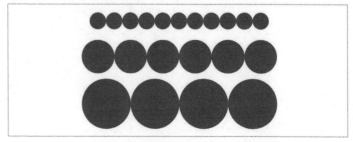

图5-85

双击"画笔"面板中新建的散点画笔，可再次打开"散点画笔选项"对话框重新进行设置。设置"间距"为300%，圆形和圆形之间留出2倍直径间距，如图5-86所示。虽然不同的"粗细"会导致图形变大变小，但是间距比例保持不变，当"间距"为300%，"粗细"分别为1pt、2pt、3pt的效果如图5-87所示。

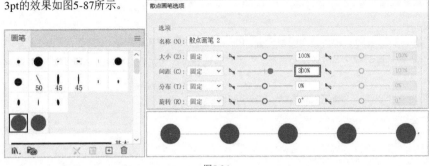

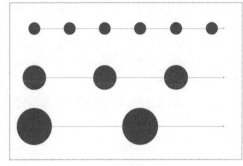

图5-86

图5-87

"散点画笔选项"对话框中的"大小""间距""分布""旋转"参数，也分为"固定"和"随机"两类，如图5-88所示。"固定"代表大小、间距、位置或角度保持不变，"随机"代表大小、间距、位置或角度在后方两个参数值间随机变化。

例如，"大小"在原始大小的80%~120%波动，"间距"在原始间距的80%~120%波动，"分布"在原始位置的-100%~100%波动，得到的画笔效果如图5-89所示。

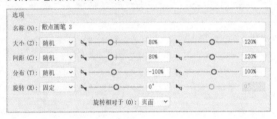

图5-88　　　　　　　　　　　　　　　　　　图5-89

> ① 技巧提示
>
> 　　若新建散点画笔使用的初始图形不是圆形，还可以在"旋转"处设置"随机"参数，如使用椭圆新建散点画笔，设置"旋转"为"随机"（一般范围在-50°~150°），获得的画笔效果如图5-90所示。
>
>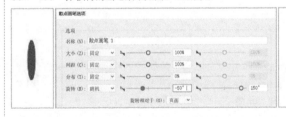
>
>
>
> 图5-90

除了简单的形状以外，任何复杂对象也都可以制作成散点画笔，如使用一朵八瓣花制作散点画笔，设置"旋转"为"随机"，参数值为从-100°到100°，其余参数为"固定"，效果如图5-91所示。

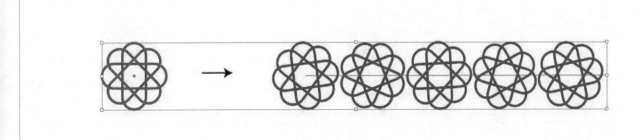

图5-91

☞ 图案画笔 ---

　　使用一朵小花新建图案画笔，选择小花后单击"新建画笔"按钮⊞，在打开的对话框中勾选"图案画笔"并单击"确定"按钮，打开"图案画笔选项"对话框，如图5-92所示。

　　图案画笔类似于花边，与散点画笔不同的是，图案画笔考虑到了转角处的图形设置，Illustrator提供了"外角拼贴""边线拼贴""内角拼贴""起点拼贴""终点拼贴"5种拼贴方式，如图5-93所示。其实有转角、直线和首尾，一般只需选择"内角拼贴"，如图5-94所示，就可以形成一个完整的图案。

　　选择"自动重叠"后单击"确定"按钮，该图案画笔就会出现在"画笔"面板中，如图5-95所示。

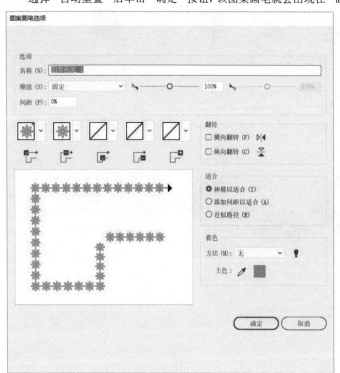

图5-92

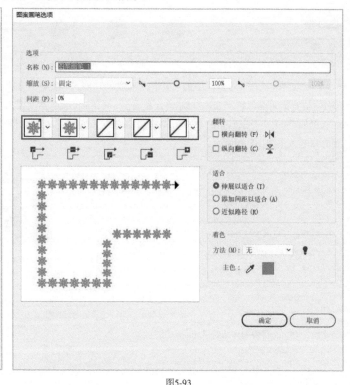

图5-93

图5-94

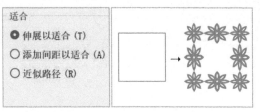

图5-95

　　运用时还需要注意"适合"参数。当勾选"伸展以适合"时，Illustrator会通过自动拉伸小花来填满正方形的边长，小花会变形但没有空隙，如图5-96所示；当勾选"添加间距以适合"时，Illustrator会通过调整小花间的距离来填满边长，虽然小花不会变形，但是会出现空隙，如图5-97所示。

　　在为圆形和曲线赋予图案画笔时，小花会自动变形以适应曲率，如图5-98所示。

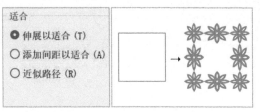

图5-96

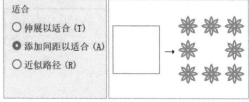

图5-97

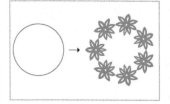

图5-98

技术专题：描边粗细对图案画笔的影响

不同的描边粗细会影响图案画笔的效果，如使用同一个图案画笔，不同的描边粗细（从左到右描边粗细分别为2pt、3pt和5pt），会产生不同的效果，如图5-99所示。

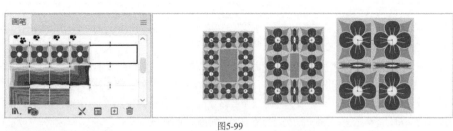

图5-99

而一些特殊路径，如带弧度和转角的路径，添加图案画笔时Illustrator会自动拉伸图案以适应路径，这时会产生意想不到的有趣效果。例如，4个图案画笔在直线段和圆形路径上呈现出的效果如图5-100所示。

图5-100

在这类需要拉伸变形图案的路径上，路径的描边粗细也会影响到最终的效果，如应用相同的图案画笔，从左至右描边粗细分别为2pt、3pt和5pt的效果如图5-101所示。通过不同的参数设置可以让同一个画笔呈现更多的设计可能性。

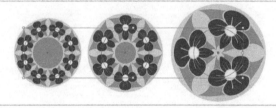

图5-101

毛刷画笔

不需要任何对象就可以新建毛刷画笔，画笔类型选择"毛刷画笔"选项即可调出"毛刷画笔选项"面板，在"形状"下拉菜单中可以选择不同的笔刷形状，如图5-102所示，自定义设置笔刷"大小""毛刷长度""上色不透明度"等参数即可获得新的毛刷画笔。

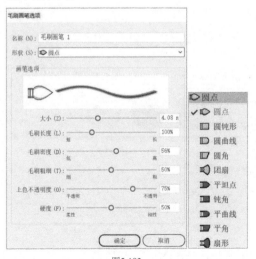

图5-102

艺术画笔

任意绘制一个对象，编组后单击新建画笔，选择"艺术画笔"选项即可调出"艺术画笔选项"面板。艺术画笔可以选择画笔缩放的方式，勾选"按比例缩放"选项，添加到新的路径上时，会将原始对象按照路径的长度等比例放大或缩小。勾选"伸展以适合描边长度"选项，添加到新的路径上时，会根据路径长度纵向拉伸原始对象并产生形变。勾选"在参考线之间伸展"选项并输入"起点"和"终点"的位置（或使用鼠标自由拖曳面板左下处的两根黑色虚线参考线），会根据路径长度仅拉伸参考线内的原始对象，参考线外原始对象不拉伸，对比效果如图5-103所示（图中1、2、3分别为使用相同原始箭头新建艺术画笔，分别设置"画笔缩放选项"为"按比例缩放""伸展以适合描边长度""在参考线之间伸展"选项后，艺术画笔的效果。）

图5-103

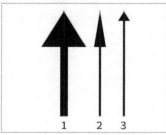

5.3 用"斑点画笔工具"绘画

"斑点画笔工具" 不用于绘制路径，而用于适度平滑绘制出的形状轮廓，自动生成闭合路径区域并填色。它和绘画工具中的粗头马克笔的效果类似，依靠涂抹的方式形成色块。

选择"斑点画笔工具" ，按[键和]键可以缩小、放大画笔。在绘制时，该工具可以自动识别同色相连区域并将其合并成一个闭合路径区域，还可以将不同色相连或不相连和同色不相连的区域变成独立闭合路径区域。例如，使用"斑点画笔工具" 绘制7个相连的花瓣，Illustrator会自动将其合并成一个整体并形成闭合路径区域，在花的中间绘制一个黄色的斑点，它将独立成为第2个闭合路径区域；绘制6个均未相连的花瓣，将会形成6个独立的闭合路径区域，如图5-104所示。

图5-104

> ① 技巧提示
>
> 对用"斑点画笔工具" 绘制的形状轮廓使用"描边"颜色填色时，"填色"颜色无效；完成绘制后选择生成的闭合路径，"填色"颜色变为了红色，"描边"颜色变为了无，如图5-105所示。因此在使用"斑点画笔工具" 前设置"描边"为想要的颜色，在完成绘制后若要对生成的闭合路径进行改色，则需要在"填色"中更改颜色。

图5-105

双击"斑点画笔工具" 可以打开"斑点画笔工具选项"对话框，如图5-106所示。

重要参数详解

保持选定：勾选后，在绘制完成时会自动选中对象。

仅与选区合并：勾选后，只有在选中上一个同色闭合路径区域的情况下，继续绘制同色且相连的对象，才会将它们合并成一个闭合路径区域；若没有选择上一个同色闭合路径区域，即使绘制同色相连的对象，后者也会成为单独的闭合路径区域。

保真度：设置用鼠标或手绘笔绘制的路径的平滑度，默认在中间。

默认画笔选项：和新建画笔选项类似，可固定一个参数或设置随机变量让每一笔都产生变化。

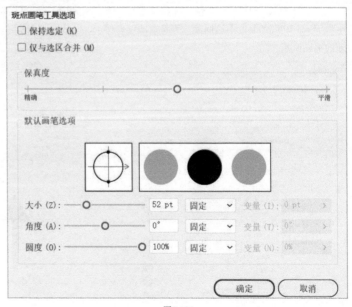

图5-106

案例训练：设计可爱童装印花

实例文件	实例文件>CH05>案例训练：设计可爱童装印花
素材文件	无
难易程度	★★☆☆☆
技术掌握	斑点画笔工具

绘制插画的方法和工具有许多，本案例使用"斑点画笔工具" 绘制，颜色值如图5-107所示，最终效果如图5-108所示。

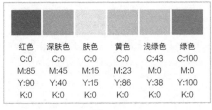

红色	深肤色	肤色	黄色	浅绿色	绿色
C:0	C:0	C:0	C:0	C:43	C:100
M:85	M:45	M:15	M:23	M:0	M:0
Y:90	Y:40	Y:15	Y:86	Y:38	Y:100
K:0	K:0	K:0	K:0	K:0	K:0

图5-107

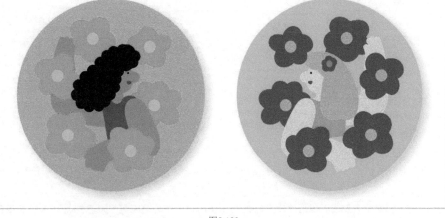

图5-108

01 新建一个大小为250mm×250mm的画板，选择并双击"斑点画笔工具" ，打开"斑点画笔工具选项"对话框，在"默认画笔选项"中设置"大小"为50pt，如图5-109所示。

02 选择"斑点画笔工具" 设置"描边"为红色，使用鼠标拖曳绘制花朵的外部轮廓，松开鼠标左键形成红色闭合路径，继续用鼠标涂抹花朵内部直至完全填充，如图5-110所示。

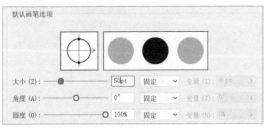

图5-109

图5-110

03 设置"描边"为黄色，在红花中间涂抹出一个小圆作为花蕊，因为花蕊和花朵异色，所以花蕊部分会单独转化为闭合路径区域，如图5-111所示。

04 共绘制出6朵红色小花，复制的小花是一模一样的，手绘的小花每一朵都有差异，有些为5瓣，有些为6瓣，自由绘制的花朵形状更丰富。将每朵红花和花蕊单独编组，得到6组花，如图5-112所示。

05 绘制人物插画。设置"斑点画笔工具" 的"大小"为20pt，设置"描边"为肤色，在画板上涂抹出人物的脸部和部分躯干，如图5-113所示。

图5-111

图5-112

图5-113

06 设置"描边"为黑色，缩小画笔后绘制一个小的圆形作为眼睛；设置"描边"为红色，涂抹出红色嘴巴；设置"描边"为黄色，绘制黄色头发；设置"描边"为红色，绘制一朵红色小花；设置"描边"为深肤色，绘制花蕊，如图5-114所示。

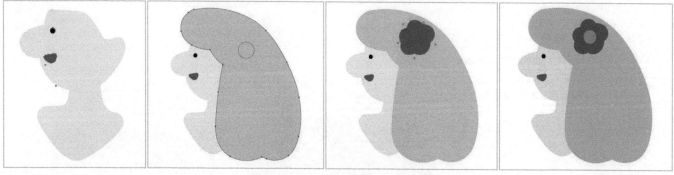

图5-114

① 技巧提示

画笔越小，绘制的内容越精细，只是涂抹次数会更多，比较费时；画笔越大，绘制时覆盖的面积越大，涂抹相同区域的速度自然比用小画笔要快，只是有些小细节难以画出。实际绘画时画笔的大小依据个人的偏好，按[键和]键调节至合适就行，不需要纠结实际参数。这比在对话框中输入数值更加直观。

07 设置"描边"为肤色，在画板的空白处继续使用"斑点画笔工具" ✍ 涂抹得到人物右臂的形状，绘制完成后将其拖曳到人物的右臂位置，如图5-115所示。

08 在画板的空白处继续使用"斑点画笔工具" ✍ 涂抹得到人物左臂的形状，绘制完成后将其拖曳到人物的左臂位置，使用快捷键Shift＋Ctrl＋[将左臂移到最底层，如图5-116所示。

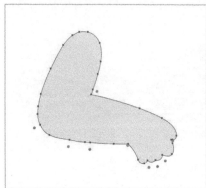 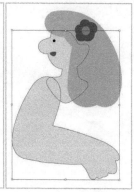 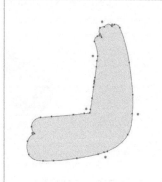 

图5-115   图5-116

09 设置"描边"为绿色，使用"斑点画笔工具" ✍ 涂抹出绿色衣服，使用4次快捷键Ctrl＋[将顶层的绿衣服移到小花发饰、红花、黄色头发和右臂4个对象的下层，如图5-117所示。

10 将绘制完成的6朵花放置在人物之上，使用快捷键Shift＋Ctrl＋[将黑色箭头标示的两朵花移到图层的最底层，使花朵和人物交错，如图5-118所示。

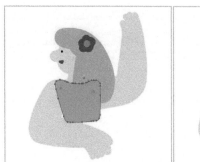 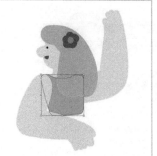 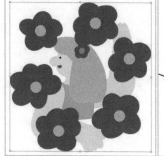 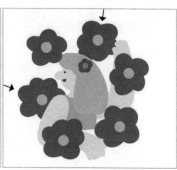

图5-117   图5-118

11 使用"椭圆工具"◯绘制一个圆形，设置"填色"为浅绿色，使用快捷键Shift＋Ctrl＋[将其移到最底层作为插画背景，完成插画，如图5-119所示。

12 在完成的插画的基础上，进行部分修改就可以获得第2张插画。复制第1张插画，设置背景圆形的"填色"为黄色，将插画整体水平翻转，删除黄色头发、小花发饰和绿色衣服。使用"魔棒工具"✦选择肤色部分，设置"填色"为深肤色，将红花改为绿色，将黄色花蕊改为浅绿色，如图5-120所示。

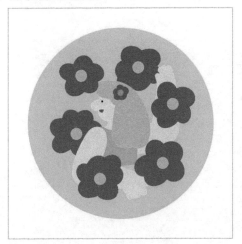
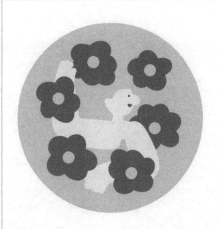
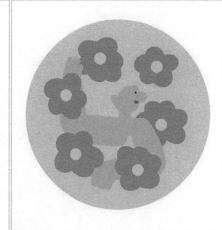

图5-119   图5-120

13 设置"描边"为黑色，使用"斑点画笔工具"✎涂抹得到黑色波浪发型，放置在新插画上方，如图5-121所示。

14 设置"描边"为红色，涂抹出新的衣服，按数次快捷键Ctrl＋[将红衣服移到左臂下方、右臂上方，第2张插画制作完成，如图5-122所示。

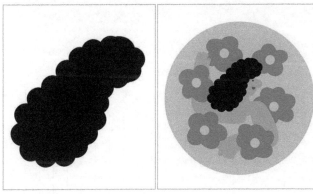
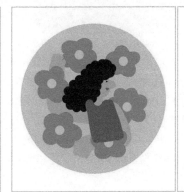

图5-121   图5-122

15 最终两张插画形成一套图形，如图5-123所示。实际运用时可以将其作为印花印在服装等载体上，最终效果如图5-124所示。

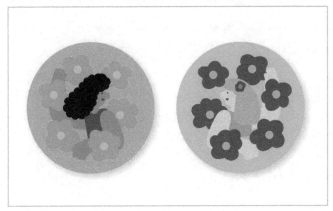
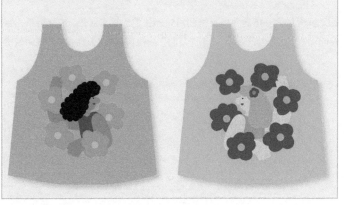

图5-123   图5-124

☀ 重点

🖐 案例训练：设计一套真丝方巾

扫码看视频

实例文件	实例文件>CH05>案例训练：设计一套真丝方巾
素材文件	无
难易程度	★☆☆☆☆
技术掌握	自定义图案画笔

本案例通过图案画笔在方形丝巾上设计图案，颜色值如图5-125所示，最终效果如图5-126所示。

绿色	紫色	浅绿色
C:70	C:75	C:45
M:10	M:80	M:0
Y:100	Y:0	Y:50
K:0	K:0	K:0

图5-125

图5-126

01 新建一个190mm×190mm的画板，选择"直线段工具" ✐，按住Shift键并拖曳得到90mm长的垂直直线段，选择直线段后单击鼠标右键，执行"变换>移动"命令，在打开的对话框中设置"水平"为10mm、"垂直"为0mm，单击"复制"按钮得到第2条直线段，使用10次快捷键Ctrl+D再复制出10条直线段，如图5-127所示。

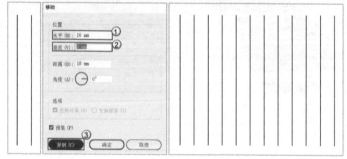

图5-127

02 再次按住Shift键并拖曳得到145mm长的水平直线段，选择后单击鼠标右键，执行"变换>移动"命令，在打开的对话框中设置"水平"为0mm、"垂直"为20mm，单击"复制"按钮得到第2条直线段，使用快捷键Ctrl+D复制出剩余两条直线段，如图5-128所示。

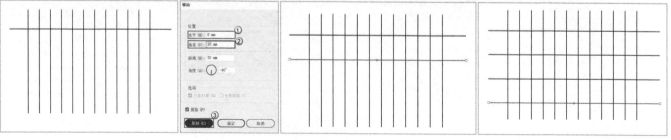

图5-128

03 选择整个网格线，执行"视图＞参考线＞建立参考线"菜单命令或使用快捷键Ctrl+5，即可将直线网格转换成淡蓝色参考线。若没有显示淡蓝色参考线，使用快捷键Ctrl+;即可，如图5-129所示。

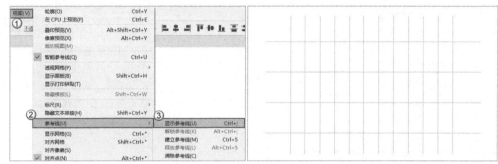

图5-129

04 使用"矩形工具" 绘制一个10mm×20mm的绿色矩形（也可以在参考线内用矩形填满一个矩形单元），选择矩形，在"变换"面板中单击"链接圆角半径值"按钮，使其呈状，取消链接，设置右上角和左下角"圆角半径"为10mm，将直角转化为圆角，如图5-130所示。

05 同时按住Alt键和Shift键并向右拖曳复制得到第2个图形（利用参考线，两个对象分别占一个矩形单元），设置"填色"为紫色，如图5-131所示。

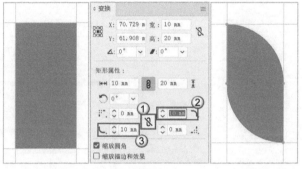 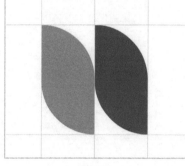

图5-130　　　　　　　　　　　　　　　图5-131

06 使用鼠标右键单击紫色对象，执行"变换＞镜像"菜单命令，在打开的对话框中单击"确定"按钮，如图5-132所示。

07 同时按住Alt键和Shift键并向下拖曳复制出第2组，将第2组旋转180°，在其中心处添加一个直径为7mm的浅绿色小圆形，使用快捷键Ctrl+G整体编组，如图5-133所示。

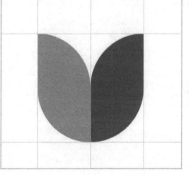 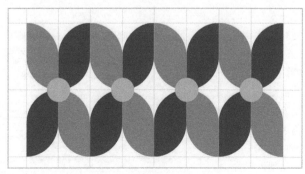

图5-132　　　　　　　　　　　　　　　图5-133

08 同时按住Alt键和Shift键并水平向右拖曳复制出另外3组图形，使这4组图形排成一行，选择整行图形并使用快捷键Ctrl+G编组，如图5-134所示。

图5-134

09 选择整行图形，在"画笔"面板中单击"新建画笔"按钮⊞，在打开的对话框中勾选"图案画笔"并单击"确定"按钮，在"图案画笔选项"对话框中设置"外角拼贴"为"自动切片"，完善图案画笔的转角形态，单击"确定"按钮，第1个图案画笔制作完成，如图5-135所示。

11 选择所有圆形，在"画笔"面板中单击"新建画笔"按钮⊞，在打开的对话框中勾选"图案画笔"，单击"确定"按钮，在"图案画笔选项"对话框中设置"外角拼贴"为"自动切片"，单击"确定"按钮，第2个图案画笔制作完成，如图5-137所示。

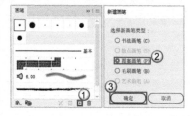
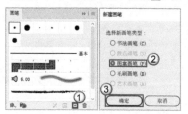

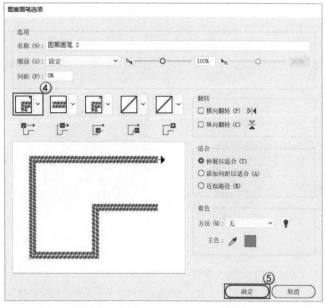

图5-135

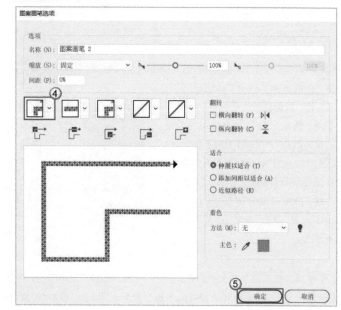

图5-137

10 制作第2个图案画笔。使用"椭圆工具"⬭绘制一个10mm×10mm的圆形，复制得到2×6大小的点阵，使用绿色和紫色交错填色，如图5-136所示。

12 在"画笔"面板中可见新建的两个自定义图案画笔，绘制一个190mm×190mm的正方形并设置"填色"为浅绿色，将其作为丝巾的背景，如图5-138所示。

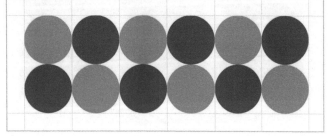

图5-136

图5-138

13 绘制一个125mm×125mm的正方形和直径为45mm的圆形，设置"填色"为无、"描边"为黑色，选择3个图形并在"对齐"面板中单击"水平居中对齐"按钮⬌和"垂直居中对齐"按钮⬍，复制3个图形用来制作第2个丝巾图案，如图5-139所示。

14 使用第1个新建的图案画笔，分别为正方形和圆形描边，设置"粗细"为1pt，第1个丝巾图案制作完成，如图5-140所示。

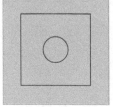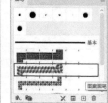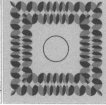

图5-139

图5-140

15 使用第2个新建的图案画笔，为复制备用的第2套图形描边，设置"粗细"为2pt，第2个丝巾图案制作完成，如图5-141所示。

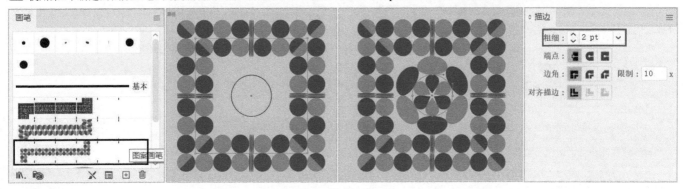

图5-141

① 技巧提示

确认图稿无误后，选择应用了图案画笔的描边，执行"对象＞扩展外观"菜单命令，将画笔描边转为实际路径，便于后期印刷时进行输出。若要保留画笔的可修改属性，则不要扩展外观。

16 可以为丝巾设计不同的底色，如第2个丝巾使用了绿色和紫色，当背景为白色时能够看见完整的图形，当背景为绿色和紫色时整体视觉效果发生了有趣的改变，路径本身并没变，只是视觉上丝巾图案中与背景同色的部分会和背景融为一体，创造出独特的部分显色效果，如图5-142所示。为一个丝巾设计3种不同底色的效果如图5-143所示。

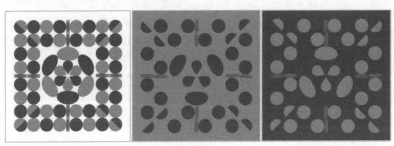

图5-142

图5-143

5.4 用"铅笔工具"绘画

"铅笔工具"✐在绘制结束后会添加画笔描边，绘制过程中只显示路径，并且"铅笔工具"✐默认添加基本画笔，绘制结束时会根据"铅笔工具选项"对话框中的"保真度"参数来优化路径，并使用描边中提前设置的颜色为路径添加颜色，如图5-144所示。

双击"铅笔工具"✐即可打开"铅笔工具选项"对话框，如图5-145所示。

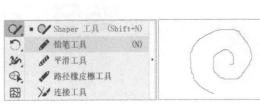

图5-144

图5-145

重要参数详解

保真度：针对画笔识别路径的平滑度。越精确，绘制出的路径越接近鼠标指针走过的路线，锚点数量也越多；越平滑，线条则优化越多，完成后的路径越光滑，锚点数量越少。

填充新铅笔描边：勾选后，绘制完成时会自动使用工具栏中的"填色"颜色为路径填色，不论是开放路径还是闭合路径。

保持选定：勾选后，绘制完成后会自动选择路径，可直接修改路径的各项属性。

Alt键切换到平滑工具：勾选后，绘制路径时可以按住Alt键沿着路径涂抹，将路径变得更平滑，减少不必要的锚点。

> ① 技巧提示
>
> 勾选后仍不能绘制完美的路径，若要精准控制路径的走向和锚点数量，还需使用"钢笔工具" ✏️。

当终端在此范围内时闭合路径：当路径的起点和终点在该像素范围内时两点自动连接，形成一个闭合路径。

编辑所选路径：绘制一段路径后，可再次使用"铅笔工具" ✏️在原路径上调整，不用调整锚点，直接使用"铅笔工具" ✏️在不满意的部分绘制新的路径即可，松开鼠标左键后这部分路径会按照第2次的路径修正。

👑 重点

🖐 案例训练：设计一个稚趣风微信表情包

实例文件	实例文件＞CH05＞案例训练：设计一个稚趣风微信表情包
素材文件	无
难易程度	★☆☆☆☆
技术掌握	铅笔工具

扫码看视频

本案例使用鼠标结合"铅笔工具" ✏️绘制一个微信表情包，颜色值如图5-146所示，最终效果如图5-147所示。

红色
R:255
G:0
B:0

玫红色
R:255
G:51
B:204

粉色
R:255
G:153
B:204

图5-146　　　　　　　　图5-147

01 新建一个240px×240px的画板，双击"铅笔工具" ✏️打开"铅笔工具选项"对话框，设置"保真度"为"平滑"，单击"确定"按钮，在画板中拖曳绘制一个圆形作为脸部，松开鼠标左键，设置"填色"为粉色、"描边"为无，如图5-148所示。

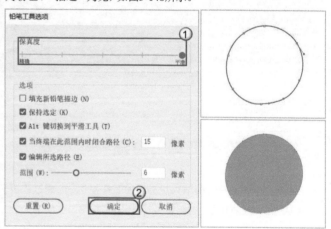

图5-148

> ① 技巧提示
>
> 当"保真度"为"平滑"时，可以保证使用鼠标绘制的线条尽可能光滑。若使用手绘板结合"铅笔工具" ✏️，则"保真度"保持默认即可。

02 使用"铅笔工具" ✏️绘制一个类似心形的图形作为头发，设置"填色"为黑色、"描边"为无，如图5-149所示。

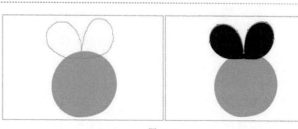

图5-149

03 使用"铅笔工具" ✏在脸上绘制一个小圆,设置"填色"为白色,将其作为眼白,选择眼白并进入"内部绘图"模式 ⊙,使用"椭圆工具" ⬭绘制一个黑色圆形作为眼球,完成后双击退出隔离模式,拖曳复制得到第2个眼睛,如图5-150所示。

图5-150

04 使用"铅笔工具" ✏在脸上绘制两个小圆,设置"填色"为玫红色,将其作为腮红。选择脸部并进入"内部绘图"模式 ⊙,绘制半圆并设置"填色"为黑色,将其作为刘海儿,完成后双击退出隔离模式,如图5-151所示。

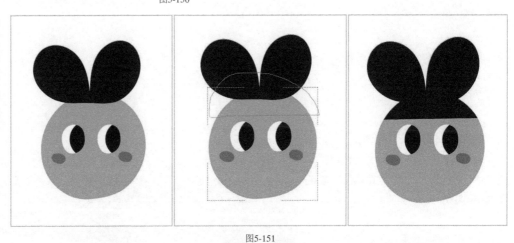

图5-151

05 设置"填色"为无、"描边"为红色、"粗细"为2pt,绘制嘴巴和鼻子,再在黑色头发中绘制两个粉色部分,得到兔耳朵,如图5-152所示。

图5-152

06 绘制一个较大的图形,设置"填色"为黑色,将其作为头发,完成后选择头发并使用快捷键Shift+Ctrl+[将其移动到最底层,如图5-153所示。

07 绘制衣服的轮廓,设置"填色"为红色,选择衣服并使用数次快捷键Ctrl+[将其移动到图层的倒数第2层,如图5-154所示。

图5-153

图5-154

08 绘制一个"V"字形手势轮廓,设置"填色"为粉红色;再绘制3个手指的轮廓,设置"描边"红色、"粗细"为2pt,如图5-155所示。选择所有对象并使用快捷键Ctrl+G编组,最终效果如图5-156所示。

图5-155

图5-156

🖐 案例训练:设计个性化人员通行证

实例文件	实例文件>CH05>案例训练:设计个性化人员通行证
素材文件	无
难易程度	★☆☆☆☆
技术掌握	铅笔工具

本案例使用"铅笔工具" ✏ 绘制两张俏皮有趣的人物插画,并运用在通行证的设计中,主要颜色值如图5-157所示,最终效果如图5-158所示。

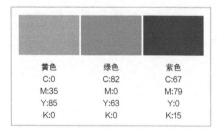

黄色	绿色	紫色
C:0	C:82	C:67
M:35	M:0	M:79
Y:85	Y:63	Y:0
K:0	K:0	K:15

图5-157

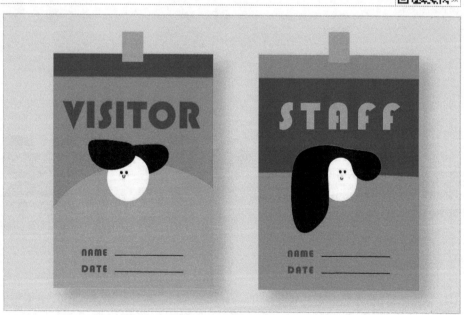

图5-158

01 新建两个大小为70mm×100mm的画板,选择"铅笔工具" ✏ 并设置"保真度"为"平滑",设置"填色"为黄色并绘制身体,设置"填色"为白色并绘制脸部,在脸部中绘制两个小圆,设置"填色"为黑色,将其作为眼睛,绘制一个"U"作为嘴巴,设置"填色"为无、"描边"为红色、"粗细"为1pt,如图5-159所示。

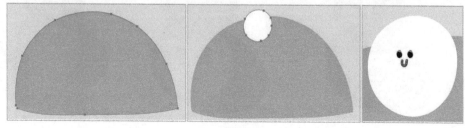

图5-159

02 绘制两片头发并设置"填色"为黑色，选择第2片头发并将其放置在脸部的下一层，选择所有对象并使用快捷键Ctrl＋G编组，第1个人物绘制完成，如图5-160所示。

图5-160

03 绘制第2个人物。使用"铅笔工具" ✐绘制绿色身体部分、白色脸部，眼睛和嘴巴可以和第1个人物有区别，如嘴巴的位置靠下一些，绘制黑色头发，使用快捷键Ctrl＋G编组，第2个人物绘制完成，如图5-161所示。

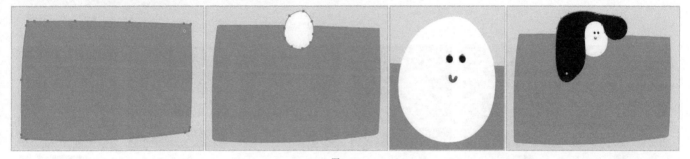

图5-161

04 绘制一个70mm×10mm的紫色矩形和一个70mm×90mm的绿色矩形，将其上下放置。选择绿色矩形并进入"内部绘图"模式 ⬕，复制第1个人物到绿色矩形中。输入文字VISITOR、NAME和DATE，设置"填色"为紫色、"字体"为Bauhaus 93。使用"直线段工具" ╱绘制两条水平线段，设置"描边"为紫色、"粗细"为1pt，第1张通行证制作完成，如图5-162所示。

05 绘制一个70mm×10mm绿色矩形和一个70mm×90mm的紫色矩形，将其上下放置。选择紫色矩形并进入"内部绘图"模式 ⬕，复制第2个人物到紫色矩形中。输入文字STAFF并设置"填色"为黄色，输入文字NAME和DATE并设置"填色"为紫色，"字体"均为Bauhaus 93。使用"直线段工具" ╱绘制两条水平线段，设置"描边"为紫色、"粗细"为1pt，第2张通行证制作完成，如图5-163所示，最终效果如图5-164所示。

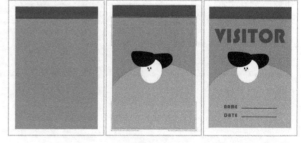

图5-162

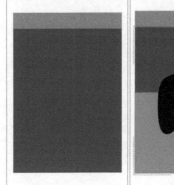  

图5-163

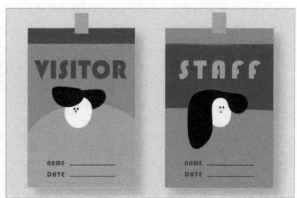

图5-164

5.5 用"图像描摹"功能转换图像

利用"图像描摹"功能可以通过一系列描摹预设将栅格图片（JPEG、PNG和PSD等格式）转化为矢量图稿，如将照片转化为矢量色稿，将速写草稿转化为矢量线稿等，还可以将手写字、毛笔字转化为矢量稿，进一步运用在海报和Logo中。

5.5.1 图像描摹预设

可以通过"直接拖曳图形文件进文档"的操作将栅格图片置入画板，也可以执行"文件>置入"菜单命令或使用快捷键Shift＋Ctrl＋P，使用这两种方式置入的图片默认以超链接的形式存储在.ai文件中。选择图片，在控制面板中单击"图像描摹"按钮，能够看到12种描摹预设，如图5-165所示，可以根据需要直接选择预设进行描摹转换，置入的图片的分辨率越大，描摹的速度越慢。

同一张图片使用不同的预设会产生不一样的效果，如图5-166所示。

图5-165

图5-166

完成描摹后，如果对效果满意就可以单击"扩展"按钮将图片转为路径，如图5-167所示。在扩展前描摹的各项参数可以随时修改，扩展后的图片为矢量路径，如图5-168所示，一旦扩展成路径则不能返回修改描摹参数。扩展后就可以通过各种工具进行二次创作和加工，如较简单的改色和添加描边，如图5-169所示。

图5-167

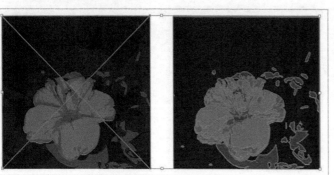

图5-168

图5-169

5.5.2 图像描摹自定义设置

如果对预设的描摹结果不太满意，可以选择描摹的图片，单击"图像描摹面板"按钮打开"图像描摹"面板进行自定义设置，单击"高级"按钮可以打开整个面板，如图5-170所示。

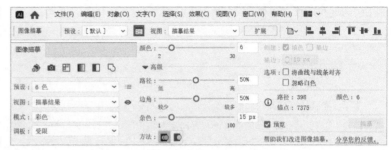

图5-170

重要参数详解

六大预设：分别为"自动着色""高色""低色""灰度""黑白"和"轮廓"，如图5-171所示。

自动着色　　　　　　高色　　　　　　低色　　　　　　灰度　　　　　　黑白　　　　　　轮廓

图5-171

自动着色：从图片中创建色调分离的图像。

高色：将图片转化为高保真度图像，细节更丰富。

低色：将图片转化为低保真度图像。

灰度：将图片转化为只包含灰阶的图像。

黑白：将图片转化为黑白图像。

轮廓：将图片转化为简化后的黑色轮廓线稿。

视图：只是一种辅助观看方式，不是描摹方式，可以在任意描摹预设下查看描摹结果、轮廓和源图像，或者叠加两种效果，如图5-172所示。

例如，选择"描摹结果（带轮廓）"能够查看描摹后图像的路径，不需要扩展后再查看。

 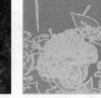 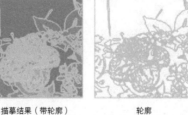  

描摹结果　　描摹结果（带轮廓）　　轮廓　　轮廓（带源图像）　　源图像

图5-172

模式：包含"彩色""灰度""黑白"3种，如图5-173所示。

彩色："颜色"参数用于指定在颜色描摹结果中使用的颜色值，如图5-174所示。

灰度："灰度"参数用于指定灰度描摹结果中灰色数量，如图5-175所示。

图5-173

黑白：用于生成黑白描摹结果。"阈值"是一个临界点，源图像中所有比"阈值"大的像素将转化为白色，所有比"阈值"小的像素将转化为黑色。"阈值"分别为60、130和160的效果如图5-176所示。

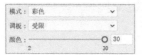

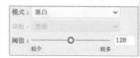

图5-174   图5-175

图5-176

路径：控制描摹后路径和原始像素形状间的差异，参数值越大越契合。

边角：指定边角上的强调点和锐利弯曲变为边角的可能性，参数值越大角点越多。

杂色：通过忽略指定大小的像素区域来减少杂色，参数值越大杂色越少。

方法："邻接" ⬛ 用于创建木刻路径，"重叠" ⬛ 用于创建堆积路径。

创建：可勾选"填色"或"描边"，"描边"用于将图像转为描边路径，"填色"用于将图像转为闭合路径。

选项："将曲线与线条对齐"用于将稍微弯曲的曲线改为直线，"忽略白色"用于将源图像的白色部分改为无填色。

5.6 综合训练营

使用Illustrator绘制的矢量插画因为其"矢量"的特性，非常适合运用在各设计场景之中，除了传统的图书杂志配图，插画类包装可以让产品变得独一无二，插画类海报可以让信息传达变得更生动有趣，插画风格的Logo或插画类辅助图形可以让品牌VI变得更有个性。

👑 重点

⬥ 综合训练：制作水果连锁店会员卡、储值卡与代金券

实例文件	实例文件>CH05>综合训练：制作水果连锁店会员卡、储值卡与代金券
素材文件	素材文件>CH05>综合训练：制作水果连锁店会员卡、储值卡与代金券
难易程度	★★★☆☆
技术掌握	钢笔工具

本综合训练使用插画来对"果果超甜"水果连锁店进行Logo和衍生物的设计，对象是鲜切水果连锁店，以葡萄和鸭梨作为水果代表，设计一位葡萄小妹和鸭梨小哥，主要颜色值如图5-177所示，最终效果如图5-178所示。

肤色	深肤色	橙色	黄色
C:2	C:2	C:0	C:1
M:25	M:46	M:48	M:13
Y:20	Y:4	Y:83	Y:90
K:0	K:0	K:0	K:0

绿色	浅紫色	紫色
C:77	C:55	C:83
M:0	M:58	M:100
Y:100	Y:0	Y:0
K:0	K:0	K:0

图5-177

图5-178

01 新建一个85.5mm×54mm的画板，置入"素材文件＞CH05＞综合训练：制作水果连锁店会员卡、储值卡与代金券"文件夹中的"草稿.png"，选择草稿，在"透明度"面板中设置"不透明度"为20%，使用快捷键Ctrl＋2锁定草稿，如图5-179所示。

图5-179

> ① **技巧提示**
>
> 　　在一般的矢量插画绘制中，可以采用手绘的方式绘制草稿，再将其拍摄或扫描为.jpg图片后导入Illustrator中，也可以直接使用"钢笔工具" ✐ 等工具在Illustrator中绘制。降低草稿的不透明度可以减少绘制过程中草稿线条在视觉上对设计师的干扰。还可以新建一个图层专门放置草稿，降低不透明度后锁定该图层，在其他图层上绘制插画。

02 使用"钢笔工具" ✐ 绘制比较耗时，需要设计师根据草稿线条走向耐心地依次添加锚点，绘制过程中随时调整调节手柄的位置，完成脸部路径的绘制。为了便于观察清楚眉毛、眼睛、鼻子、嘴巴的草稿，设置脸部的"填色"为无；接着绘制头发，得到闭合路径后设置"填色"为黑色、"描边"为无，如图5-180所示。

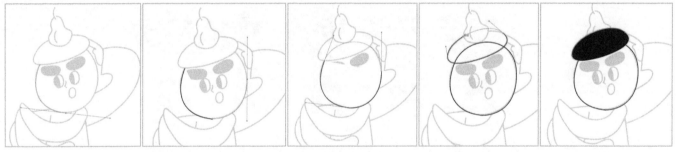

图5-180

> ① **技巧提示**
>
> 　　同一张草稿，不同的设计师使用"钢笔工具" ✐ 绘制时，添加的锚点的位置都不同，因此不存在两个100%重合的路径。使用绘画类工具绘制的自由度极大，我们追求的是路径的顺滑和对草稿的再现（结果），而不是对锚点位置的精准再现（过程）。

03 使用"钢笔工具" ✐ 绘制眉毛的闭合路径，使用"椭圆工具" ◯ 绘制眼眶，进入"内部绘图"模式 ◉ 并使用"椭圆工具" ◯ 绘制一个"填色"为黑色的形状，完成后双击退出隔离模式，向右拖曳复制完成双眼的绘制，如图5-181所示。

图5-181

> ① **技巧提示**
>
> 　　绘画类工具和形状工具是绘制插画的好伙伴，使用形状工具绘制形状规则的对象比使用"钢笔工具" ✐ 更便捷、快速，在绘制插画时需要灵活运用两种工具。

04 使用"钢笔工具" ✐ 绘制鼻子，设置"填色"为无、"描边"为黑色；使用"椭圆工具" ⬭ 绘制嘴巴，设置"填色"为红色、"描边"为无；设置脸部的"填色"为肤色、"描边"为无。选择脸部中的所有对象并编组，完成绘制，如图5-182所示。

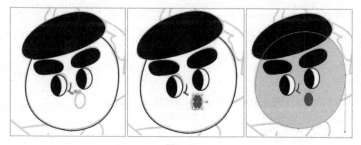

图5-182

> ① **技巧提示**
>
> 　　绘制插画时会遇到许多需要绘制开放路径的情况，如鸭梨小哥的鼻子。绘制完成时单击工具栏中的任意工具可以结束此段开放路径的绘制，再使用"钢笔工具" ✐ 继续绘制其他部分。使用"钢笔工具" ✐ 绘制开放路径后换形状工具绘制其他对象，在更换工具时会自动结束开放路径的绘制。

05 在绘制其他部分的过程中，注意各对象间的前后顺序，随时使用快捷键Ctrl＋[和Ctrl＋]调整，将每个部分及时编组，养成良好的设计习惯，如图5-183所示。

图5-183

06 葡萄小妹的绘制过程与鸭梨小哥类似，如图5-184所示。完成人物插画的绘制后，使用快捷键Ctrl＋Alt＋2解锁草稿并按Delete键删除草稿，人物矢量色稿如图5-185所示。

图5-184

图5-185

> ① **技巧提示**
>
> 　　在塑造这种可爱的、带些稚趣感的插画人物的过程中需要将人物抽象化、简化，弱化关节棱角，太过具象、写实的人物比例、脸部五官和动作设计都会大大减弱人物的萌感。

07 对人物插画进行实际运用设计。复制葡萄小妹的头部，输入连锁店名称"果果超甜"，设置"字体"为"方正颜宋简体"，Logo制作完成，如图5-186所示。

图5-186

① 技巧提示
　　在实际运用阶段，需要根据衍生物的尺寸放大或缩小插画人物，记得选择对象后在"变换"面板中勾选"缩放圆角"和"缩放描边和效果"，保证缩放过程中原图不变形，如图5-187所示。

图5-187

08 绘制两个85.5mm×54mm的矩形，分别设置"填色"为紫色和黄色，放置Logo，完成两版会员卡的设计，如图5-188所示。

图5-188

09 绘制两个85.5mm×54mm的矩形，分别设置"填色"为黄色和紫色，通过"内部绘图"模式 将两个人物插画分别嵌入矩形，调整大小和位置后退出"内部绘图"模式 。使用"直排文字工具" 输入文字，设置"字体"为"方正颜宋简体"，完成两版储值卡的设计，如图5-189所示。

10 绘制3个170mm×90mm的矩形，分别设置"填色"为橙色、绿色和紫色，通过"内部绘图"模式 分别嵌入人物插画并在完成后双击退出。输入文案并绘制两个与文字大小相等的矩形作为装饰，根据底色调整文字的位置和颜色，如图5-190所示，最终效果如图5-191所示。

图5-189

图5-190

① 技巧提示
　　虽然生活中的代金券一般是横版，但是在练习时可以探寻更多的设计可能性。

图5-191

175

👑 重点

◈ 综合训练：制作虎年插画明信片

实例文件	实例文件＞CH05＞综合训练：制作虎年插画明信片
素材文件	素材文件＞CH05＞综合训练：制作虎年插画明信片
难易程度	★★☆☆☆
技术掌握	斑点画笔工具

本综合训练使用"斑点画笔工具" 📝绘制一张老虎插画，以制作一张虎年明信片，颜色值如图5-192所示，最终效果如图5-193所示。

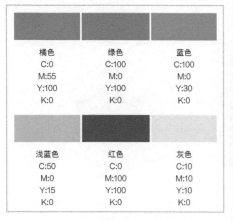

图5-192

图5-193

01 新建一个150mm×100mm的画板，置入"素材文件＞CH05＞综合训练：制作虎年插画明信片"文件夹中的"草稿.png"，在"透明度"面板中设置"不透明度"为20%，使用快捷键Ctrl＋2锁定草稿，如图5-194所示。

02 选择"斑点画笔工具" 📝并双击打开"斑点画笔工具选项"对话框，设置"保真度"为"平滑"，如图5-195所示。

图5-194

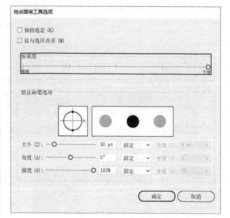

图5-195

03 设置"描边"为蓝色，使用"斑点画笔工具" 📝涂抹出花的轮廓后涂抹内部，同色部分会自动合并；使用"椭圆工具" ⬭绘制一个圆形并设置"填色"为橘色，将其作为花蕊，如图5-196所示。重复此步骤绘制出草稿中的所有花朵，如图5-197所示。

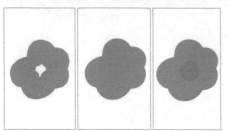

图5-196

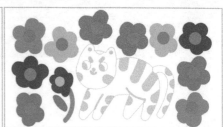

图5-197

04 使用"斑点画笔工具" 绘制橘色脸部轮廓并涂抹内部，形成闭合路径区域。使用"椭圆工具" 绘制一个白色圆形，通过"内部绘图"模式 绘制一个黑色圆形，拖曳复制完成双眼的绘制。使用"斑点画笔工具" 绘制黑色眉毛、鼻子、嘴巴和内耳，如图5-198所示。

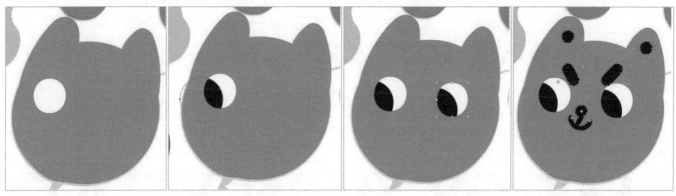

图5-198

05 选择橘色脸部，进入"内部绘图"模式 ，使用"斑点画笔工具" 绘制黑色斑纹，如图5-199所示。

06 为了防止绘制的身体和脸融合，选择整个脸部并使用快捷键Ctrl+2将其锁定，使用"斑点画笔工具" 绘制橘色身体，重复步骤05添加黑色斑纹，将身体放置于脸部图层下方，如图5-200所示。

图5-199

图5-200

07 使用"斑点画笔工具" 绘制前腿和后腿间的黑色线条，并绘制带斑纹的尾巴，默认尾巴在最上层，不用调整图层顺序，如图5-201所示。使用快捷键Alt+Ctrl+2解锁并删除草稿，使用快捷键Ctrl+G将整张插画编组。

图5-201

08 使用"矩形工具" 绘制150mm×100mm的矩形，通过"内部绘图"模式 将整个插画嵌入矩形，并且使用"铅笔工具" 绘制一个灰色地面并放置在最底层，如图5-202所示。

图5-202

09 使用"文字工具"**T**输入文字，设置"字体"为Bahnschrift，使用鼠标右键单击文字并执行"创建轮廓"命令，将文字转换为路径，如图5-203所示。

10 选择文字路径，在"路径查找器"面板中单击"联集"按钮，如图5-204所示，将每个字母合并成一个闭合路径。

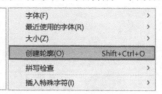

图5-203

图5-204

11 使用"直接选择工具"将文字中所有的直角转化为圆角，如图5-205所示，圆角文字更适合插画的可爱氛围。将文字放置在明信片的下方，最终效果如图5-206所示。

图5-205

图5-206

第 6 章 图案系统

图案设计结合运用了Illustrator中的形状系统、绘画系统和图案系统，包含连续图案和不连续图案的设计，不连续图案的设计等同于各类图形设计和插画设计。本章主要分析并展开设计连续图案。图案设计本质上是设计师负责设计基础单元（组），图案系统通过"图案选项"面板、"外观"面板、自定义辅助系统等工具进行平铺协同设计。

学习重点 🔍

学完本章能做什么

通过手动平铺方式和借助"图案选项"面板完成连续图案的设计，深入理解图案设计中辅助系统的作用与运用方式，并且能借助各类型辅助系统创建独一无二的几何连续图案。由浅入深地理解图案的设计思路与生成模式，并将图案运用进各类设计中，加强对复杂图形的掌控能力，丰富设计语言。

6.1 "图案选项"面板

连续图案的设计思路很简单，基础单元（组）结合各种平铺方式即可获得各种各样的连续图案。连续图案需要一个用来不断重复的基础单元（或用来不断重复的基础单元组，可包含多个图形单元）。

基础单元可以是抽象的形状，也可以是具象的小插画，还可以是文字等，如图6-1所示。

图6-1

连续图案中可以包含一个基础单元，或者两个及以上的基础单元构成的单元组，如图6-2所示。

平铺方式是搭建图案的骨架，平铺的方法很多，如规整竖排或错开半个身位竖排等，如图6-3所示。

除了通过手动的方式平铺图案，还可以在"图案选项"面板中选择自动平铺从而生成无缝衔接的四方连续图案，如图6-4所示。

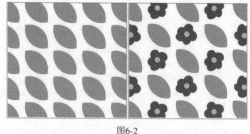

图6-2

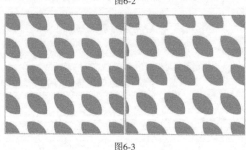

图6-3

图6-4

6.1.1 使用基础单元设计连续图案

在前面的案例中不止一次涉及"手动平铺构成图案"的设计实践方式，如VI设计中的辅助图形、海报设计中的连续纹样等，本章在此基础上正式展开讲述，目的在于循序渐进引入"图案设计"这一概念。对Illustrator的学习不能仅停留在工具操作等技术层面，必须结合各设计领域的设计思路才能明白软件操作的目的与方式方法。

绘制一个带有描边的圆形作为基础单元，选择圆形后执行"对象>图案>建立"菜单命令打开"图案选项"面板，新图案会被自动添加到"色板"面板中，如图6-5所示。

在"图案选项"面板中设置的所有参数都会被保存在这个图案色板中，并且可以随时双击该图案色板进入编辑模式，设置图案的参数，如图6-6所示。

图6-5

图6-6

重要参数详解

名称：自定义图案的名称，修改后"色板"面板中的该图案色板就会显示该名称。

拼贴类型：包含"网格""砖形""十六进制"3种拼贴类型，如图6-7所示，效果如图6-8所示。

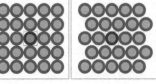

图6-7　　　　　　　　　　图6-8

砖形位移：选择"砖形"类型时可选，选择"网格"和"十六进制"类型时参数为灰色不可选，该参数用于调整基础单元平铺复制时错开的身位。

宽度和高度：设置复制基础单元时横向和竖向的距离，如网格类型中基础单元的圆形的直径为10cm，那么当宽度、高度为10cm时圆形和圆形间彼此相切，当宽度、高度为5cm时圆形和圆形重叠在一起，当宽度、高度为12cm时圆形和圆形彼此间隔2cm排列，如图6-9所示。对宽度、高度进行调整可以获得同一种拼贴类型下不同程度的松紧。"保持宽度和高度比例"按钮 🔒 开启时，宽度和高度将等比例自动变化。

宽度、高度为圆形的直径　　　　　　宽度、高度小于圆形的直径　　　　　　宽度、高度大于圆形的直径

图6-9

重叠：设置横向排列时是左压右还是右压左，竖向排列时是下压上还是上压下，即决定重叠的两个对象间的前后顺序。

份数：设置一旁预显示的图案视觉效果里包含的基础单元总个数，便于设计师查看图案效果，不影响最终图案的形态。5×5就是25个基础单元，3×3就是9个基础单元，如图6-10所示。

副本变暗至：设置不透明度。小于100%时模拟复制的副本会变淡，原基础单元保持100%不透明度；为100%时，副本与原基础单元的不透明度一致，如图6-11所示。

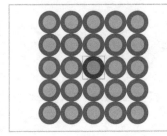

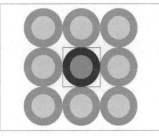

图6-10　　　　　　　　　　　　　　　图6-11

完成所有设置后，单击文档上方的"完成"按钮，如图6-12所示，即可完成图案的设置，或者双击画板的任意空白外退出图案编辑模式。

设置的所有参数都会被保存在生成的图案色板中，这个图案是一个标准的四方连续图案。运用时选择任意对象，设置"填色"或"描边"（加粗描边就可以将描边上的图案显现）将图案色板赋予对象即可，如图6-13所示。

图6-12

图6-13

> ⑦ **疑难问答：如何生成二方连续图案？**
>
> "图案选项"面板负责生成较为复杂的四方连续图案，二方连续图案的制作比较简单，除了最常用的手动横向、竖向复制平铺外，还可以使用"新建画笔"功能，用自定义的图案画笔来制作。

6.1.2 使用基础单元组设计连续图案

基础单元组包含多个对象，使用多个对象建立的图案更加丰富有趣。例如，使用"铅笔工具" 绘制一组蔬菜、水果图形，将其编组后执行"对象>图案>建立"菜单命令建立图案，接着绘制一个矩形，在"色板"面板中单击图案色板为矩形填充图案，如图6-14所示。

同时，双击图案色板进入编辑模式后，可以通过移动、缩放、旋转、添加或删除锚点，更改"填色"和"描边"参数等操作调整组内所有对象，图案效果会实时更新。例如，编辑图案时手动给每个对象修改填色，完成后双击退出图案编辑模式，原本被赋予了此图案的对象会立刻更新图案效果，如图6-15所示。

 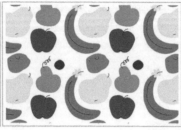

图6-14

图6-15

例如，在图案编辑模式下，调整黄色葫芦的大小，复制出第2根红色香蕉并缩小、旋转，移动苹果，完成后双击退出图案编辑模式，原本被赋予了此图案的对象会立刻更新图案效果，如图6-16所示。

例如，删除其他对象，只保留黄色葫芦，复制出第2个黄色葫芦并旋转拖曳到其他位置，完成后双击退出图案编辑模式，原本被赋予了此图案的对象会立刻更新图案效果，如图6-17所示。

图6-16

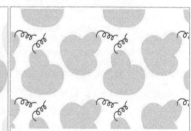

图6-17

例如，调整两个黄色葫芦，设置"填色"为无、"描边"为黑色，完成后双击退出图案编辑模式，原本被赋予了此图案的对象会立刻更新图案效果，如图6-18所示。这样修改图案的基础单元（组），任何修正都实时可见，非常直观。

图6-18

◎ **技术专题：使用"外观"面板添加图案底色**

使用上述图案色板填充图形时，可以发现图案是透明的，因为编辑图案时没有添加底色。在添加了黄色葫芦图案的对象下方放置任意绿色矩形，可见图案为镂空状态，效果如图6-19所示。

可以在设计基础单元时就添加有颜色的矩形作为底图，将底图矩形和黄色葫芦一起编组后执行"对象>图案>建立"菜单命令建立图案，获得的图案即包含了底色，如图6-20所示。

图6-19

图6-20

若在"图案选项"面板中增加了"高度"和"宽度"参数值,基础单元中的底色就无法覆盖全部图形,会出现无底色部分,如图6-21所示。

减少"宽度"和"高度"参数值,底图矩形会遮挡副本葫芦,基础单元会被遮挡,如图6-22所示。

图6-21   图6-22

要解决底色问题,除了在基础单元中绘制一个有颜色的矩形作为底图,还可以在"外观"面板中为添加了图案的对象添加填色。

选择添加了图案的对象,在"外观"面板中单击"添加新填色"按钮■添加新填色,如图6-23所示。

默认新建的填色出现在"外观"面板的最上方,单击打开"填色"的卷展栏,选择需要的底色(如图中的卡其色),此时卡其色"填色"位于最上层,会遮挡住下方的图案,如图6-24所示。

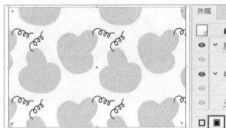

图6-23   图6-24

单击并拖曳卡其色"填色"到图案"填色"的下方,即可将纯色底色置于图案下方,添加了无底色图案的对象就可以获得底色,如图6-25所示。如果需要更换底色,在"外观"面板中修改即可。

在"外观"面板中还可以使用新填色来增加第2层图案。在"外观"面板中单击"添加新填色"按钮■,最上方的"填色"添加第1层图案,第2个"填色"添加第2层图案,第3个"填色"添加底色即可。

首先制作第2层紫色图案,使用"铅笔工具"✏在葫芦旁绘制一个圆形,设置"填色"为紫色,选择紫色圆形并执行"对象>图案>建立"菜单命令建立图案,如图6-26所示。完成后退出编辑模式,新建的紫色图案将被保存在"色板"面板中。

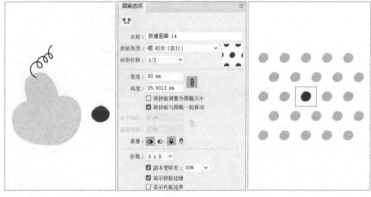

图6-25   图6-26

然后选择添加了卡其色底色黄色葫芦图案的矩形对象,在"外观"面板中单击"添加新填色"按钮■,在"填色"的卷展栏中选择紫色图案,双层带底色的图案的效果如图6-27所示。

最后将添加了紫色图案的"填色"拖曳到黄色葫芦"填色"下方,效果如图6-28所示。

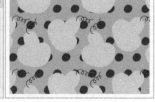

图6-27   图6-28

👑 重点

🖐 案例训练：设计美发沙龙名片

实例文件	实例文件＞CH06＞案例训练：设计美发沙龙名片
素材文件	无
难易程度	★★☆☆☆
技术掌握	"图案选项"面板

本案例将通过"图案选项"面板设计一套美发沙龙名片，以发型作为设计切入点，颜色值如图6-29所示，最终效果如图6-30所示。

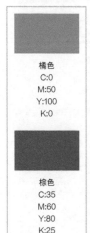

橘色
C:0
M:50
Y:100
K:0

棕色
C:35
M:60
Y:80
K:25

图6-29

图6-30

01 新建两个90mm×54mm的画板，使用"铅笔工具" ✐ 绘制一个"填色"为白色的头部（尺寸约15mm×19mm），绘制一个"填色"为黑色的头发，将二者编组，使其作为第1个头像。使用相同方法绘制剩余3个头像，如图6-31所示，注意头像大小与名片尺寸的对比。

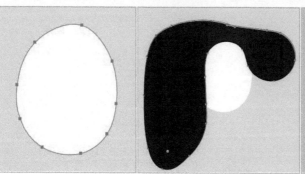
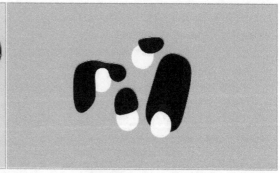

图6-31

02 选择4个头像并使用快捷键Ctrl＋G编组，执行"对象＞图案＞建立"菜单命令，在弹出的对话框中单击"确定"按钮，图案被保存在"色板"面板中。在"图案选项"面板中设置"砖形位移"为1/3、"宽度"为41mm、"高度"为29mm，如图6-32所示，效果如图6-33所示。

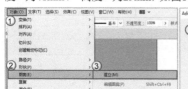
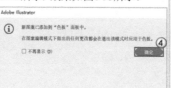

图6-32

图6-33

ⓘ 技巧提示

　　"宽度"和"高度"参数的设置仅供参考，在实际操作时每个设计师绘制的基础单元组大小都不一样，在"图案选项"面板默认的"宽度"和"高度"值上略微调整让单元组平铺得更匀称、彼此不重叠即可。

03 制作完成的图案本身不带底色，在添加给对象时可在"外观"面板中添加新填色。绘制两个90mm×54mm的矩形并在"外观"面板中设置"填色"为"新建图案"，设置第1个矩形的"填色"为"橘色"，将其作为底色，设置第2个矩形的"填色"为"棕色"，将其作为底色，如图6-34和图6-35所示。

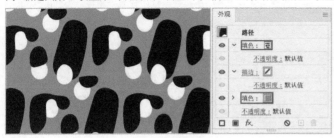

图6-34

图6-35

04 使用"文字工具"▮添加文字，设置"字体"为Bahnschrift，选择美发店名字，在"段落"面板中单击"全部两端对齐"按钮▤，选择美发师姓名，单击"左对齐"按钮▤，如图6-36所示。

05 绘制57mm×20mm和30mm×12mm的橘色矩形并放置在文字下方，用来凸显文字，将文字叠加在图案上，名片制作完成，最终效果如图6-37所示。

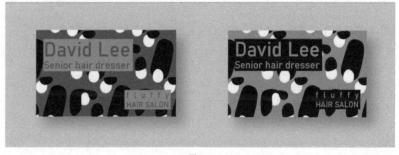

图6-36

图6-37

案例训练：设计帆布袋

实例文件	实例文件＞CH06＞案例训练：设计帆布袋
素材文件	无
难易程度	★★☆☆☆
技术掌握	"图案选项"面板

扫码看视频

本案例将使用变量宽度配置文件和"图案选项"面板设计底色为一黑一白的两个帆布袋，如飘动柳叶形态的图案，具有抽象几何的规整感，颜色值如图6-38所示，最终效果如图6-39所示。

绿色
C:90
M:28
Y:74
K:0

图6-38

图6-39

01 新建两个200mm×300mm的画板，使用"钢笔工具" 🖋 绘制一条曲线路径，设置"描边"为绿色、"粗细"为16pt，完成后将其向下拖曳复制3次，如图6-40所示。

02 选择4条曲线路径后使用快捷键Ctrl＋G编组，单击鼠标右键并执行"变换＞旋转"命令，在打开的对话框中设置"角度"为270°，单击"复制"按钮，如图6-41所示。

图6-40

图6-41

03 在"描边"面板中设置"配置文件"为"宽度配置文件1"，将均匀粗细的路径转为两头尖中间粗的形态，得到丝绦纹，如图6-42所示。

04 将其整体编组后执行"对象＞路径＞轮廓化描边"菜单命令，将其转为闭合路径，继续执行"对象＞图案＞建立"菜单命令建立图案，设置"拼贴类型"为"砖形（按行）"、"砖形位移"为1/2，如图6-43所示。

图6-42

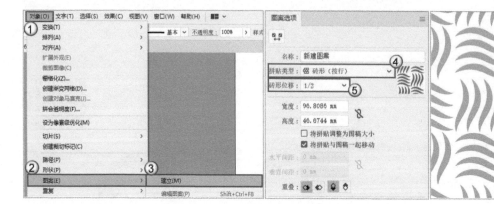

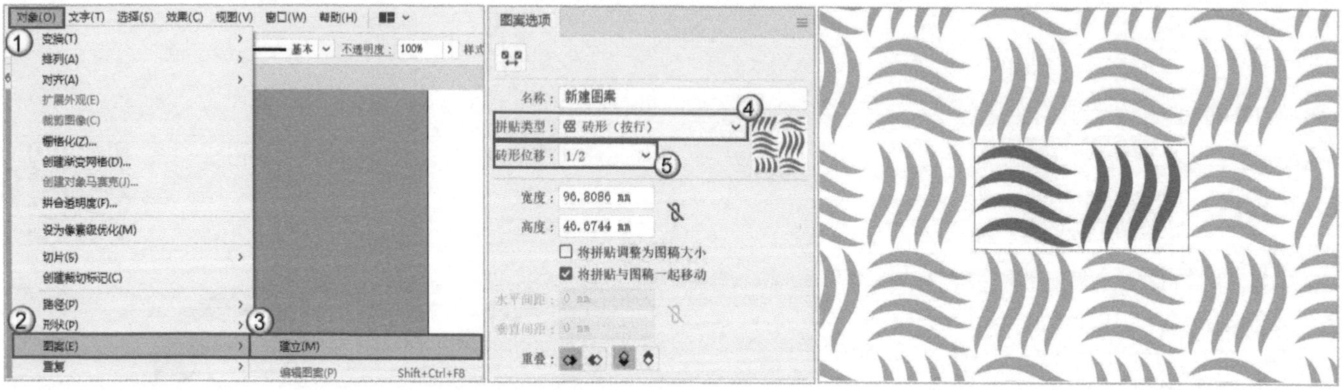

图6-43

05 新建两个200mm×300mm的矩形，在"外观"面板中分别设置"填色"为"新建图案"，单击"添加新填色"按钮 ■ 添加黑色和白色作为底色，如图6-44所示，最终效果如图6-45所示。

图6-44

图6-45

6.2 图案辅助系统

在设计几何图案时可以借助自定义辅助系统构建的框架来辅助设计，以明确对象间尺寸的比例关系、明确放置对象的位置、保证对象移动距离的精准性等。自定义辅助系统有很多种，可以将单个路径转为自定义参考线来作为辅助系统，也可以将基础形状铺平后得到的简单图案作为辅助系统，如正方形、等边三角形和圆形辅助系统。可以将前面学习到的工具结合使用，成倍放大单个工具的作用，寻找到几何图案设计的重要思路。

6.2.1 正方形辅助系统

使用"直线段工具"✏绘制水平和垂直间隔都为10mm的垂直直线段和水平直线段［间隔可为任意值，即此辅助系统的数据单位x，后续设计使用的值（如正方形边长、圆形直径）都需要与x呈倍数关系］，即可得到一个简单的正方形辅助网格，选择网格并使用快捷键Ctrl＋5将其转化为参考线，如图6-46所示。

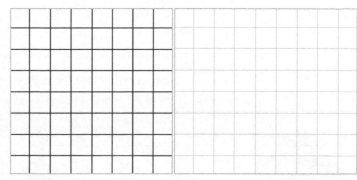

正方形辅助系统可以帮助设计师在横平竖直的方格中寻找到各种几何图形的设计可能性。

图6-46

☞ 棋盘格图案--

在正方形辅助系统中，使用"矩形工具"▢每间隔一个方格绘制一个正方形，制作基础单元组，如图6-47所示。

选择基础单元组，执行"对象＞图案＞建立"菜单命令建立图案，获得棋盘格图案，如图6-48和图6-49所示。

图6-47　　　　　　　　　　　　　　图6-48　　　　　　　　　　　　　　图6-49

☞ 双色三角形图案--

使用"钢笔工具"✎依据正方形辅助系统绘制一个等腰直角三角形，拖曳复制出其他3个等腰直角三角形，分别设置"填色"为黑色和灰色，完成基础单元组的设计，如图6-50所示。

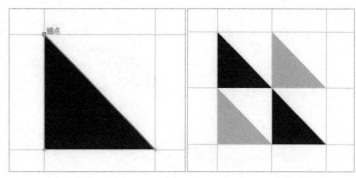

图6-50

选择基础单元组，执行"对象>图案>建立"菜单命令建立图案，获得双色三角形图案，如图6-51和图6-52所示。

图6-51   图6-52

菱形三角图案

使用"钢笔工具" ✎ 依据正方形辅助系统绘制两个灰色等腰直角三角形和一个黑色菱形，完成基础单元组的设计，如图6-53所示。

选择基础单元组，执行"对象>图案>建立"菜单命令建立图案，获得菱形三角图案，如图6-54和图6-55所示。

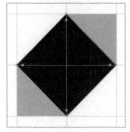
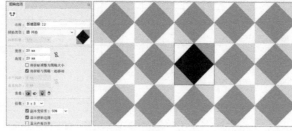

图6-53   图6-54   图6-55

双色平行四边形图案

使用"钢笔工具" ✎ 依据正方形辅助系统绘制一个黑色平行四边形，拖曳复制出第2个平行四边形并设置"填色"为灰色，将其编组后完成基础单元组的设计，如图6-56所示。

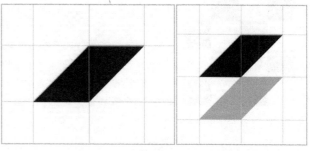

图6-56

选择基础单元组，执行"对象>图案>建立"菜单命令建立图案，获得双色平行四边形图案，如图6-57和图6-58所示。

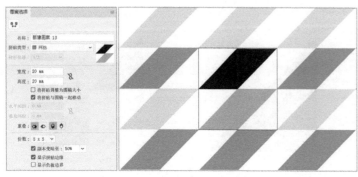

图6-57   图6-58

☞ **拼合复杂双色图案**--

将双色三角形、菱形三角形、双色平行四边形图案放置在一起（可稍作变化），将其编组后形成新的基础单元组，如图6-59所示。

选择基础单元组，执行"对象＞图案＞建立"菜单命令建立图案，获得更加复杂的双色图案，如图6-60和图6-61所示。

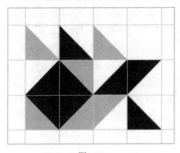

图6-59

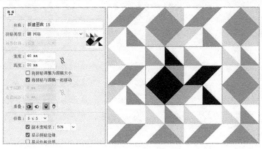

图6-60

图6-61

① **技巧提示**

上述5个图案都使用了默认参数值，各位读者在尝试的过程中可以设置不同的参数值，以获得更多的图案设计。

6.2.2 等边三角形辅助系统

等边三角形辅助系统可以衍生出等边三角形、正六边形、菱形等规整的几何图形。

在制作等边三角形辅助系统时，先绘制一条水平直线段并旋转60°形成斜线段，水平拖曳复制斜线段，间隔10mm，使用数次快捷键Ctrl＋D，通过"再次变换"功能得到一组斜线段，如图6-62所示。

选择所用斜线段并单击鼠标右键，执行"变换＞旋转"命令，在打开的对话框中设置"角度"为60°后单击"复制"按钮，得到第2组斜线段，使用快捷键Ctrl＋D得到第3组斜线段，如图6-63所示。

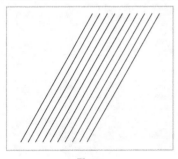

图6-62

图6-63

将第3组斜线段往上移动，保证3组斜线段彼此相交处构成一个个小的等边三角形，使用快捷键Ctrl＋5将其转为参考线，如图6-64所示。

接下来使用该辅助系统来进行基础单元（组）的设计，可以使用快捷键Ctrl＋U打开紫色的智能参考线，辅助绘制落点，对齐辅助系统。

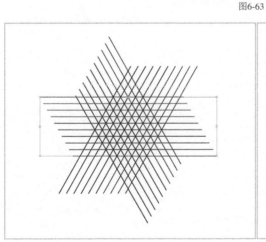

图6-64

☞ 黑色三角形图案

在等边三角形辅助系统中，使用"钢笔工具" ✒️ 绘制一个等边三角形，制作基础单元，如图6-65所示。

执行"对象＞图案＞建立"菜单命令建立图案，得到黑色三角形图案，如图6-66和图6-67所示。

图6-65

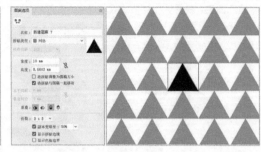
图6-66

图6-67

☞ 双色菱形图案

使用"钢笔工具" ✒️ 依据等边三角形辅助系统绘制一个菱形，拖曳复制第2个菱形并设置"填色"为灰色，将其编组后完成基础单元组的设计，如图6-68所示。

执行"对象＞图案＞建立"菜单命令建立图案，获得双色菱形图案，如图6-69和图6-70所示。

图6-68

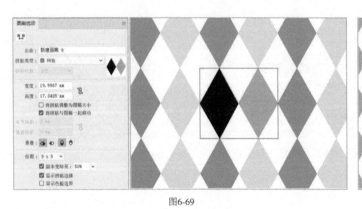
图6-69

图6-70

☞ 立方体图案

使用"钢笔工具" ✒️ 依据等边三角形辅助系统绘制3个菱形，分别设置"填色"为黑色、灰色和浅灰色，将其编组后完成基础单元组的设计，如图6-71所示。

执行"对象＞图案＞建立"菜单命令建立立方体图案，如图6-72和图6-73所示。

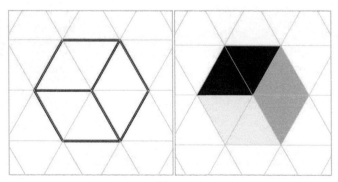
图6-71

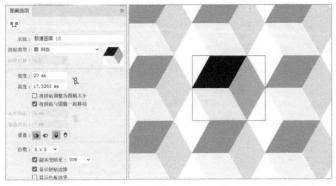

图6-72

图6-73

双色松树图案

绘制一个由3个三角形构成的黑色梯形和一个灰色三角形,将其编组后完成基础单元组的设计,如图6-74所示。

执行"对象＞图案＞建立"菜单命令建立图案,获得类似松树的双色图案,如图6-75和图6-76所示。

图6-74

图6-75

图6-76

拼合复杂双色图案

将多种图案合并,形成新的基础单元组,如图6-77所示。

执行"对象＞图案＞建立"菜单命令建立图案,获得更加复杂的图案,如图6-78和图6-79所示。

图6-77

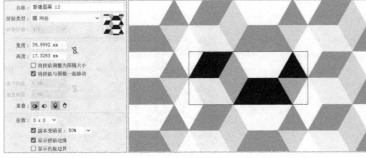

图6-78

图6-79

6.2.3 五圆辅助系统

进行图案设计时除了可以使用直线辅助系统，还可以使用圆形辅助系统。圆形辅助系统中比较常见的有五圆辅助系统和七圆辅助系统，在圆形的相交点上进一步结合横向、纵向、30°、60°的直线段，可以得到变化更加丰富的基础单元（组）。

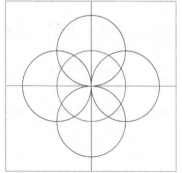

图6-80

在五圆辅助系统中，以x轴、y轴的交点为中心绘制一个圆形，以x轴、y轴与第1个圆形相交的4个交点作为圆心复制移动得到另外4个圆形，得到单个五圆辅助系统，如图6-80所示。

> ② 疑难问答：为什么圆形辅助系统不需要转化为参考线？
>
> 因为涉及各类圆弧，转化为参考线后使用"钢笔工具" 根据参考线绘制各类曲线反而容易产生误差。较佳的方法是运用"实时上色工具" 直接对作为路径存在的圆形辅助系统进行操作后再扩展。而正方形辅助系统和三角形辅助系统中使用"钢笔工具" 绘制的路径都是直线，不存在弧度问题，所以转化为参考线不影响绘制。

👉 花瓣图案---

选择"实时上色工具" ，在五圆辅助系统中单击建立实时上色组，设置部分图形的"填色"为黑色，设置"描边"为无后，执行"对象>扩展"菜单命令将图形转为闭合路径，完成基础单元组的设计，如图6-81所示。

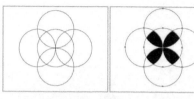

图6-81

执行"对象>图案>建立"菜单命令建立图案，如图6-82和图6-83所示。

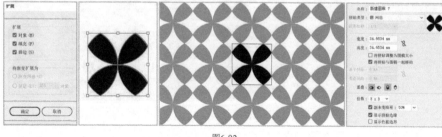

图6-82

图6-83

👉 万花筒图案---

选择"实时上色工具" ，在五圆辅助系统中单击建立实时上色组，使用黑色填充部分图形，设置"描边"为无后，执行"对象>扩展"菜单命令，将图形转为闭合路径，如图6-84所示。

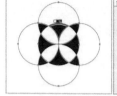

图6-84

执行"对象>图案>建立"菜单命令建立图案，如图6-85和图6-86所示。

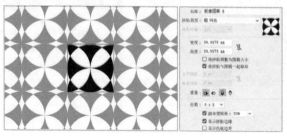

图6-85

图6-86

👉 **螺旋图案**

对增加了*x*轴、*y*轴的五圆进行实时上色，设置"描边"为无后，执行"对象＞扩展"菜单命令，将图形转为闭合路径，如图6-87所示。

使用扩展后的路径对象建立图案，在"图案选项"面板中设置"拼贴类型"为"十六进制（按列）"，获得更复杂的图案，如图6-88和图6-89所示。

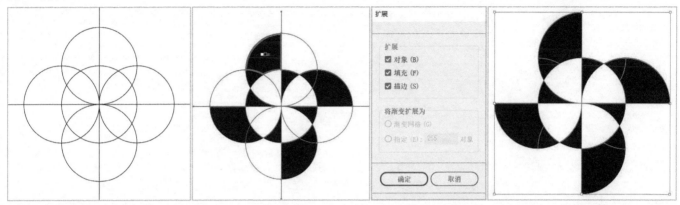

图6-87

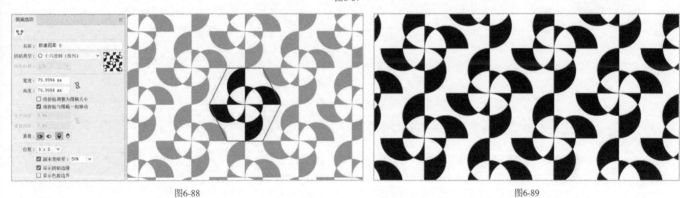

图6-88　　　　　　　　　　　　　　图6-89

◎ **技术专题：五圆辅助系统进阶设计**

单个五圆辅助系统与*x*轴、*y*轴结合，就已经产生了许多变化，若将五圆平铺成辅助网格，再结合直线网格则变化会更加丰富。

首先绘制以20mm为垂直、水平间距的正方形辅助网格，再绘制45°的斜线段并以20mm为间距水平排列形成组，确保45°斜线段过正方形的4个顶点，如图6-90所示。

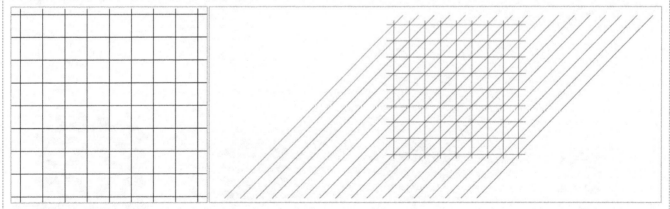

图6-90

然后选择45°斜线段组，垂直镜像复制出第2组斜线段，确保镜像后的45°斜线段也穿过正方形的4个顶点。真正有效的辅助系统即中间的重叠部分，如图6-91所示。

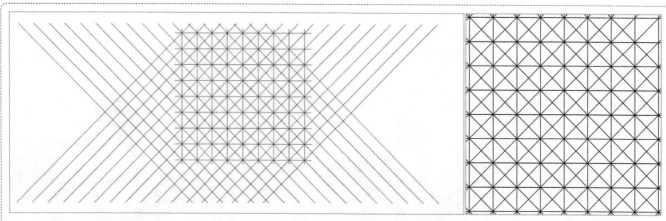

图6-91

最后绘制一行直径为40mm的圆形，确保圆心在水平线和垂直线的交点处、圆形和圆形之间彼此相切（为了看得更清楚，设置直线段网格部分的"描边"为浅灰色），复制出第2行圆形，与第1行圆形交错1/2个圆形排列，选择两行圆形一起垂直向下拖曳复制出剩余行的圆形，如图6-92所示。

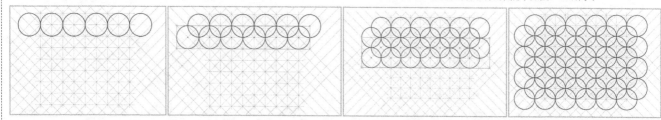

图6-92

这就是一个将五圆平铺后结合水平、垂直和45°直线段得到的五圆进阶辅助系统，如图6-93所示。

在实际运用中，使用"实时上色工具" 单击建立实时上色组，通过选取几何区间形成图形组合，设置"描边"为无，执行"对象>扩展"菜单命令，将图形组合转为闭合路径，完成一个相当复杂的基础单元的设计，执行"对象>图案>建立"菜单命令建立图案，如图6-94和图6-95所示。

这只是五圆辅助系统进阶设计的其中一种可能性，再结合各种配色，实际上该系统包含几乎无穷尽的组合方式，使用辅助系统设计几何图案的优势显而易见。

图6-93

图6-94

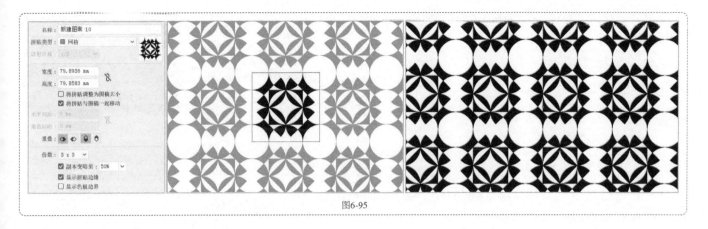

图6-95

6.2.4 七圆辅助系统

七圆就是在五圆的基础上增加两个圆形，除开中心的圆形，其他圆形与圆形之间旋转60°。单个七圆辅助系统可以结合正方形网格进行设计，也可以结合30°间隔的放射线进行设计，如图6-96所示。

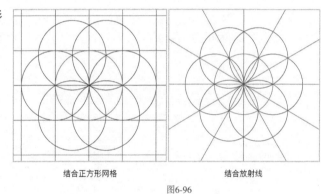

结合正方形网格　　　　　结合放射线

图6-96

八角图案

使用"实时上色工具" 对结合放射线的七圆进行上色后，设置"描边"为无，执行"对象>扩展"菜单命令形成单独的路径，如图6-97所示。

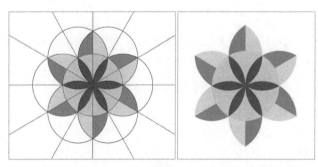

执行"对象>图案>建立"菜单命令建立图案，设置"拼贴类型"为"砖形（按列）"，如图6-98和图6-99所示。

图6-97

图6-98

图6-99

还可以在"外观"面板中添加新的"填色",使用红色作为底色,效果如图6-100所示。

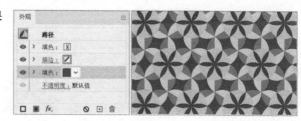

图6-100

☞ 花瓣图案--

使用"实时上色工具" 🐾 对结合放射线的七圆进行上色后,设置"描边"为无,执行"对象>扩展"菜单命令形成单独的路径,并在最中间使用"椭圆工具" ⬭绘制一个圆形作为花蕊,如图6-101所示。

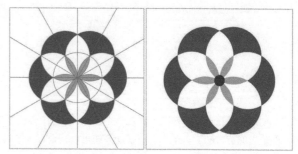

图6-101

执行"对象>图案>建立"菜单命令建立图案,设置"拼贴类型"为"十六进制(按行)",如图6-102和图6-103所示。

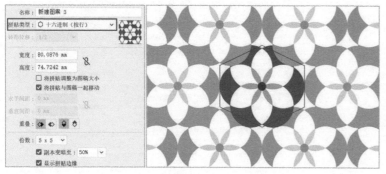

图6-102

图6-103

还可以在"外观"面板中添加新的"填色",使用浅蓝色作为底色,效果如图6-104所示。

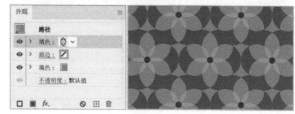

图6-104

◎ 技术专题:七圆辅助系统进阶设计

对圆形进行平铺,使用水平和垂直间隔为20mm的正方形网格来定位,绘制两个直径为40mm的圆形,圆心在正方形网格中垂直线与水平线相交处。向右上方拖曳复制双圆,保证第2组双圆的下方交点位于图中蓝圈标示的交点位置。此时选择四圆并水平拖曳复制,确保下方每个圆形的圆心都位于红线交点处,如图6-105所示。

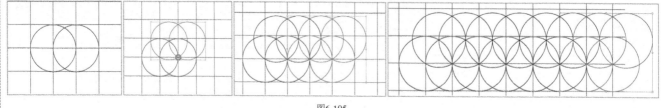

图6-105

选择两行圆形,垂直向下拖曳复制,确保第3行每一个圆形都穿过第2行圆形的圆心(即红线交点),使用快捷键Ctrl+D平辅,删除正方形网格,完成七圆进阶辅助系统的制作,如图6-106所示。

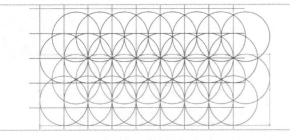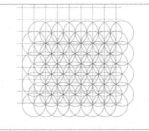

图6-106

实际使用案例1:使用"实时上色工具" 单击建立实时上色组,设置整体"描边"为无后,执行"对象>扩展"菜单命令形成闭合路径,执行"对象>图案>建立"菜单命令建立图案,设置"拼贴类型"为"十六进制(按列)",如图6-107和图6-108所示。

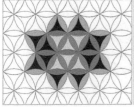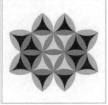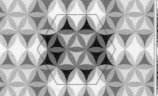

图6-107

图6-108

实际使用案例2:使用"实时上色工具" 单击建立实时上色组,设置整体"描边"为无后,执行"对象>扩展"菜单命令形成闭合路径,执行"对象>图案>建立"菜单命令建立图案,设置"拼贴类型"为"十六进制(按行)",如图6-109和图6-110所示。

图6-109

图6-110

还可以在"外观"面板中添加新的"填色",使用黄色作为底色,效果如图6-111所示。

图6-111

👑 重点

✋ 案例训练：设计儿童积木玩具公司Logo及辅助图形

实例文件	实例文件＞CH06＞案例训练：设计儿童积木玩具公司Logo及辅助图形
素材文件	素材文件＞CH06＞案例训练：设计儿童积木玩具公司Logo及辅助图形
难易程度	★★☆☆☆
技术掌握	等边三角形辅助系统

本案例借用等边三角形辅助系统设计儿童积木玩具公司的Logo及辅助图形，以儿童块状积木作为图形灵感来源，以立方体作为设计元素进行设计，颜色值如图6-112所示，最终效果如图6-113所示。

红色
C:0
M:100
Y:100
K:0

图6-112

图6-113

01 打开"素材文件＞CH06＞案例训练：设计儿童积木玩具公司Logo及辅助图形"文件夹中的"等边三角形辅助系统1.ai"文件，选择等边三角形辅助系统并使用快捷键Ctrl＋5将其转化为参考线，如图6-114所示。

02 在等边三角形辅助系统中使用"钢笔工具" ✏️绘制4个正六边形，使用"直线段工具" ✏️绘制正六边形内的3条直线，构成4个立方体，如图6-115所示。

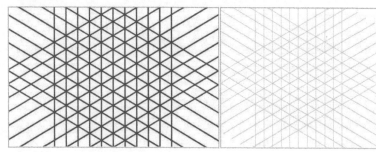

图6-114

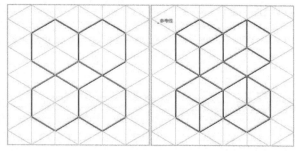

图6-115

03 复制4个立方体并整体编组，设置"粗细"为11pt、"端点"为"圆头端点"、"边角"为"圆角连接"，当白色作为底色时使用红色描边，当红色作为底色时使用白色描边，如图6-116所示。

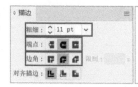

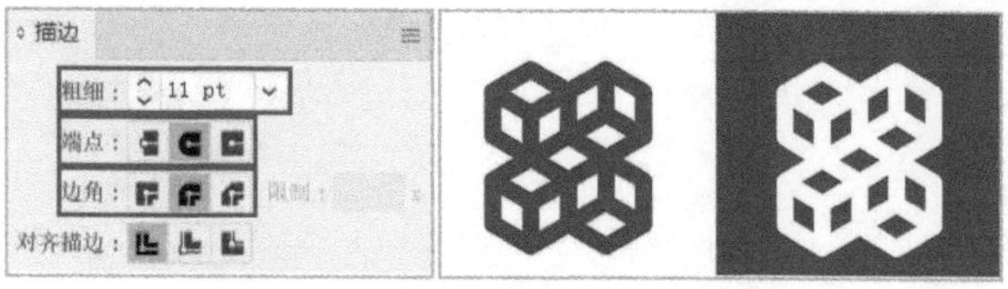

图6-116

04 使用"文字工具"**T**添加Logo文字，设置"字体"为"方正兰亭准黑"、"字体大小"为29pt，如图6-117所示。

05 复制立方体图案，编组后单击鼠标右键，执行"变换＞缩放"命令，在打开的对话框中设置"等比"为200%，单击"确定"按钮，完成缩放，使用快捷键Ctrl＋U打开智能参考线，横向复制出一行立方体，如图6-118所示。

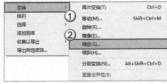

图6-117

图6-118

06 垂直往下拖曳复制得到第2行立方体并向左错位1/2个立方体，与第1行立方体紧紧结合。将两行立方体作为一个整体垂直向下拖曳复制，如图6-119所示。

① **技巧提示**

　　手动复制可以更便捷、准确地将两行立方体结合，不留空隙，使用"图案选项"面板较为费时费力。

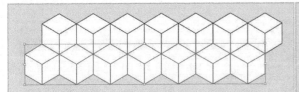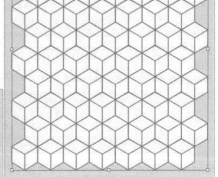

图6-119

07 选择所有立方体并编组，设置"填色"为红色、"描边"为白色、"粗细"为22pt、"端点"为"圆头端点"、"边角"为"圆角连接"，如图6-120所示。

08 将图案复制一份并选择，执行"对象＞路径＞轮廓化描边"菜单命令，将白色粗描边的区域转为闭合路径区域，如图6-121所示。

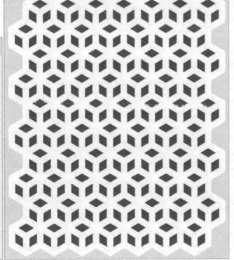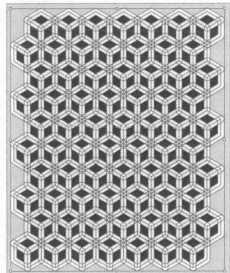

图6-120

图6-121

09 选择轮廓化后的图案，设置"填色"为无、"描边"为红色、"粗细"为2pt，形成新的图案，如图6-122所示。

10 将新图案叠加在步骤07得到的图案上，在"对齐"面板中单击"水平居中对齐"按钮 ▇ 和"垂直居中对齐"按钮 ▇ 对齐两层图案，选择所有图案并编组，如图6-123所示。

11 绘制一个176mm×250mm的矩形，设置"填色"为无、"描边"为无，进入"内部绘图"模式 ◉ 将双层图案嵌入矩形，完成辅助图形的设计，如图6-124所示，最终效果如图6-125所示。

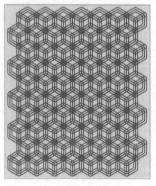
图6-122

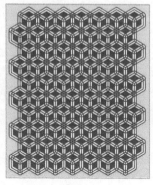
图6-123

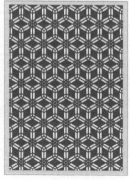
图6-124

图6-125

✋ 案例训练：设计几何感男士手帕

实例文件	实例文件＞CH06＞案例训练：设计几何感男士手帕
素材文件	素材文件＞CH06＞案例训练：设计几何感男士手帕
难易程度	★★☆☆☆
技术掌握	五圆辅助系统

（右上角二维码）扫码看视频

本案例使用五圆辅助系统设计几何感男士手帕，颜色值如图6-126所示，最终效果如图6-127所示。

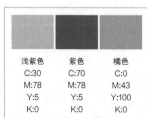

浅紫色	紫色	橘色
C:30	C:70	C:0
M:78	M:78	M:43
Y:5	Y:5	Y:100
K:0	K:0	K:0

图6-126

图6-127

01 打开"素材文件＞CH06＞案例训练：设计几何感男士手帕"文件夹中的"圆形辅助系统2.ai"文件。选择五圆辅助系统，使用"实时上色工具" ▦ 单击五圆辅助系统建立实时上色组，分别设置"填色"为紫色、淡紫色、橘色和白色为图形上色（使用灰色背景，便于观察位置），如图6-128所示。

图6-128

02 设置"描边"为无后,执行"对象>扩展"菜单命令将图形扩展为路径,在"变换"面板中设置"旋转"为45°,将图形转成正方形,基础单元制作完成,如图6-129所示。

03 水平拖曳复制出第2个基础单元,再垂直向下拖曳复制出第3、4个基础单元,形成4×4的基础单元组,手帕的图案设计完成,如图6-130所示。

  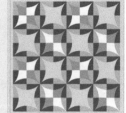

图6-129   图6-130

---

① **技巧提示**

在灰色背景的衬托下,白色部分清晰可见,而灰色部分即图案本身镂空的区域,结合不同的底色会呈现不同的视觉效果。

---

04 绘制一个420mm×420mm的矩形,设置"填色"为淡紫色,将设计的图案放置在紫色矩形上,选择矩形和图案,在"对齐"面板中单击"水平居中对齐"按钮■和"垂直居中对齐"按钮■将两者中心对齐,如图6-131所示。

05 绘制两个420mm×420mm的矩形,设置"填色"为紫色和橘色,将设计的图案放置在两个矩形上,如图6-132所示,最终效果如图6-133所示。

图6-131   图6-132

图6-133

---

① **技巧提示**

因为背景使用了基础单元包含的浅紫色、紫色和橘色,所以即便路径没有任何变化,基础单元里的浅紫色部分也会和浅紫色背景融为一体,紫色部分也会和紫色背景融为一体,橘色部分也会和橘色背景融为一体,视觉上整体设计仿佛产生了变化,一个设计拥有3种视觉效果。

6.3 综合训练营

图案在设计中的运用十分广泛,各类设计分支中都有它的身影。图案是有装饰性的,对设计作品可以起到良好的美化作用,能加强设计感。

👑 重点

◈ 综合训练:设计羽毛球品牌Logo及辅助图形

实例文件	实例文件 > CH06 > 综合训练:设计羽毛球品牌Logo及辅助图形
素材文件	无
难易程度	★★★☆☆
技术掌握	"图案选项"面板的运用

本综合训练使用圆角矩形设计羽毛球品牌的Logo及两组辅助图形,整体设计以简化的羽毛球形象作为切入点,颜色值如图6-134所示,最终效果如图6-135所示。

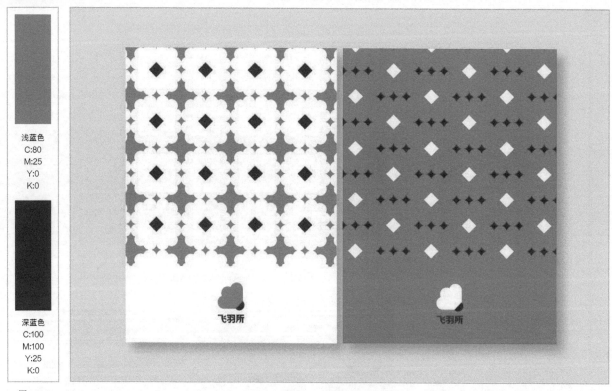

浅蓝色
C:80
M:25
Y:0
K:0

深蓝色
C:100
M:100
Y:25
K:0

图6-134   图6-135

01 新建两个200mm×270mm的画板,绘制一个10mm×20mm的白色矩形,在"变换"面板中设置"圆角半径"为5mm,将矩形转化为圆角矩形(圆角半径为宽度的一半即可),如图6-136所示。

02 绘制一个直径为10mm的深蓝色圆形,在"变换"面板中设置"饼图起点角度"为180°,获得深蓝色半圆,如图6-137所示。

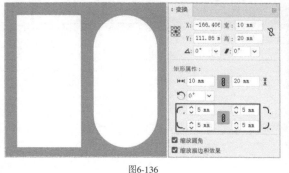

图6-136

图6-137

03 选择白色圆角矩形，单击鼠标右键并执行"变换>旋转"命令旋转45°复制，选择45°白色圆角矩形并旋转45°复制，如图6-138所示。

04 选择3个白色圆角矩形，在"对齐"面板中分别单击"水平右对齐"按钮 █ 和"垂直底对齐"按钮 █。将深蓝色半圆旋转45°后放置在白色圆角矩形的右下方，完成整个羽毛球简化图形的设计，如图6-139所示。

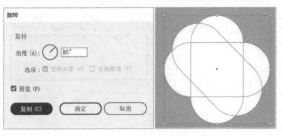
图6-138

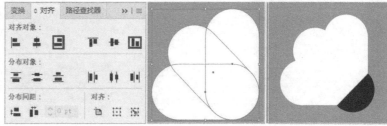
图6-139

05 选择羽毛球并编组，复制一个羽毛球，设置羽毛部分的"填色"为浅蓝色。使用"文字工具" **T** 添加品牌名，设置"字体"为"方正正中黑简体"，Logo制作完成，如图6-140所示。

06 复制Logo中的羽毛球，单击鼠标右键并执行"变换>镜像"命令，垂直复制出第2个对称的羽毛球，选择两个羽毛球并水平镜像复制出另外一对羽毛球，如图6-141所示。

07 将4个羽毛球编组，再次复制得到第2组，设置白色部分的"填色"为浅蓝色、深蓝色部分的"填色"为白色，完成图案白色基础单元和蓝色基础单元的设计，如图6-142所示。

图6-140

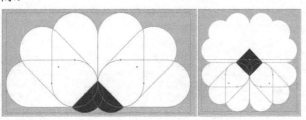
图6-141

图6-142

08 选择白色基础单元，执行"对象>图案>建立"菜单命令获得第1个图案，如图6-143所示。选择蓝色基础单元，执行"对象>图案>建立"菜单命令，设置"拼贴类型"为"十六进制（按列）"，获得第2个图案，如图6-144所示。

图6-143

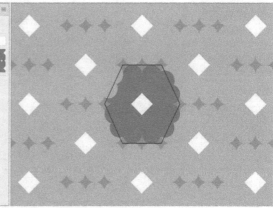
图6-144

09 绘制一个200mm×200mm的矩形并添加第1个图案，在"外观"面板中设置"填色"为浅蓝色作为底色；再绘制一个200mm×70mm的白色矩形放置在图案下方，用于放置Logo，如图6-145所示。

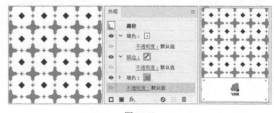
图6-145

10 绘制一个200mm×200mm的矩形并添加第2个图案，在"外观"面板中设置"填色"为深蓝色作为底色；再绘制一个200mm×70mm的浅蓝色矩形放置在图案下方，用于放置Logo，如图6-146所示，最终效果如图6-147所示。

图6-146

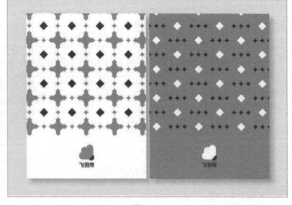

图6-147

👑 重点

◈ 综合训练：设计新店开业邀请函

实例文件	实例文件＞CH06＞综合训练：设计新店开业邀请函
素材文件	素材文件＞CH06＞综合训练：设计新店开业邀请函
难易程度	★★★☆☆
技术掌握	七圆辅助系统

本综合训练借助七圆辅助系统来设计一套新店开业邀请函，颜色值如图6-148所示，最终效果如图6-149所示。

浅绿色
C:25
M:2
Y:22
K:0

墨绿色
C:90
M:30
Y:95
K:30

黄绿色
C:20
M:0
Y:100
K:0

绿色
C:75
M:0
Y:100
K:0

图6-148

图6-149

01 打开"素材文件＞CH06＞综合训练：设计新店开业邀请函"文件夹中的"圆形辅助系统3.ai"文件，其中是一个由两个七圆和放射线组成的图形辅助系统，如图6-150所示。

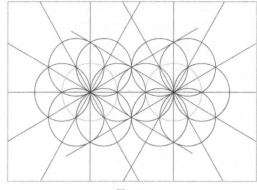

02 使用"实时上色工具" 单击七圆辅助系统建立实时上色组，分别设置"填色"为浅绿色、黄绿色、墨绿色和绿色为图形上色，设置"描边"为无后执行"对象＞扩展"菜单命令得到路径，完成第1个基础单元的制作，如图6-151和图6-152所示。

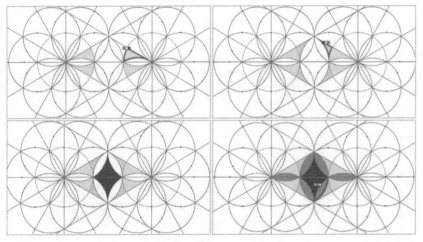

图6-151

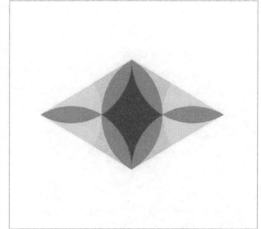

图6-152

03 复制第1个基础单元后使用"直接选择工具" 选择图形区域并修改填色，完成第2个基础单元的制作（为了清楚展示填色的步骤，设置第1个基础单元的"填色"为白色、"描边"为黑色），如图6-153所示。

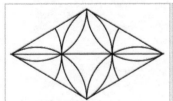  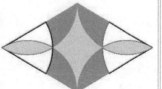 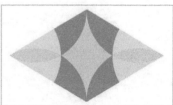

图6-153

04 选择第1个基础单元，执行"对象＞图案＞建立"菜单命令建立图案，设置"拼贴类型"为"砖形（按行）"、"砖形位移"为1/2、"高度"为22mm，使基础单元间保留窄窄的空白区域，如图6-154所示。

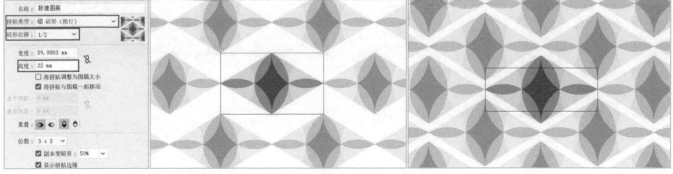

图6-154

05 选择第2个基础单元，执行"对象＞图案＞建立"菜单命令建立图案，设置"拼贴类型"为"砖形（按行）"、"砖形位移"为1/2、"高度"为22mm，使基础单元间保留窄窄的空白区域，如图6-155所示。

图6-155

06 绘制两个200mm×130mm的矩形，分别添加上述两个图案，不添加底色，保留透明部分，效果如图6-156所示。

07 绘制一个170mm×115mm的墨绿色矩形，使用"文字工具" 添加文案并设置"字体"为"汉仪旗黑"，在"段落"面板中单击"全部两端对齐"按钮，设置英文文字的"填色"为白色、中文文字的"填色"为黄绿色，如图6-157所示，最终效果如图6-158所示。

图6-156

图6-157

图6-158

第 7 章 渐变系统

在Illustrator中存在两大色彩运用体系，一个是纯色，另一个是渐变。渐变本质上就是两种及以上颜色间不同程度的混色变化，可以通过"渐变"面板、"网格工具" 和"混合工具" 生成不同类型的渐变效果。

学习重点 🔍

· 掌握"渐变"面板的使用方法   208页   · 了解"网格工具" 的使用方法   216页

· 掌握"混合工具" 的使用方法   219页

学完本章能做什么

运用渐变色进行设计，使用"渐变"面板、"网格工具" 和"混合工具" 来获得各式各样的渐变样式。扩充设计色彩体系，丰富色彩语言，创作更具色彩个性的设计作品。

7.1 "渐变"面板

在"渐变"面板中能够生成的渐变的类型有"线性渐变" 、"径向渐变" 和"任意形状渐变" 3种，如图7-1所示。

图7-1

7.1.1 线性渐变

线性渐变即颜色的变化沿直线呈现，至少需要两种颜色才能产生渐变效果，在实际运用中渐变使用的颜色越多效果越难控制。一些配色的线性渐变（渐变的"角度"皆为0°）如图7-2所示。

打开"渐变"面板，即可看见关于渐变的各种参数设置，如图7-3所示。

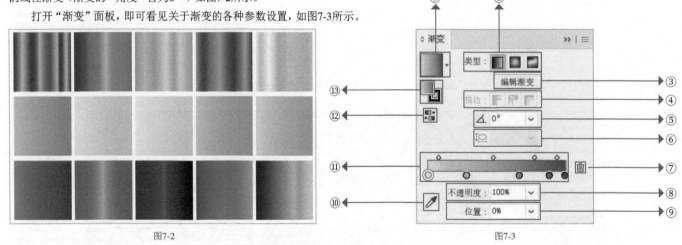

图7-2   图7-3

重要参数详解

①渐变：显示现在正在使用的，或者上次使用过的渐变效果。

②类型：设置渐变的方式，和颜色无关，同一配色可选择"线性渐变""径向渐变""任意形状渐变"。

③编辑渐变：单击后对象上会直接呈现渐变批注，可直接在对象上修改渐变参数，如图7-4所示。

④描边：为描边添加渐变时，可以选择"在描边中应用渐变" 、"沿描边应用渐变" 和"跨描边应用渐变" 3种应用渐变效果，如图7-5所示。一般情况下，描边越粗，赋予描边的渐变效果越明显，描边的渐变可以和填色的渐变结合使用或单独使用。

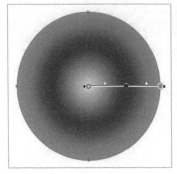

图7-4

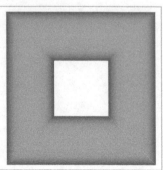

图7-5

⑤角度：选择"线性渐变"时，不同的"角度"可以产生不同的视觉效果，如图7-6所示。选择"径向渐变"时，"角度"一般结合"长宽比"使用，当"长宽比"为100%时，"角度"无效。

⑥长宽比：选择"径向渐变"后针对圆形的长宽比而设，可以通过调整长宽比产生椭圆形的径向渐变，默认"长宽比"为100%。

⑦删除色标🗑：选择不需要的渐变色标后单击"删除色标"按钮🗑即可将其删除。

⑧不透明度：选择某个色标后能够设置色标的不透明度，"不透明度"为100%渐变不透明，降低不透明度可以让和此色标相关的渐变区域产生透明效果。该参数的效果与整体对象的"不透明度"参数效果不同。

⑨位置：选择某个色标后调整它在整个渐变色条上的位置，更加精准地控制色彩的分配比例。

⑩拾色器🖊：选择某个色标，即可使用拾色器选取当前屏幕上的颜色作为此色标的颜色。

⑪渐变色条：由"中点""色标""预览色条"构成。

色标◯：双击打开色板选择颜色，渐变色的变化基于色标的颜色、数量、位置和不透明度，默认左右两个色标的颜色代表线性渐变的起始颜色，可以创建多个色标，如图7-7所示。

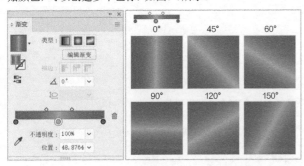

图7-6

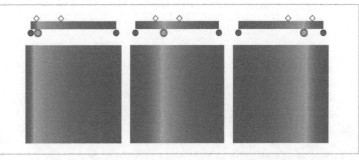

图7-7

中点◇：调整两侧色标的位置（即颜色所占面积），每两个色标间都会存在一个中点，中点无法被复制或删除，如图7-8所示。不同的中点位置会产生不同的渐变效果，某个颜色所占的面积会随中点位置的改变而变大或缩小，如图7-9所示。

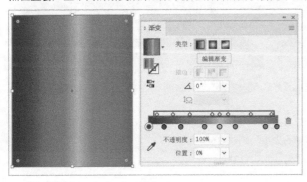

图7-8

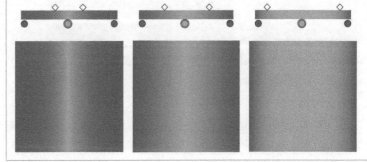

图7-9

⑫反向渐变：单击即可翻转渐变，如图7-10所示。

⑬填色或描边：选择渐变作用于填色或描边上，需要较大的"粗细"参数值才能比较清楚地看到描边渐变效果。

"渐变"面板用来修改渐变效果，另一种更直观的方式是单击"编辑渐变"按钮打开对象上的渐变批注，如图7-11所示，修改渐变效果。

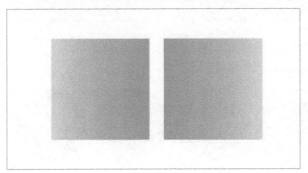

图7-10

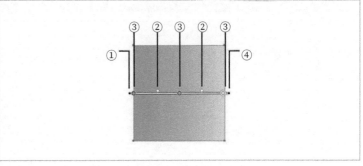

图7-11

重要参数详解

①批注条起点：单击批注条左侧的黑点并使用鼠标拖曳，可以自由移动批注条，如图7-12所示。

②中点：色标与色标之间的中点，可在批注条上自由拖曳移动，控制颜色的过渡效果（可在"渐变"面板中设置）。

③色标：该渐变包含几个颜色，就存在几个色标。可拖曳调整颜色的位置（可在"渐变"面板中设置）。

④批注条终点：将鼠标指针移到批注条右侧的黑点上，当鼠标指针右下角出现方框符号时，可以拖曳黑点调整渐变的大小范围，如图7-13所示。出现旋转箭头符号时，可以旋转整个批注条，即旋转整个渐变。

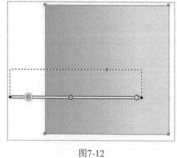 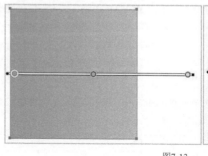 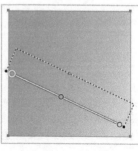

图7-12　　　　　　　　　　图7-13

7.1.2 径向渐变

径向渐变的效果呈放射状，如图7-14所示。当"长宽比"为100%时，径向渐变结合圆形对象可产生球体感，如图7-15所示。

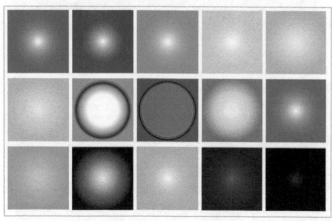 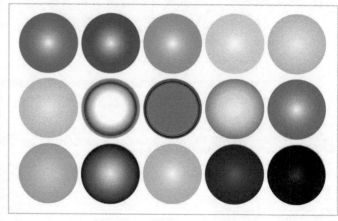

图7-14　　　　　　　　　　图7-15

设置径向渐变的参数能带来许多视觉变化，如改变中点的位置可以控制圆形的大小，如图7-16所示。

结合"长宽比"和"角度"参数，可以将圆形压扁，得到类似星球、彗星的效果，如图7-17所示。

图7-16

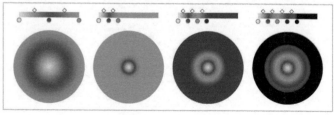

可以增加色标的数量，数量越多，径向渐变中的色环越多，注意色标越多并不等于渐变越精美，如图7-18所示。

图7-17

图7-18

◎ **技术专题：渐变叠加实验**

在实际运用中，"渐变" + "纯色"和"渐变" + "渐变"的叠加可以产生各种视觉效果。例如，使用1、2径向渐变和3、4纯色来进行叠加实验，如图7-19所示。

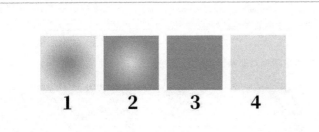

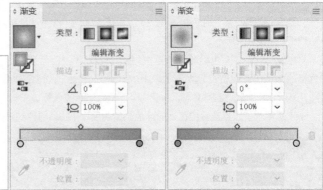

图7-19

第1种：径向渐变圆形叠加径向渐变矩形，相同渐变色和不同渐变色的叠加，效果如图7-20所示。

第2种：径向渐变圆形叠加纯色矩形，叠加效果如图7-21所示。

第3种：纯色圆形叠加径向渐变矩形，叠加效果如图7-22所示。

恰到好处的叠加可以产生朦胧的晕染感，让设计呈现出独特的晕染氛围。

图7-20

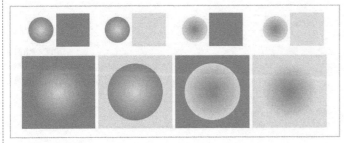

图7-21

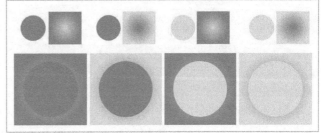

图7-22

7.1.3 任意形状渐变

使用任意形状渐变能够自定义每个色标在对象上的位置，以得到渐变，如图7-23所示。

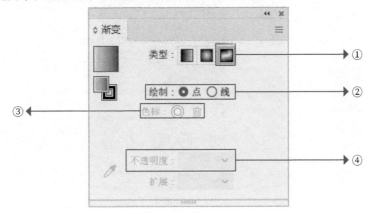

图7-23

重要参数详解

①任意形状渐变▨：单击可以为选择的对象添加任意形状渐变，添加后单击对象的任意位置可以添加新的色标。

②绘制：勾选"点"时色标彼此独立，勾选"线"时将通过绘制的路径添加"色标"，渐变效果会沿着路径，连线后移动任意色标路径会自动修正，如图7-24所示。

③色标：双击任意色标即可打开"颜色""色板""拾色器"面板来设置该色标的颜色。勾选"点"时，可以拖曳虚线调整大小，外圈越大该色标的颜色的影响范围越大，对周围所有颜色的挤压越强烈；外圈越小该色标的颜色的影响范围越小，和周边颜色的过渡越自然、顺滑，如图7-25所示。单击"删除色标"按钮🗑即可删除选择的色标。

④不透明度：设置选择的色标的颜色不透明度，可以局部控制对象的不透明度而非整体图形的不透明度。

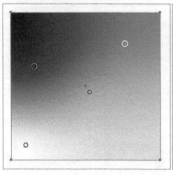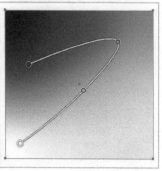

图7-24

图7-25

---

① **技巧提示**

复杂的渐变意味着Illustrator的计算量急剧增加，如果计算机配置略低，不要轻易尝试特别复杂的任意形状渐变。

👑 重点

🖐 案例训练：设计传媒公司Logo

实例文件	实例文件＞CH07＞案例训练：设计传媒公司Logo
素材文件	无
难易程度	★★☆☆☆
技术掌握	径向渐变

本案例使用渐变来绘制传媒公司的Logo，颜色值如图7-26所示，最终效果如图7-27所示。

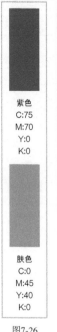

紫色
C:75
M:70
Y:0
K:0

肤色
C:0
M:45
Y:40
K:0

图7-26

图7-27

01 新建一个150mm×150mm的画板，绘制两个直径为65mm的圆形和一个直径为30mm的圆形，添加紫色与肤色的径向渐变，选择第2个圆形，在"渐变"面板中单击"反向渐变"按钮 ⬛ 交换起点和终点的色标，如图7-28所示。

02 进入"内部绘图"模式 ⬤，绘制一个"填色"为无、"描边"为无的任意矩形，将第2个圆形分割为半圆，如图7-29所示。

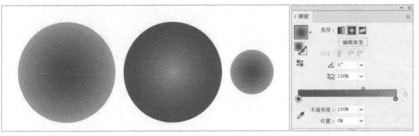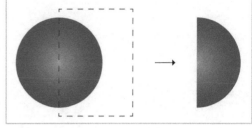

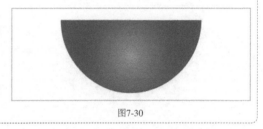

图7-28 图7-29

> ① 技巧提示
>
> 分割时注意不要直接删除圆形的右锚点，形成半圆，渐变的位置会随形状的改变而改变。在"变换"面板中设置"饼图起点角度"为180°，渐变也会随之变化，如图7-30所示。使用"内部绘图"模式 ⬤ 遮盖半个圆形是不易出错的方法。
>
> 图7-30

03 绘制两个45mm×85mm的矩形，分别选择左侧矩形的左上锚点和右侧矩形的右下锚点，使用鼠标拖曳两处圆角符号，将直角转化为圆角，得到双色背景，如图7-31所示。

04 使用第1个圆形叠加第2个半圆，再在中心处叠加小圆，添加双色背景，注意对齐图形的中缝，Logo图形部分制作完成，如图7-32所示。

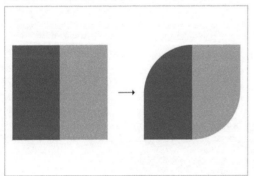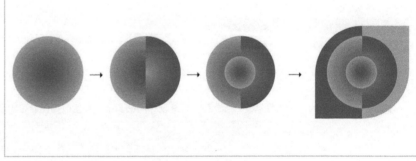

图7-31 图7-32

05 使用"文字工具" ⊤ 拖曳出文本框并输入文字，设置"字体"为Bahnschrift，在"段落"面板中单击"全部两端对齐"按钮 ⬛ 对齐文字，如图7-33所示。

06 绘制一个矩形，添加从紫色到肤色的线性渐变，将该矩形拖曳到"色板"面板中新建渐变色板，将渐变参数保存到"色板"面板中，如图7-34所示。

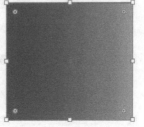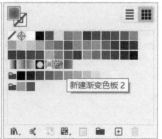

图7-33 图7-34

07 选择文字，在"外观"面板中设置新的"填色"为保存的渐变色板的颜色，将渐变整体添加到文字上，如图7-35所示，最终效果如图7-36所示。

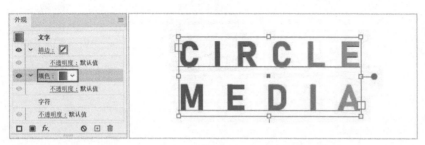

图7-35

图7-36

① 技巧提示

注意此处文字只能用"外观"面板添加渐变，"色板"面板中的渐变无法添加在文本对象上，为文本创建轮廓后使用"色板"面板添加渐变则是针对每个对象分别添加渐变，使用"外观"面板添加渐变则是将所有对象视为一个整体再添加，添加的方式不同，如图7-37所示。

图7-37

🖐 案例训练：设计渐变感图书封面

实例文件	实例文件 > CH07 > 案例训练：设计渐变感图书封面
素材文件	无
难易程度	★★☆☆☆
技术掌握	线性渐变

本案例使用简单的双色线性渐变，结合形状系统设计图书封面，颜色值如图7-38所示，最终效果如图7-39所示。

浅黄色
C:0 M:23
Y:46 K:0

橘色
C:0 M:50
Y:100 K:0

紫色
C:60 M:90
Y:0 K:0

图7-38

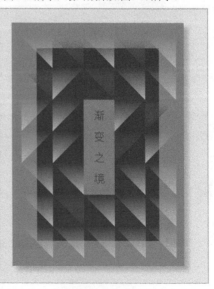

图7-39

01 新建一个200mm×270mm的画板，使用"矩形工具" 绘制两个35mm×35mm的紫色正方形，使用"直接选择工具" ▷ 分别删除左下角和右下角的锚点，形成左右朝向的两个直角三角形，如图7-40所示。

02 复制并组合直角三角形，得到7×5的直角三角形矩阵。绘制一个200mm×270mm的橘色矩形作为底图，如图7-41所示。

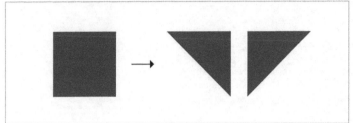

图7-40

图7-41

03 绘制两个10mm×10mm的矩形并分别添加"不透明度"为100%的浅黄色到"不透明度"为0%的浅黄色的渐变，"角度"为90°，如图7-42所示，"不透明度"为100%的紫色到"不透明度"为0%的橘色的渐变，"角度"为90°，如图7-43所示。

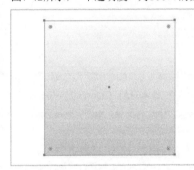

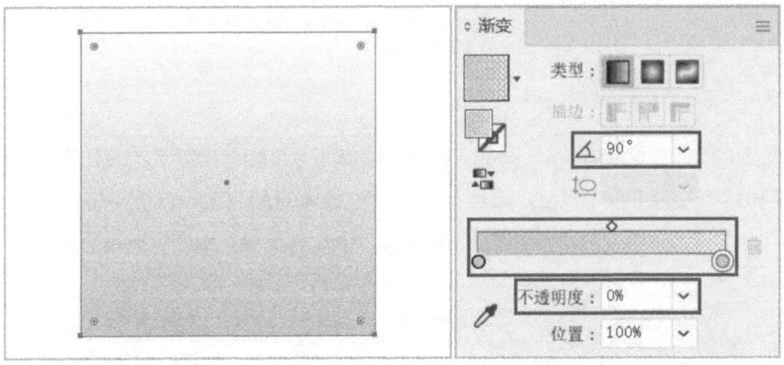

图7-42

图7-43

04 使用"魔棒工具" 选择步骤02中的所有紫色直角三角形，使用"吸管工具" 单击步骤03中的浅黄色渐变矩形吸取渐变，得到的渐变没有角度，需要选择所有浅黄色渐变直角三角形并在"渐变"面板中设置"角度"为90°，如图7-44所示。

05 选择其中几个浅黄色渐变直角三角形，使用"吸管工具" 单击步骤03中的紫色渐变矩形吸取渐变，得到的渐变没有角度，需要选择所有紫色渐变直角三角形并在"渐变"面板中设置"角度"为90°，如图7-45所示。

图7-44

06 使用"直排文字工具" ↓T 输入文字"渐变之境"，设置"字体"为"思源黑体"，在文字下方绘制一个36mm×105mm的紫色矩形作为底图，如图7-46所示。

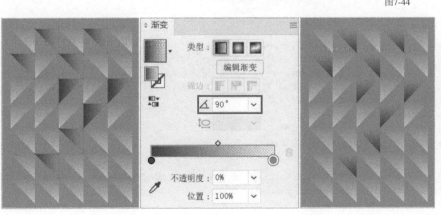

图7-45

图7-46

07 选择橘色矩形，设置"描边"为紫色、"粗细"为80pt、"对齐描边"为"使描边内侧对齐"，如图7-47所示。

08 复制第1个设计，选择背景矩形，使用快捷键Shift＋X互换"填色"和"描边"，设置文字的"填色"为紫色、文字下方矩形的"填色"为橘色，完成第2版设计，如图7-48所示。若要进一步制作展示效果图，可将两版封面置于一个背景色为浅肤色的画板上，为了突出展示，可添加投影效果，最终效果如图7-49所示。

图7-47　　　　　　　　　　　　　图7-48　　　　　　　　　　　　　图7-49

7.2 用"网格工具"生成渐变

　　渐变也可以通过"网格工具"生成，得到的渐变与任意形状渐变中的"点"渐变类似。例如，使用"网格工具"单击矩形内部，就会自动生成以此点为原点的x轴和y轴，还会自动生成9个可改色的点（轴线和矩形交接的4个点处、原点处、矩形对象本身包含的4个端点处），使用"直接选择工具"选择原点（白圈标示），在"色板"面板中改为玫红色，选择上下两边的两个点（黑圈标示）并改为蓝色，如图7-50所示。

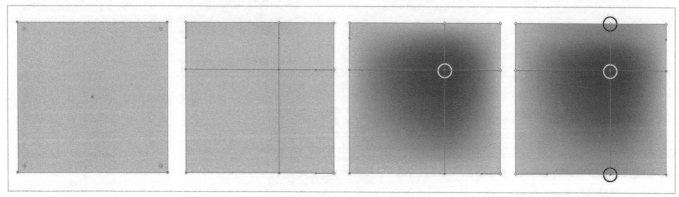

图7-50

　　每个点除了能够设置不同的颜色，其作用等同于一个锚点，自由调整两侧的调节手柄可以调整渐变的形状，如调整原点处的调节手柄可产生不规则渐变，如图7-51所示。

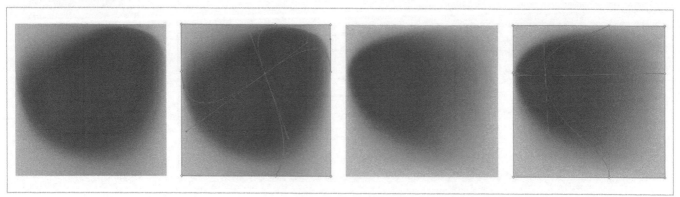

图7-51

再次使用"网格工具"![icon]添加一个原点，生成第2组x轴和y轴，此时就有了16个可改色的点，添加的原点越多，生成的交点就越多，每个点都可以调整调节手柄和颜色，所能产生的渐变效果的可能性就越多，如图7-52所示。使用"直接选择工具"![icon]选择某个点并按Delete键删除，即可删除此点和相连的x轴和y轴。

调整点的调节手柄，挤压渐变形成特殊的视觉效果，如图7-53所示。

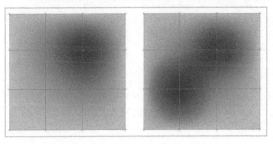

图7-52

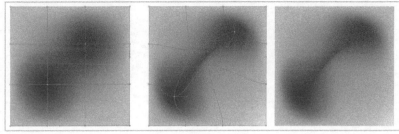

图7-53

👑 重点

👆 **案例训练：制作设计类杂志封面**

实例文件	实例文件＞CH07＞案例训练：制作设计类杂志封面
素材文件	无
难易程度	★★★☆☆
技术掌握	网格工具

扫码看视频

本案例使用"网格工具"![icon]设计一组图案，使用渐变的晕染效果和朦胧感来制作一套杂志封面，颜色值如图7-54所示，最终效果如图7-55所示。

橘色
C:0
M:35
Y:85
K:0

紫色
C:60
M:90
Y:0
K:0

图7-54

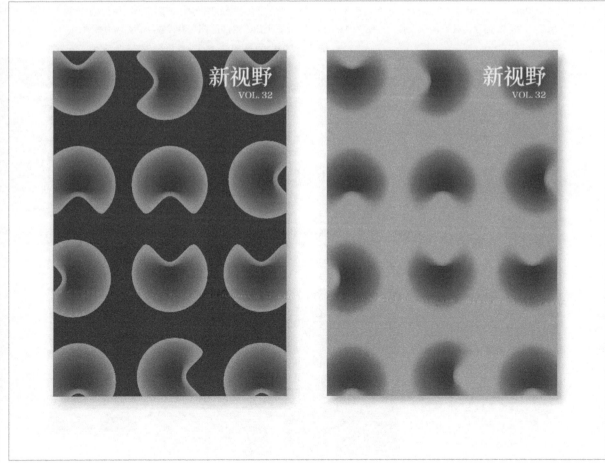

图7-55

01 新建一个230mm×330mm的画板，绘制一个直径为54mm的圆形并设置"填色"为橘色。选择"网格工具" 并在中心点处单击，使用"直接选择工具" 选择中心点，在"色板"面板中单击紫色色板即可生成一个类似从橘色到紫色的径向渐变，如图7-56所示。

02 选择最上方的点，按住Shift键并使用鼠标向下拖曳，可产生橘色挤压紫色后的特殊渐变效果，如图7-57所示。

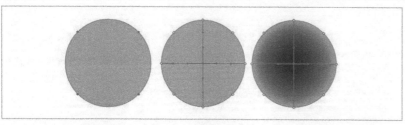

图7-56

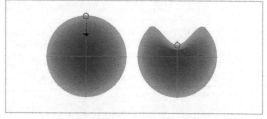

图7-57

① 技巧提示

若使用"渐变"面板直接添加相同配色的径向渐变，拖曳顶部锚点后无法得到颜色和颜色之间挤压的渐变效果，如图7-58所示。

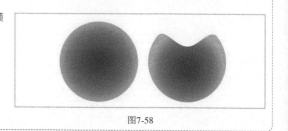

图7-58

03 将步骤02中得到的图形平铺成4×3的矩阵，逆时针或顺时针旋转其中的部分图形，让图案产生变化，选择所有图形后编组，封面图形部分制作完成，如图7-59所示。

04 绘制一个230mm×330mm的紫色矩形，进入"内部绘图"模式 ，将在步骤03中制作的封面图形嵌入紫色矩形，单击鼠标右键并执行"变换＞缩放"命令，在打开的对话框中设置"等比"为140%，完成后退出"内部绘图"模式 ，如图7-60所示。

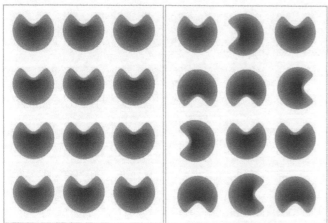

图7-59

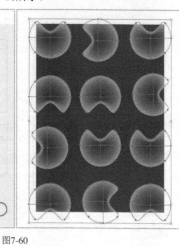

图7-60

05 使用"文字工具" 添加文字"新视野"和"VOL.32"，设置"字体"为"方正颜宋简体"，将文字放置在图形的右上角，杂志封面制作完成，如图7-61所示。

06 复制一份杂志封面，将紫色矩形改为橘色，因为内部图形有从橘色到紫色的渐变，所以边缘处的橘色会和矩形的橘色融为一体，形成朦胧的晕染效果，如图7-62所示，最终效果如图7-63所示。

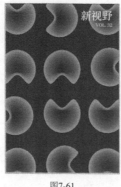

图7-61

图7-62

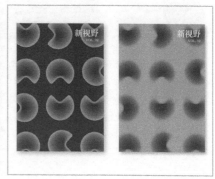

图7-63

7.3 用"混合工具"生成渐变

"混合工具" 🔧 的核心作用就是过渡，让两个及以上对象间产生自然平滑的颜色和形状的过渡变化。虽然"混合工具" 🔧 的参数设置对话框非常精简，但是任意图形和线条都能在它的作用下，配合设计者本身良好的色感和图形感，产生许多绚丽、梦幻的视觉效果和立体感。

7.3.1 混合的基础概念

使用"混合工具" 🔧 需要至少两个对象分别作为混合的起始对象和终止对象，选择对象后执行"对象>混合>建立"菜单命令建立混合，设置混合的各参数获得预期效果后扩展，如图7-64所示。

"混合"子菜单中包含"建立""释放""混合选项""扩展""替换混合轴""反向混合轴""反向堆叠"7个命令，如图7-65所示。

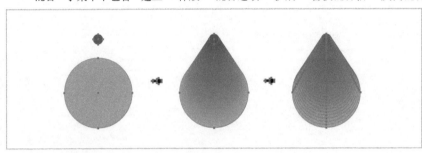

图7-64

图7-65

重要参数详解

建立：选择两个对象后执行"对象>混合>建立"菜单命令或使用快捷键Alt＋Ctrl＋B建立混合，还可以使用"混合工具" 🔧 在需要建立混合的两个对象上单击建立混合，单击的第1个对象为混合的起始对象，单击的第2个对象为混合的终止对象。若需要针对多个对象建立混合，按顺序依次单击各个对象即可。

释放：若要撤销两个对象间的混合，选中对象，执行"对象>混合>释放"菜单命令或使用快捷键Alt＋Shift＋Ctrl＋B，即可回归最初的状态。

混合选项：建立混合后，执行"对象>混合>混合选项"菜单命令打开"混合选项"对话框。

间距：选择"平滑颜色"，主要针对颜色进行混合；选择"指定的步数"，在右侧输入步数，如70，即从起始对象到终止对象混合过渡70步；选择"指定的距离"，在右侧输入距离，如1mm，即从起始对象到终止对象每隔1mm混合一次，如果两个对象间有3cm的间距，就是30步，如图7-66所示。

图7-66

扩展：将混合产生的所有中间对象全部扩展成可操作对象，扩展后能够进一步设置这些对象的外观参数，只是无法再调整各类混合参数。

替换混合轴：混合轴是初始对象和终止对象间的路径，Illustrator会沿着这条路径完成混合。默认产生的混合轴都是直线（即两个对象间的最短路径），可以使用替换混合轴将原本的直线路径换为其他路径。

反向混合轴：用于翻转混合结果，与"变换"子菜单中的"镜像"效果类似。

反向堆叠：默认初始对象在最下层，终止对象在最上层，执行"对象>混合>反向堆叠"菜单命令以相反的顺序排列。

7.3.2 混合的分类

按照对象的不同，可以将混合分为3种类型。

第1种： 形状和颜色的混合。混合的常规分类，即对颜色的过渡和对形状的过渡，如图7-67所示。

第2种： 描边与填色的混合。对轮廓（线条）的过渡和对整个区间（色块）的过渡，如图7-68所示。

图7-67

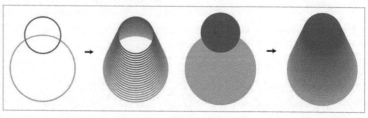

图7-68

第3种： 个体与群组的混合。对单个对象的过渡，或者对包含多个对象的群组的过渡。

> ① 技巧提示
>
> 在实际操作时，很多类别都是叠加的。制作颜色混合时往往一并带上了形状的混合，制作群组对象的混合时也带上了颜色、描边的混合等，分类只是从不同的角度去分析"混合工具" 🗐。

7.3.3 颜色和形状的混合

颜色的混合即不同颜色的起始对象与终止对象产生的混合，不通过"渐变"面板也能呈现漂亮的渐变效果。如果使用带渐变的对象来进行混合，有时反而没有效果，如图7-69所示。

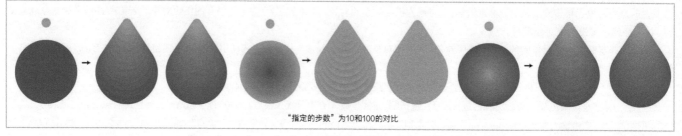

"指定的步数"为10和100的对比

图7-69

形状的混合即不同形状（大小）的起始对象与终止对象产生的混合，如图7-70所示。

在实际操作中，形状（大小）和颜色一般一起进行混合，如图7-71所示。

"指定的步数"为10和100的对比

图7-70

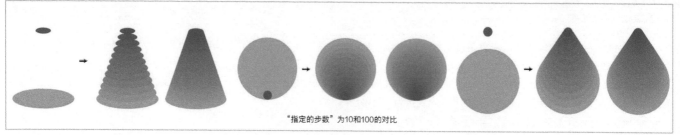

"指定的步数"为10和100的对比

图7-71

除了两个对象，还可以针对多个对象的形状（大小）和颜色来进行混合，如图7-72所示。

图7-72

◎ 技术专题：设计渐变感混合图形和文字

在设计带有朦胧美感的图形时，使用"混合工具"生成渐变后也可以叠加与起始对象或终止对象同色的背景，同色叠加会呈现渐隐效果，营造出朦胧美感，如图7-73所示。

对由多个对象建立的混合也可以使用同样的方法，如使用混合对象包含的浅粉色、粉色和肉粉色3种颜色作为背景色，可以营造出部分渐隐的朦胧效果，如图7-74所示。

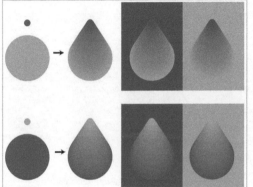

图7-73

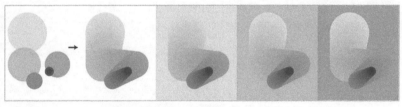

图7-74

在设计渐变感混合文字时，使用"钢笔工具"或"铅笔工具"绘制一条光滑、流畅的文字路径。

分别绘制蓝色和肤色的圆形，建立混合后形成从蓝色到肤色渐变的混合色条，如图7-75所示。选择手写英文路径和混合色条，执行"对象 > 混合 > 替换混合轴"菜单命令，混合色条就会被添加到手写的英文路径之上，制作出带有渐变效果的手写字，如图7-76所示。

还可以使用"直接选择工具"选择末端的蓝色小圆，按E键打开变换框，按住Shift键并使用鼠标拖曳将其等比例放大，混合效果也会随之更改，如图7-77所示。

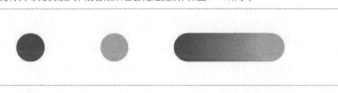

图7-75

"指定的步数"为100和600的对比

图7-76

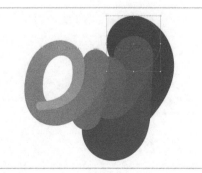

图7-77

7.3.4 描边的混合

当混合的起始对象和终止对象的"填色"为无,只保留"描边"参数时,就能混合出线条感强烈的图形。

不同粗细的描边和步数会产生不同的视觉效果。细线混合的图形自带纤细、精致的美感,而步数越多,线条则越密集,过于密集的线条效果与纯色混合效果类似,过于疏散的线条则会显得松垮,需要不断调试以得到合适的混合效果,如图7-78所示。

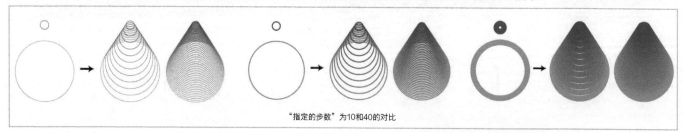

图7-78

选择描边混合生成的图形,双击进入隔离模式,可以移动起始对象或终止对象来改变混合效果,如图7-79所示。

还可以对不规则的描边对象进行混合,如图7-80所示。双击进入隔离模式,选中中间的肤色对象,按E键打开变换框,通过旋转、放大或缩小操作创作不同的混合效果,如图7-81所示。

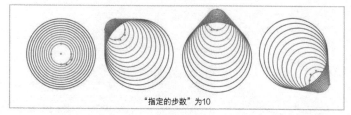

图7-79

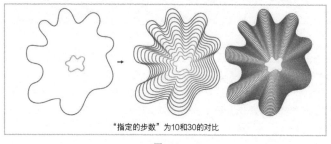

图7-80

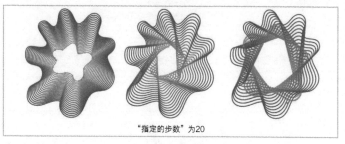

图7-81

7.3.5 组的混合

组的混合就是对多个图形进行编组,将组作为起始对象和终止对象来进行混合。

制作一个浅蓝色点阵,将其编组后复制得到第2个点阵并设置"填色"为深蓝色,将第2个点阵等比缩小后放置在浅蓝色点阵的后一层,如图7-82所示。

选择"混合工具" ,分别单击浅蓝色点阵和深蓝色点阵建立混合,效果如图7-83所示。双击进入隔离模式,设置深蓝色点阵的"填色"为白色,在白色背景上就能产生渐隐效果,如图7-84所示。

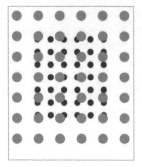

图7-82

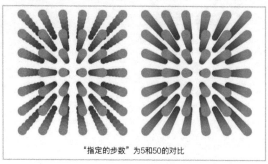

图7-83

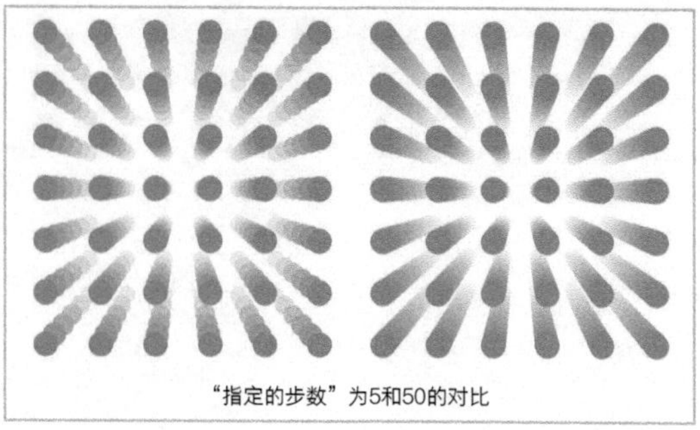

图7-84

⑦ 疑难问答：完成混合后可以移动混合中的对象吗？

可以，移动混合中的对象和移动正常对象没有区别，并且混合效果会随对象的移动而改变。可以通过两种方法移动混合中的对象。

第1种方法：双击混合图形，进入隔离模式，使用"选择工具" ▶ 选择对象并直接移动，混合效果会实时更新，完成后退出隔离模式即可，如图7-85所示。

第2种方法：不进入隔离模式，使用"直接选择工具" ▷ 选择对象并移动对象或其中的锚点，混合效果会随操作实时更新，如图7-86所示。

另外，使用多个对象建立的混合，还可以同时选中多个对象一起移动，图7-87所示是同时选中两个混合对象一起移动前后的效果。

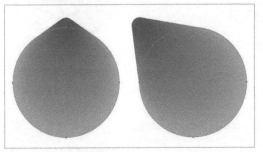
图7-85

图7-86

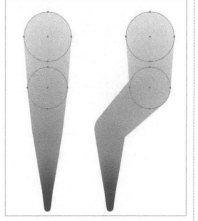
图7-87

🖐 案例训练：制作哲学讲座宣传海报

实例文件	实例文件＞CH07＞案例训练：制作哲学讲座宣传海报
素材文件	无
难易程度	★★☆☆☆
技术掌握	混合工具

本案例使用"混合工具" 🍥 设计一套海报，颜色值如图7-88所示，最终效果如图7-89所示。

暗红色
C:27
M:78
Y:60
K:0

蓝色
C:79
M:58
Y:0
K:0

深蓝色
C:100
M:100
Y:60
K:20

图7-88

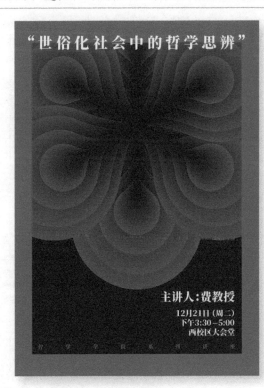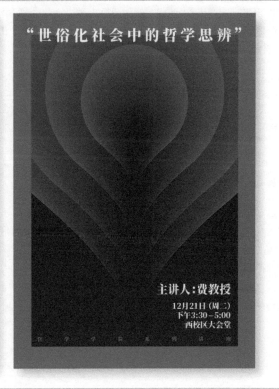
图7-89

01 新建两个A4大小的画板，绘制一个直径为40mm的暗红色圆形和一个直径为7mm的深蓝色圆形，选择两个圆形，在"对齐"面板中单击"水平居中对齐"按钮🔳，让它们的中心位于一条垂直线上，如图7-90所示。

02 使用"直接选择工具"▷选择小圆下方的锚点，按住Shift键并向下拖曳，将小圆转化为瓜子形状，如图7-91所示。

03 选择"混合工具"🔗，分别单击小圆和大圆建立混合，设置"间距"为"平滑颜色"，完成花瓣的设计，如图7-92所示。

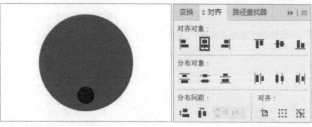

图7-90　　　　　　　　　图7-91　　　　　　　　图7-92

04 选择花瓣并单击鼠标右键，执行"变换>缩放"命令，在打开的对话框中分别设置"等比"为170%、140%和60%，复制得到另外3个花瓣，如图7-93所示。

05 选择所有花瓣，在"对齐"面板中单击"水平居中对齐"按钮🔳和"垂直居中对齐"按钮🔳，将所有花瓣编组后基础单元设计完成，如图7-94所示。

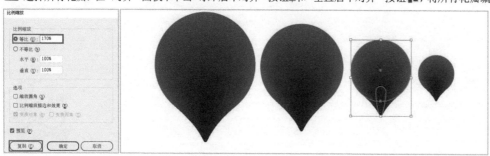

图7-93　　　　　　　　　　　　　　　　　图7-94

06 复制基础单元并单击鼠标右键，执行"变换>镜像"命令，水平翻转复制基础单元，使两个基础单元相连，选择两个基础单元并编组，如图7-95所示。

07 选择图形并单击鼠标右键，执行"变换>旋转"命令，在打开的对话框中设置"角度"为60°后复制得到第2组图形，使用快捷键Ctrl＋D变换得到第3组图形，3组图形形成一朵六瓣花，如图7-96所示。

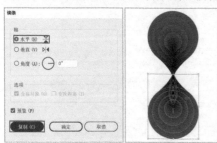

图7-95　　　　　　　　　　　　图7-96

08 将所有图形编组。绘制一个A4大小的蓝色矩形作为背景，绘制一个180mm×260mm的深蓝色矩形，进入"内部绘图"模式🔘，复制步骤07中制作的花朵，将其粘贴嵌入矩形，如图7-97所示。

09 使用鼠标右键单击花朵并执行"变换>缩放"命令，在打开的对话框中设置"等比"为170%。使用"文字工具"🅣添加文案，设置"字体"为"思源宋体"，如图7-98所示。

图7-97　　　　　　　图7-98

10 复制一份制作完成的海报，复制步骤05中设计的基础单元，双击进入深蓝色矩形的隔离模式，删除六瓣花并粘贴基础单元，将基础单元等比放大到原大小的400%后放置在矩形对称线上，如图7-99所示，最终效果如图7-100所示。

图7-99

图7-100

7.4 综合训练营

渐变在所有的设计领域中都可以使用，纯色和渐变本就是可以随时互换的色彩形式，它们的本质都是为路径填色，只是表现形式和风格不同而已。任何使用纯色设计的作品都可以通过添加渐变来获得全新的视觉效果。

👑 重点

⊗ 综合训练：设计渐变毕业展海报

实例文件	实例文件＞CH07＞综合训练：设计渐变毕业展海报
素材文件	无
难易程度	★★★☆☆
技术掌握	线性渐变

扫码看视频

本综合训练使用线性渐变和几何图形设计简约海报，颜色值如图7-101所示，最终效果如图7-102所示。

橘色
C:0
M:50
Y:100
K:0

紫色
C:60
M:90
Y:0
K:0

图7-101

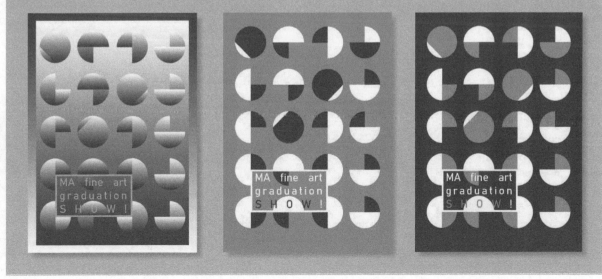

图7-102

01 新建一个196mm×270mm大小的画板，绘制一个与画板大小相同的橘色矩形作为背景，绘制4个直径为36mm的深紫色圆形和4个直径为36mm
的白色圆形，4个白色圆形各
删除上下左右的锚点形成4个
不同朝向的半圆，并和紫色
圆形叠加在一起，形成4种图
形组合，如图7-103所示。

02 将4种图形组合依次横
向摆放成一行，向下拖曳复
制得到另外4行形成矩阵。
使用"直接选择工具" ▷选
择每种组合中的白色半圆或
紫色圆形的某一个锚点进行
删除，制作不规则的画面效
果，如图7-104所示。

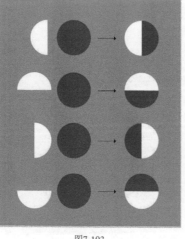

图7-103　　　　　　　　　　　　图7-104

03 选择所有白色对象、紫色对象和背景并添加渐变，在"渐变"面板设置"类型"为"线性渐变"、"角度"为90°（背景渐变的角度为-90°），
紫色向白色的渐变会产生浮雕效果，如图7-105所示。

04 绘制一个175mm×245mm的矩形并添加相同的渐变，在"渐变"面板中设置"角度"为90°，将其放置在背景的上层，和背景的-90°渐
变形成对比，如图7-106所示。

05 使用"文字工具" T添加文案，设置"字体"为Bahnschrift，绘制一个"填色"为无、"描边"为橘色的矩形外框包围文字，完成海报的制
作，如图7-107所示。

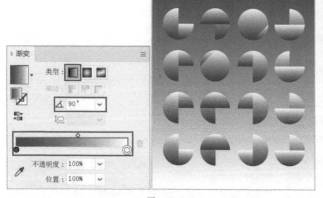

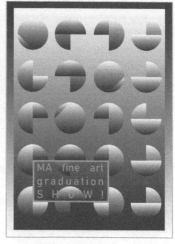

图7-105　　　　　　　　　　图7-106　　　　　　　　　　图7-107

06 设计时也可以使用纯色，纯色设计和渐变设计有着巨大的视觉差异，如图7-108所示，最终效果如图7-109所示。

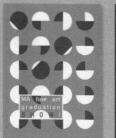

图7-108　　　　　　　　　　　　　　　　图7-109

⬦ 综合训练：设计音乐表演活动海报

实例文件	实例文件 > CH07 > 综合训练：设计音乐表演活动海报
素材文件	无
难易程度	★★★☆☆
技术掌握	混合工具

本综合训练使用"混合工具" ▟ 绘制一张音乐表演活动海报，颜色值如图7-110所示，最终效果如图7-111所示。

红色
C:0
M:100
Y:100
K:0

图7-110   图7-111

01 新建一个420mm×570mm的画板，绘制一个与画板大小相等的白色矩形作为背景。使用"文字工具" **T** 输入文案，设置"字体"为 Bahnschrift，单击鼠标右键并执行"创建轮廓"命令，将文字转为路径，在"路径查找器"面板中单击"联集"按钮 ▟ 合并路径，效果如图7-112所示。

02 设置文字的"填色"为白色、"描边"为红色、"粗细"为1pt，选择文字并单击鼠标右键，执行"取消编组"命令，使用"选择工具" ▶ 选择并拖曳各字母到左右两侧，如图7-113所示。

03 复制文字并调整好文字的位置，设置"填色"为红色、"描边"为无，将其作为备份放置于一旁，如图7-114所示。

图7-112   图7-113   图7-114

04 选择"混合工具" ，分别单击S和T两个字母建立混合，执行"对象>混合>混合选项"菜单命令，在打开的对话框中设置"间距"为"指定的步数"、值为"70"，如图7-115和图7-116所示。

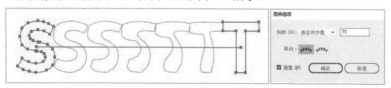
图7-115

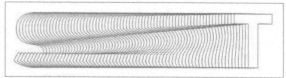
图7-116

05 继续使用"混合工具" 单击字母H和I、O和M、W和E，分别在"混合选项"对话框中设置"间距"为"指定的步数"、值为"70"，将备份的红色字母摆放在混合对象上方，如图7-117所示。

06 使用"直接选择工具" 选择第1行的混合轴，使用"添加锚点工具" 在混合轴上添加两个锚点，分别选择锚点并向下拖曳，混合效果会随混合轴的变化而自动变化，效果如图7-118所示。

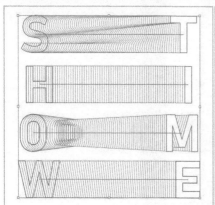

图7-117

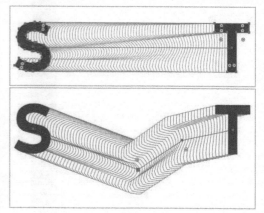
图7-118

07 使用"添加锚点工具" 在4组混合文字的混合轴上添加锚点，并使用"直接选择工具" 向下拖曳锚点，改变混合轴的形态，如图7-119所示。使用"文字工具" 添加文案，设置"字体"为Bahnschrift，最终效果如图7-120所示。

> ① 技巧提示
>
> 可以使用"替换混合轴"命令调整混合轴，也可以将原始混合轴看作路径，使用"钢笔工具" 在其上添加、删除、转换锚点，再通过"直接选择工具" 拖曳锚点，手动调整混合轴的形态来获得新的混合结果。

图7-119

图7-120

① 技巧提示

② 疑难问答

◎ 技术专题

第 8 章 文字与排版系统

文字与排版系统就是文字工具组、"段落"面板和版式设计的集合体，文字和图形构成了设计的两大视觉语言体系。在熟悉文字的输入操作后，本章将介绍字形设计和版式设计，帮助设计师丰富设计语言。

学习重点 🔍

学完本章能做什么

熟练运用文字工具组、"字符"面板与"段落"面板展开单页及多页的版式设计，并通过各种方式对现有字体的字形进行加工。理解文字在传达信息中的重要作用并能有效处理设计作品中文字与图像的关系。

8.1 字符与段落基础

字符和段落是Illustrator文字体系中的基础概念，在制作海报、Logo、包装和图书等内容时都会涉及。

8.1.1 创建文字

图8-1

使用鼠标右键单击"文字工具" T 打开文字工具组，其中包含"文字工具" T 、"区域文字工具" 、"路径文字工具" 、"直排文字工具" T（点文字）、"直排区域文字工具" （区域文字）、"直排路径文字工具" （路径文字）和"修饰文字工具" ，如图8-1所示。

☞ 文字工具/直排文字工具---

使用"文字工具" T 和"直排文字工具" T 创建的文字属于点文字，使用"文字工具" T 在画板的任意位置单击，即可开始输入文字，文字不会自动换行，如图8-2所示。如果需要换行，可以按Enter键手动换行，如图8-3所示。

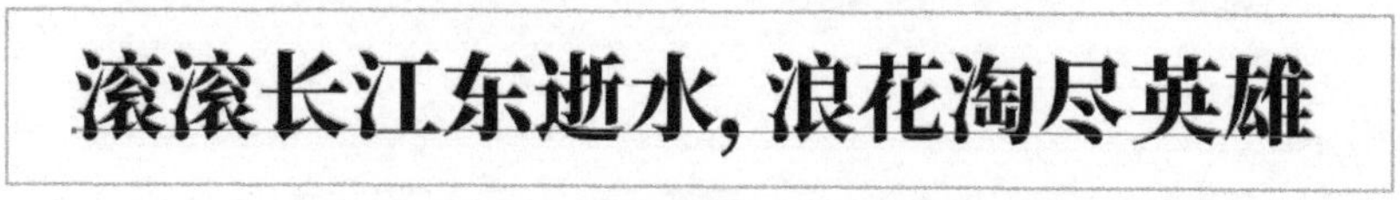

滚滚长江东逝水，浪花淘尽英雄

图8-2

滚滚长江东逝水，
浪花淘尽英雄

图8-3

输入文字时，拖曳可得到一个矩形的文本框，输入的文字就会在文本框内排列，文字遇到文本框的边界会自动换行，如图8-4所示，文字超出下方边界会被"吞没"。

文字太多超出文本框时，文本框右下角会出现一个红色的溢出符号 ，以提醒设计师文字溢出，如图8-5所示。需要使用"选择工具" 调整文本框的大小，确保所有文字正常显示，如图8-6所示。

滚滚长江东逝水，浪花淘尽英雄。是非成败转头空

图8-4

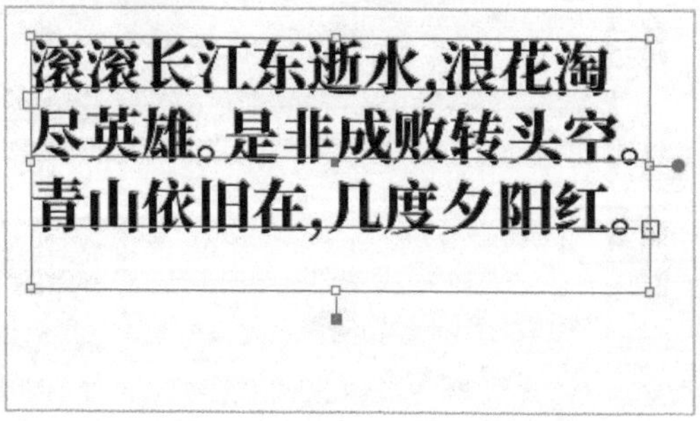

滚滚长江东逝水，浪花淘尽英雄。是非成败转头空。青山依旧在，几度夕阳红

图8-5

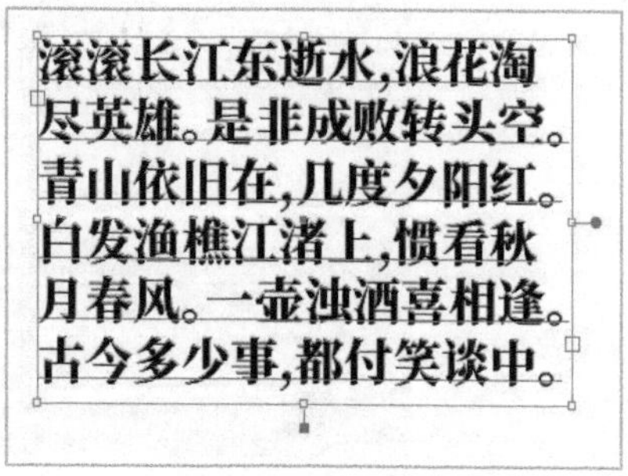

滚滚长江东逝水，浪花淘尽英雄。是非成败转头空。青山依旧在，几度夕阳红。白发渔樵江渚上，惯看秋月春风。一壶浊酒喜相逢。古今多少事，都付笑谈中

图8-6

如果溢出的文字特别多，可以双击溢出符号 ，将溢出的文字接到第2个文本框内。若仍然存在溢出情况，继续调整文本框的大小或再次双击溢出符号 ，将文字串接到第3个文本框中，如图8-7所示。串接在一起的文本框并非独立存在，而是彼此相连，删除、增加文本框内的文字，或者调整文本框的大小，剩下的文本框内的文字也会随之变动。

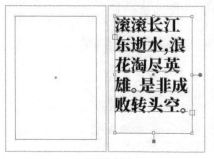

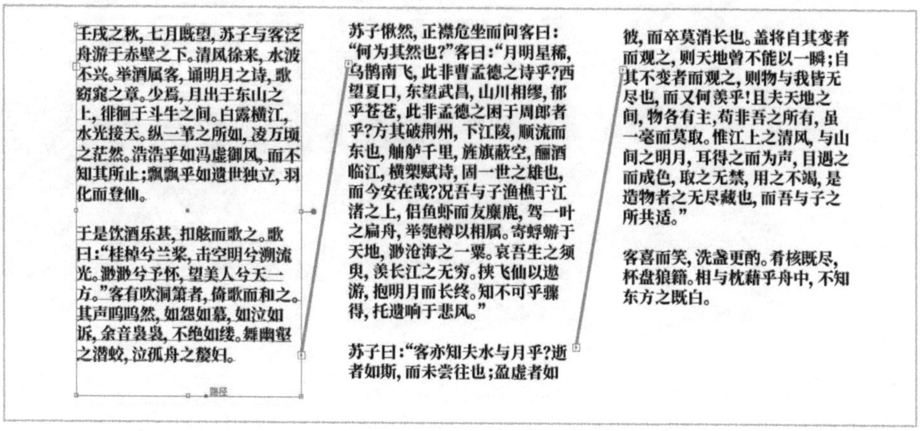

图8-7

输入完成后，按Esc键即可退出文字输入模式。如果需要修改文字内容，可以使用"文字工具"T在原文本上单击，也可以使用"选择工具"▶双击文本。

☞ 区域文字工具/直排区域文字工具---

"区域文字工具"T用于在一个闭合路径区域内自动横向或竖向放置文字，也要注意文字是否溢出。使用形状工具或"钢笔工具"✍绘制一个规则或不规则的闭合路径，使用"区域文字工具"T在闭合路径上单击，输入文字后原始路径的"填色"和"描边"参数会消失，如图8-8所示。

"直排区域文字工具"T用于在闭合路径区域内竖向从右到左排列文字，如图8-9所示。

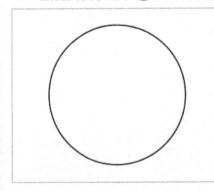

图8-8

图8-9

☞ 路径文字工具/直排路径文字工具---

"路径文字工具"✍用于沿着开放路径或闭合路径放置文字，如图8-10所示。绘制路径后使用"路径文字工具"✍在路径的任意位置单击即可输入文字，原始路径的"描边"和"填色"参数都会消失。

文字的起始输入位置取决于单击该路径的位置，如图8-11所示。

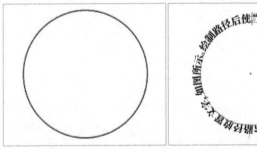

图8-10

图8-11

在路径上输入文字后，可以再次自定义文字的起始位置。使用"选择工具"▶拖曳黑箭头标示的起始定位线即可改变文字的起始位置，如图8-12所示。

除了起始定位线，还有另一根定位线，拖曳此定位线可以调整文字的位置。还可以向圆圈内拖曳定位线，将朝外摆放的文字转化为朝内摆放，如图8-13所示。

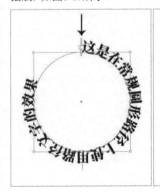
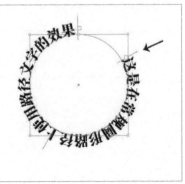
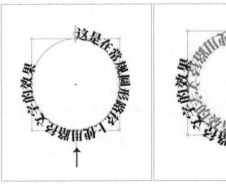

图8-12

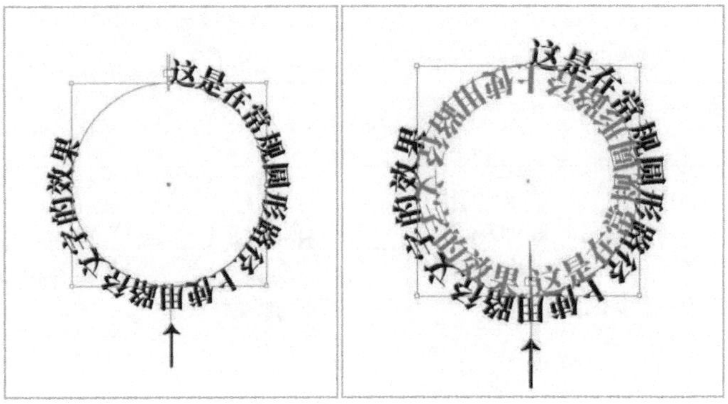

图8-13

使用"路径文字工具" 🍡 和"直排路径文字工具" 🍦添加的文字的朝向不同,如图8-14所示。

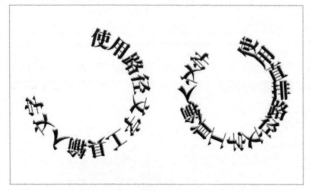

图8-14

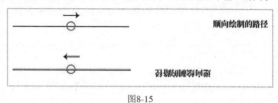

① 技巧提示

路径的绘制方向也会影响使用"路径文字工具" 🍡输入的文字的方向,例如,上方的路径使用"钢笔工具" ✐从左向右绘制,下方的路径从右向左绘制,虽然两条路径看不出区别,但是使用"路径文字工具" 🍡在顺向绘制的路径中输入的文字按常规的阅读方向展示,在逆向绘制的路径中输入的文字则反向呈现,如图8-15所示。

图8-15

☞ 修饰文字工具 ---------------------------------

使用"修饰文字工具" 🔲可以将选择的文字作为形状进行操作,选择文字后即可放大、缩小、移动、旋转文字,甚至直接删除文字,跳过文字轮廓化这一步骤直接进行变换操作,同时保留文字的可修改性,如图8-16所示。

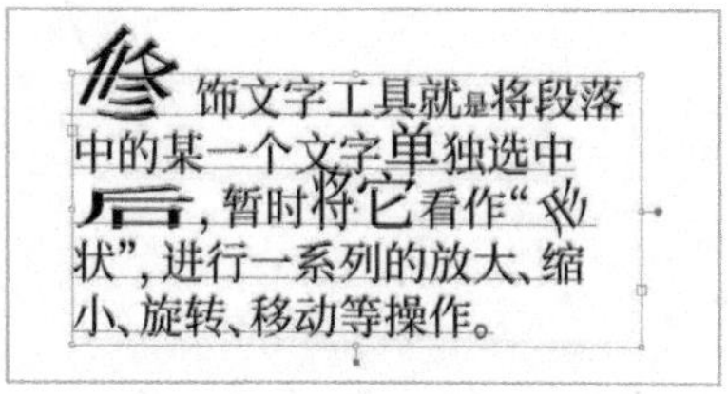

图8-16

8.1.2 管理文字区域

文字区域即文本框,文字区域的干净整洁有助于提高设计效率,减少不必要的误操作。

☞ 文字区域的调整 ---------------------------------

文字区域的大小、形状能够随时调整,若原始的文字区域放不下文字,文字溢出,使用"选择工具" ▶拖曳文字外侧的区域框即可自由放大文字区域,如图8-17所示。若一开始文字区域创建得太大,文字下方有大量多余空间,可以将文字区域缩小至合适的大小,如图8-18所示。

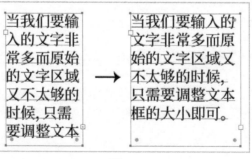

图8-17

图8-18

此外,文字区域本质上也是路径,使用"直接选择工具" ▷可以调整文字区域的锚点。拖曳右下角的锚点,矩形文字区域变成了梯形文字区域,如图8-19所示。使用"锚点工具" ▷将右下角的锚点转化为平滑点,矩形文字区域变成了不规则的带有弧度的文字区域,如图8-20所示。

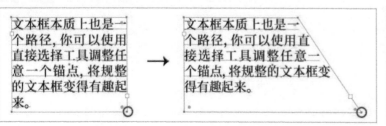

图8-19

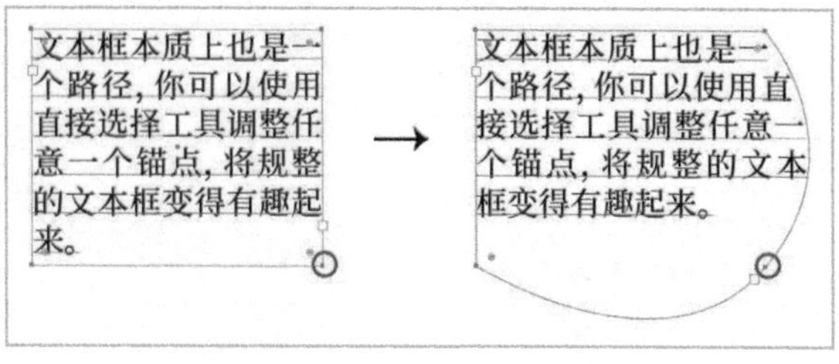

图8-20

使用"添加锚点工具"✏️在文字区域下方红圈标示的位置增加一个锚点，再使用"直接选择工具"▷向上拖曳该锚点，可以得到一个异形文字区域，如图8-21所示。

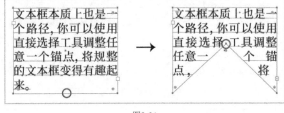

图8-21

☞ "区域文字选项"对话框

选择一个文字区域，双击"文字工具"**T**或"区域文字工具"**⊞**打开"区域文字选项"对话框，如图8-22所示。

图8-22

重要参数详解

宽度、高度：设置选中的文字区域的大小。

行、列：自定义段落中的行数和列数。"跨距"用于设置单行的高度或单列的宽度，"间距"用于设置行与行间、列与列间的距离。例如，图8-23所示的蓝色文字为默认的通行排列，黑色文字为两列排列。在中英文排版时，对较大段落文字进行分栏可以有效提高阅读速度，让读者的阅读更流畅。

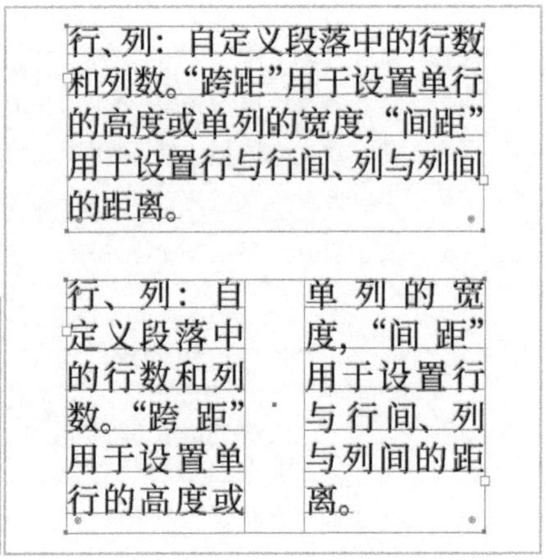

图8-23

位移：更改文字与文字区域之间的距离。

内边距：设置文字与文字区域之间的距离，如"内边距"为2mm、0mm和-2mm时，文字与文字区域的相对位置如图8-24所示。

首行基线：自定义文字中第1行与文字区域顶部的距离，"全角字框高度"为0mm和8mm的对比如图8-25所示。一共有7种首行基线类型，可结合"最小值"（默认为0mm）一同调整，如图8-26所示。

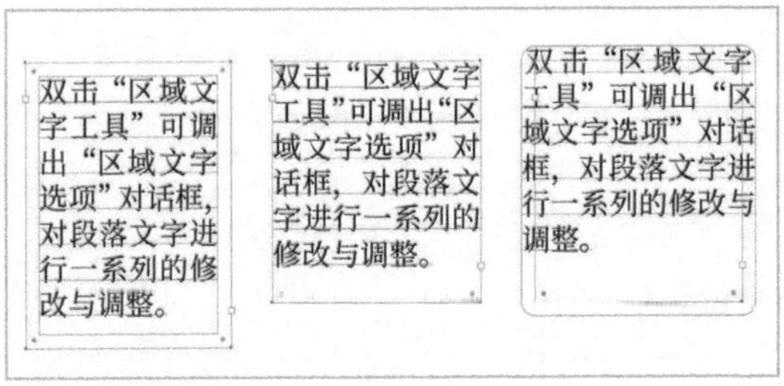

图8-24 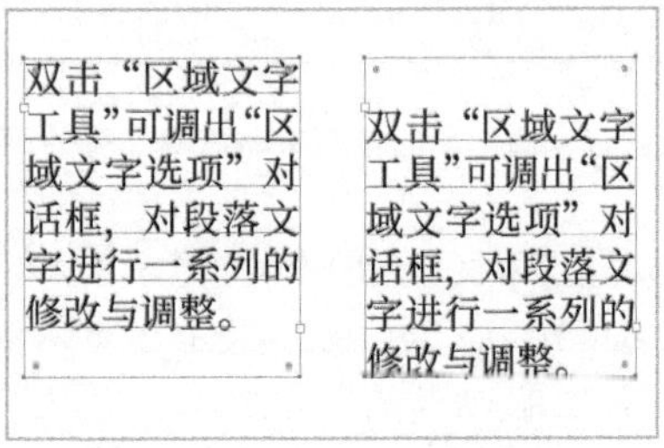   图8-25    图8-26

字母上缘：设置字符的最高处靠近文字区域的顶部，如图8-27所示。

大写字母高度：设置大写字母的最高处靠近文字区域的顶部，如图8-28所示。

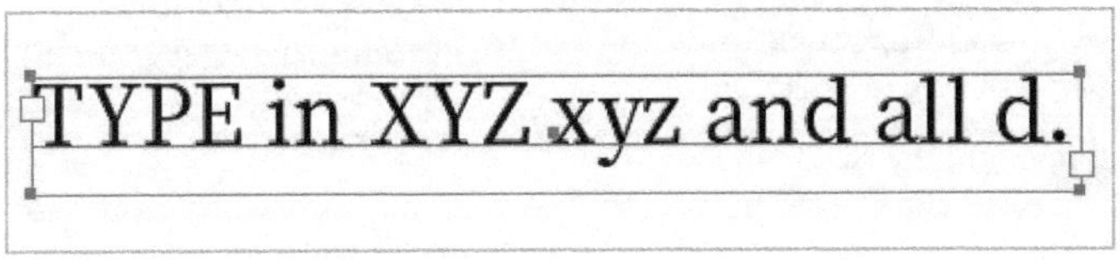

TYPE in XYZ.xyz and all d.

TYPE in XYZ.xyz and all d.

图8-27 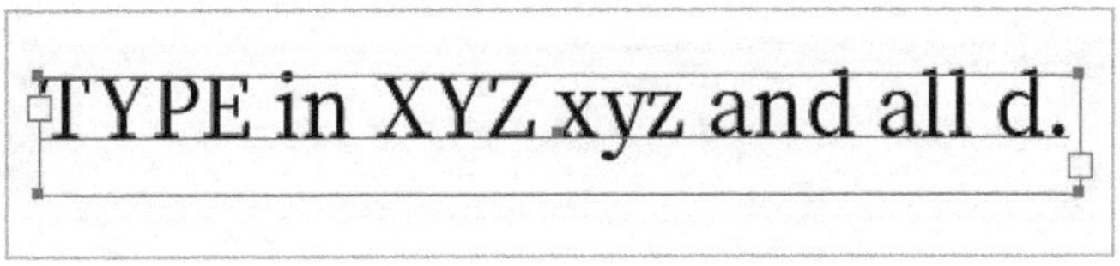   图8-28

行距：将文字区域中文字的行距作为文字首行基线和文字区域顶部之间的距离，如图8-29所示。

x高度：设置小写字母x的最高处靠近文字区域的顶部，如图8-30所示。

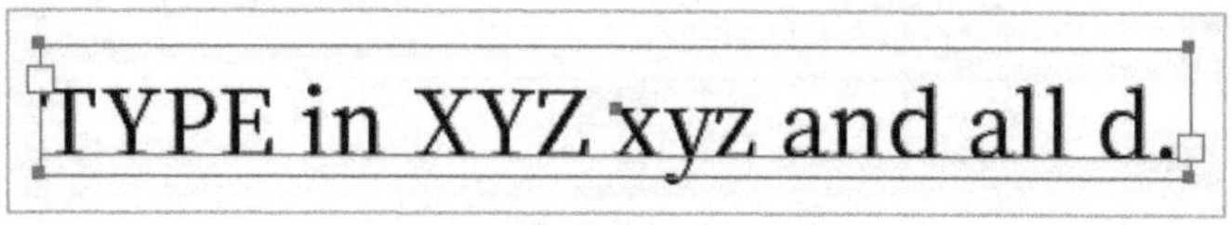

TYPE in XYZ xyz and all d.

图8-29

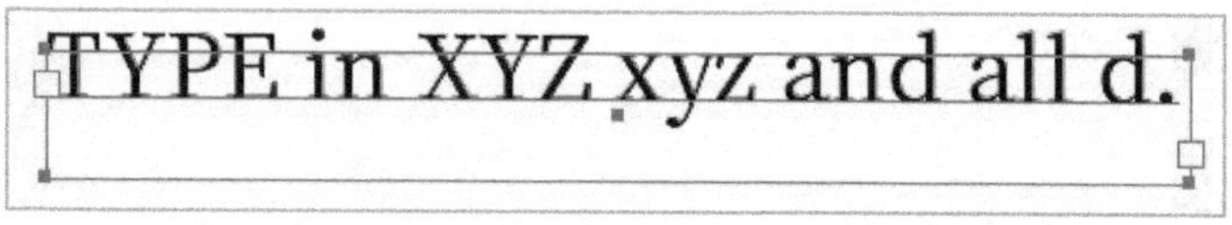

TYPE in XYZ xyz and all d.

图8-30

全角字框高度：设置全角字框的最高处靠近文字区域的顶部，如图8-31所示。

固定：在"最小值"数值框中输入值控制距离，自行输入值即可。

旧版：使用旧版中的第1个基线默认值，如图8-32所示。

全角字框高度

图8-31

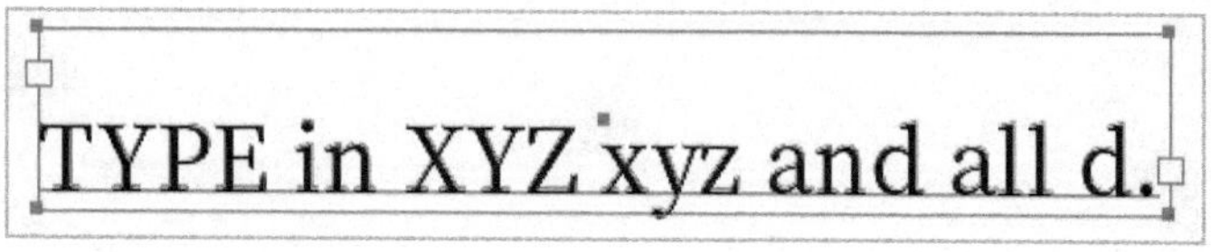

TYPE in XYZ xyz and all d.

图8-32

对齐：对齐分为"顶""居中""底""对齐"4种方式，如图8-33所示。

顶：文字对齐文字区域顶部，如图8-34所示。

居中：文字在文字区域中间，如图8-35所示。

底：文字对齐文字区域底部，如图8-36所示。

对齐：文字对齐文字区域上下两端，自动调整行距以填满整个文字区域，如图8-37所示。

图8-33

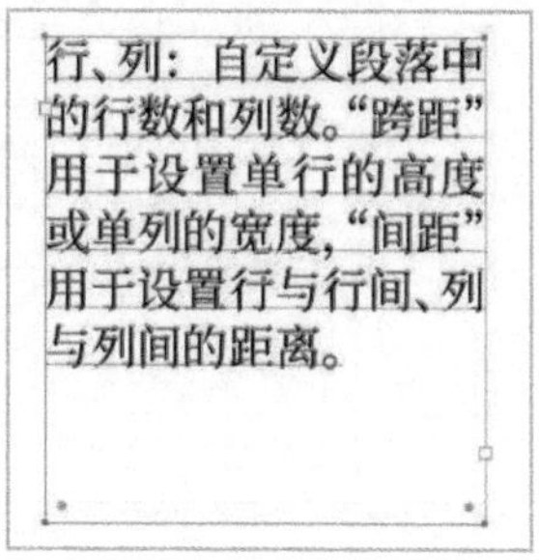

行、列：自定义段落中的行数和列数。"跨距"用于设置单行的高度或单列的宽度，"间距"用于设置行与行间、列与列间的距离。

图8-34

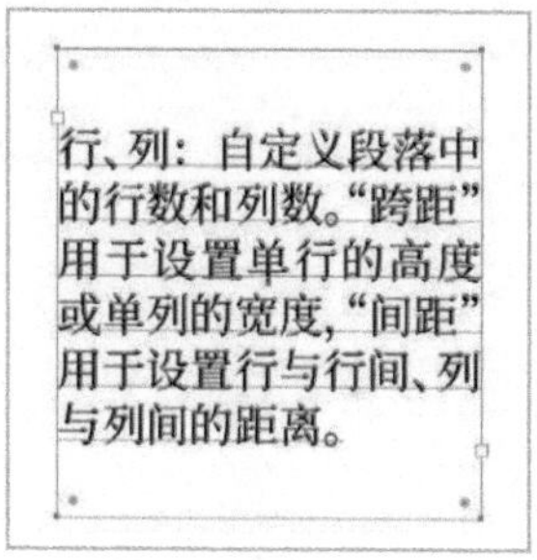

行、列：自定义段落中的行数和列数。"跨距"用于设置单行的高度或单列的宽度，"间距"用于设置行与行间、列与列间的距离。

图8-35

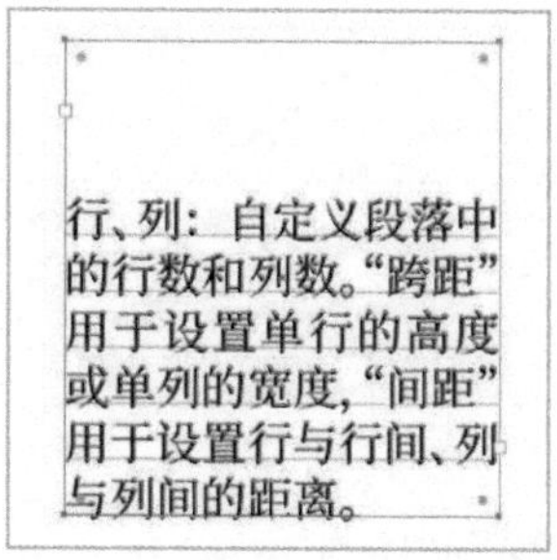

行、列：自定义段落中的行数和列数。"跨距"用于设置单行的高度或单列的宽度，"间距"用于设置行与行间、列与列间的距离。

图8-36

行、列：自定义段落中的行数和列数。"跨距"用于设置单行的高度或单列的宽度，"间距"用于设置行与行间、列与列间的距离。

图8-37

文本排列：在设置了多行多列的情况下，可以改变阅读的顺序，包括"按行，从左到右"和"按列，从左到右"两种阅读顺序。恰好处的分栏和符合阅读习惯的文本排列能够带来良好的阅读体验。

☞ 文本绕排

文本绕排可以将文字排列在任何形状或者带有透明度的位图中非透明部分的周围，文字和形状对象必须在一个图层中，文字在下方，如图8-38所示。

例如，将文字区域放置在圆形的背后，选择文字和圆形，执行"对象>文本绕排>建立"菜单命令，即可建立围绕圆形的文字区域，还可以在完成绕排后使用"直接选择工具"移动或缩放圆形，绕排的文字会自动调整，如图8-39所示。

图8-38

文本绕排可以将文字排列在任何形状或者带有透明度的位图中非透明部分的周围，文字和形状对象必须在一个图层中，文字在下方。

文本绕排可以将文字排列在任何形状或者带有透明度的位图中非透明部分的周围，文字和形状对象必须在一个图层中，文字在下方。

图8-39

若要取消绕排，执行"对象＞文本绕排＞释放"菜单命令即可。

执行"对象＞文本绕排＞文本绕排选项"菜单命令可打开"文本绕排选项"对话框，如图8-40所示。"位移"用于设置文字和对象间的距离，"反向绕排"用于将文字放置于对象内部，需要设置对象的"填色"为无，否则内部文字不可见，如图8-41所示。

图8-40　　图8-41

删除空文本

空文本就是使用"文字工具"T单击画板建立文字区域后，却没有输入文字的产物。正常视图下空文本是不可见的，只有选择所有路径时可见空文本。要清除空文本，可以执行"对象＞路径＞清理"菜单命令，在"清理"对话框中勾选"空文本路径"后单击"确定"按钮，如图8-42所示。

图8-42

8.1.3 字符和段落

在Illustrator中既可以在工作区上方的控制面板中直接修改文字和段落设置，也可以执行"窗口＞文字＞字符/段落"菜单命令打开"字符"面板或"段落"面板设置参数，如图8-43所示。

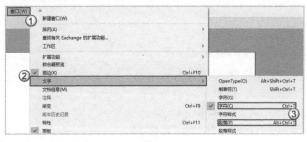

图8-43

控制面板中的字符和段落类控件

选择任意文字，工作区上方的控制面板中会出现字符和段落类控件，便于设计师直接修改文字，而不用单独打开"字符"面板和"段落"面板，如图8-44所示。

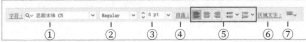

图8-44

重要参数详解

①字体：用于设置字体。也可以执行"文字＞字体"菜单命令更换字体，如图8-45所示。

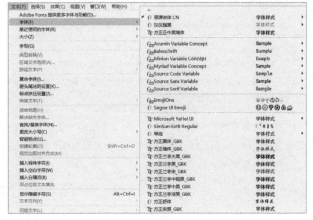

图8-45

②**字体样式**：简单理解就是线的粗细，如字体"思源宋体"的7种字体样式，如图8-46所示。字体样式越重，视觉上文字的分量越重，文字在版式中的存在感就越强。

宋　宋　宋　宋　宋　宋　宋

图8-46

③**字体大小**：打开下拉列表可以选择默认的几种字体大小，也可以手动输入，还可以单击左侧的上下箭头符号调整。在文字区域中调整文字的字体大小后，尤其文字变大后，需要注意文字溢出问题，随时调整文字区域的大小以保证文字全部显示。

④**段落**：单击可直接打开"段落"面板。

⑤**段落的对齐模式、项目符号、编号列表**：可在此处选择对齐模式和设置项目符号、编号，也可以在"段落"面板中选择和设置。

⑥**区域文字**：单击可直接打开"区域文字选项"对话框。

⑦**对齐**：可以设置对齐方式，也可以在"区域文字选项"对话框中设置。

---

⑦ 疑难问答：变量字体是什么？

在"字体"下拉列表中，有 🅥 符号的字体代表变量字体，变量字体属于OpenType字体，用户能自定义"粗细""宽度""倾斜度""大小"等字体参数。

选择变量字体后，可以在"字体样式"和"字体大小"之间看见"变量字体"按钮🗲，单击则可以打开针对该字体的"变量"面板。不同的变量字体可以设置不同的参数，如图8-47所示。

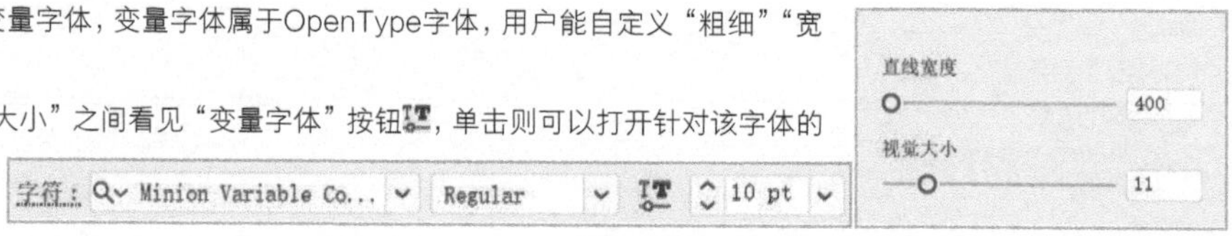

图8-47

☞ **字体过滤器**

Adobe自带的字体非常多，自行下载的字体载入Windows或macOS后会自动显示在Illustrator的"字体"下拉列表中。如果知道字体的名字，直接选择文字区域，在"字符"面板的"字体"列表框中输入字体名称即可使用该字体，如图8-48所示。

还可以使用字体过滤器寻找字体，"字体"下拉列表打开后在左上方就可以看到过滤器的4个按钮，分别是"按分类过滤字体"按钮▼、"显示收藏的字体"按钮★、"显示最近添加"按钮🕐、"显示已激活的字体"按钮🔄，右上方为"显示较小/默认/较大样本文本大小"按钮 A A A，如图8-49所示。

单击"按分类过滤字体"按钮▼打开分类过滤列表，"分类"中包含"无衬线""衬线""粗衬线""花体""哥特体""等线""手写体""艺术体"，"属性"中包含粗细分类、宽窄分类等，主要针对英文文字体，如图8-50所示。

图8-48　　　　　　　　图8-49 　　　　　　　　图8-50

---

① 技巧提示

无衬线字体和衬线字体对应不同的风格，无衬线字体对应简洁、现代风格，衬线字体则对应古典、秀美风格。在中文中，无衬线字体对应黑体、衬线字体对应宋体。传统英文杂志和报纸多使用衬线字体，新型的移动媒体端则更多使用无衬线字体，阅读起来更加清晰利索。对设计师来说，衬线字体和无衬线字体没有优劣之分，只有适不适合。

对于经常使用的字体，可以单击字体右侧的"添加到收藏夹"按钮☆将其收藏。单击字体过滤器中的"显示收藏的字体"按钮★即可显示收藏的字体，如图8-51所示。单击"显示相似字体"按钮≈，可过滤出与该字体类似的其他字体。

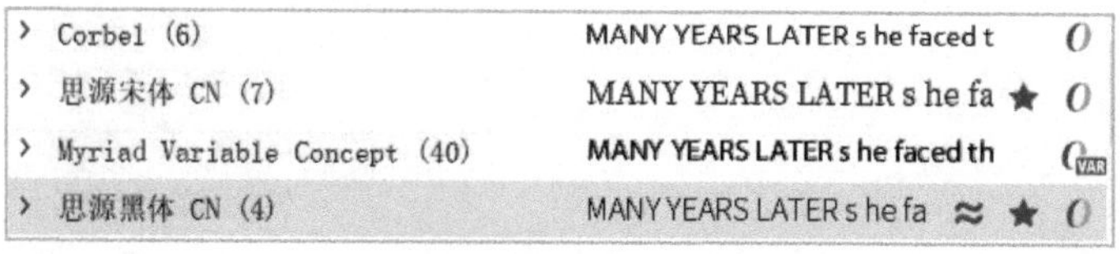

图8-51

☞ **"字符"面板**--

调整文字时，执行"窗口>文字>字符"菜单命令打开"字符"面板，在其中可对字符的各类参数进行设置，如图8-52所示。

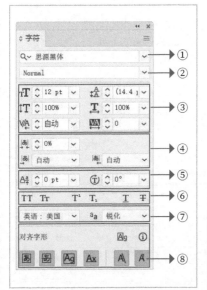

重要参数详解

①字体：打开下拉列表可选择字体。

②字体样式：打开下拉列表可选择字体样式。

③字符调整类：包含字体大小、设置行距、垂直缩放、水平缩放、字距微调、字距调整等6类。

字体大小**T̊T̊**：设置字体大小。

设置行距▲：设置行与行的间距，默认为自动，一般为字体大小的120%（如10pt文字的行距为12）。可以对段落中的多个文字设置不同行距，一行文字中的最大行距将决定该行的行距，如图8-53所示。

垂直缩放**T̊T̊**和水平缩放**T̊**：将文字压扁或拉长。一般常规版式设计中很少使用，默认100%的阅读体验更好，除非有特殊设计需求或追求文字视觉化的表达，正常缩放和垂直缩放175%的对比效果如图8-54所示。

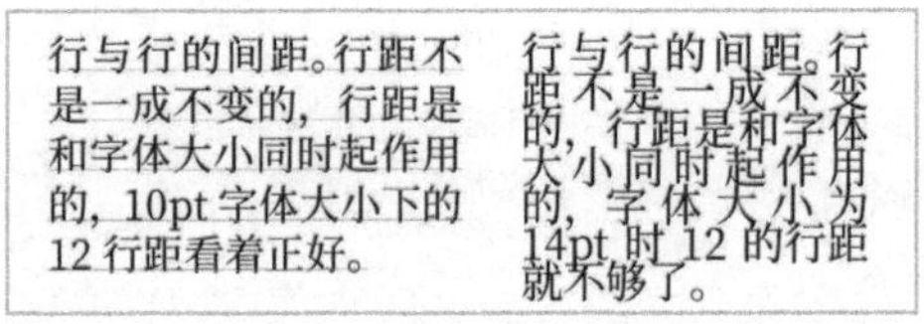

图8-52

行与行的间距。行距不是一成不变的，行距是和字体大小同时起作用的，10pt字体大小下的12行距看着正好。

图8-53

行与行的间距。行距不是一成不变的，行距是和字体大小同时起作用的，字体大小为14pt时12的行距就不够了。

将文字压扁或拉长。一般常规版式设计中很少使用，默认100%的阅读体验更好，除非有特殊设计需求或追求文字视觉化的表达。

将文字压扁或拉长。一般常规版式设计中很少使用，默认100%的阅读体验更好，除非有特殊设计需求或追求文字视觉化的表达。

图8-54

字距微调**V̊Å**：调整两个字母之间的间距，间距为-100、0(正常情况)和100的对比效果如图8-55所示。

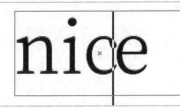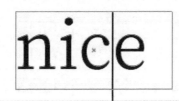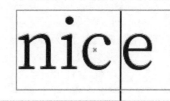

图8-55

字距调整**V̊Å**：增大或减小整个文字区域或某两个字符的间距。选中两个字母，输入-100、0和100的对比效果如图8-56所示。也可以选择整个文字区域后输入参数，0和200的对比效果如图8-57所示。

④比例间距、插入空格（左）、插入空格（右）：设置间距比例。从文字的左侧或右侧插入空格，可在下拉列表中选择各类空格的大小，如插入空格0和1/2全角空格，如图8-58所示。

⑤基线偏移**Å**和字符旋转**T̊**："基线偏移"即相对于周围文字的基线上下移动所选字符。"字符旋转"旋转的是每个文字，旋转0°和30°的对比效果如图8-59所示。

图8-56

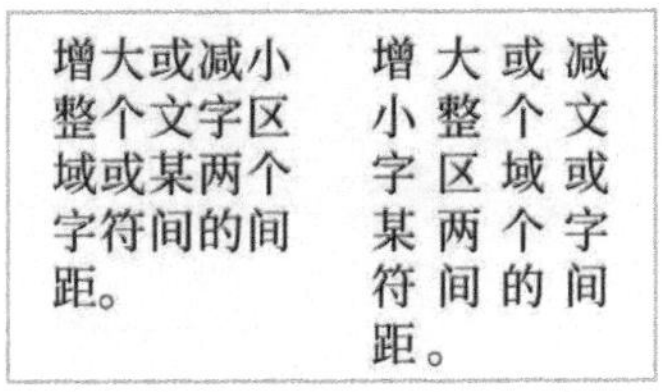

增大或减小整个文字区域或某两个字符间的间距。

增大或减小整个文字区域或某两个字符间的间距。

图8-57

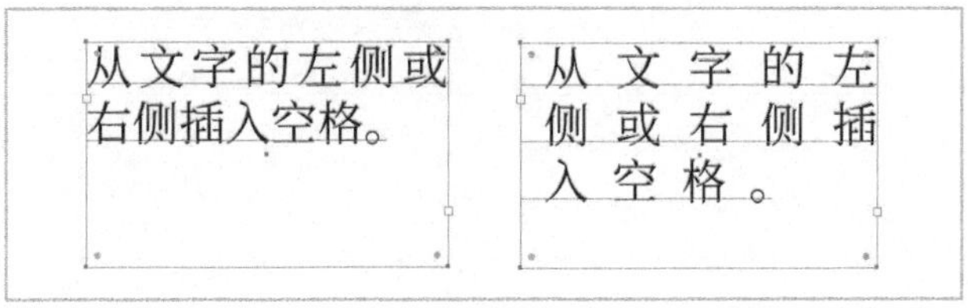

从文字的左侧或右侧插入空格。

从文字的左侧或右侧插入空格。

图8-58

"字符旋转"旋转的是每个文字，旋转工具旋转的是整体。

"字符旋转"旋转的是每个文字，旋转工具旋转的是整体。

图8-59

⑥按钮从左到右分别为"全部大写字母"按钮 ᴛᴛ、"小型大写字母"按钮 ᴛʳ、"上标"按钮 ᴛ¹、"下标"按钮 ᴛ₁、"下划线"按钮 ɪ 和"删除线"按钮 ꜰ。

⑦消除锯齿方法 ᵃᵃ 锐化 ▼：设置消除文字锯齿的方式，如图8-60所示。

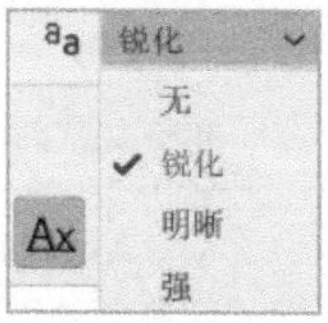

⑧对齐字形：在绘图、移动和缩放时，实时对齐文字的边界。需要同时打开"视图>对齐字形"和智能参考线才能使用对齐文字功能。有"全角字框"按钮 、"全角字框，对齐"按钮 、"字形边界"按钮 、"基线"按钮 、"角度参考线"按钮 和"锚点"按钮 6个按钮。

图8-60

☞ **"段落"面板**--

执行"窗口>文字>段落"菜单命令或使用快捷键Alt+Ctrl+T可打开"段落"面板，如图8-61所示。

重要参数详解

①对齐模式、项目符号、编号列表：段落的对齐模式共有7种，从左到右的按钮分别为"左对齐"按钮 、"居中对齐"按钮 、"右对齐"按钮 、"两端对齐，末行左对齐"按钮 、"两端对齐，末行居中对齐"按钮 、"两端对齐，末行右对齐"按钮 和"全部两端对齐"按钮 。中文排版一般使用"两端对齐，末行左对齐"，使段落两端对齐并紧贴文本框，如图8-62所示。"项目符号"和"编号列表"用于在段落或文字前添加符号或编号，如图8-63所示。

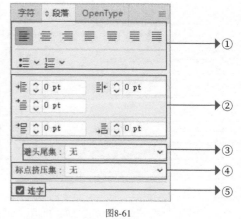

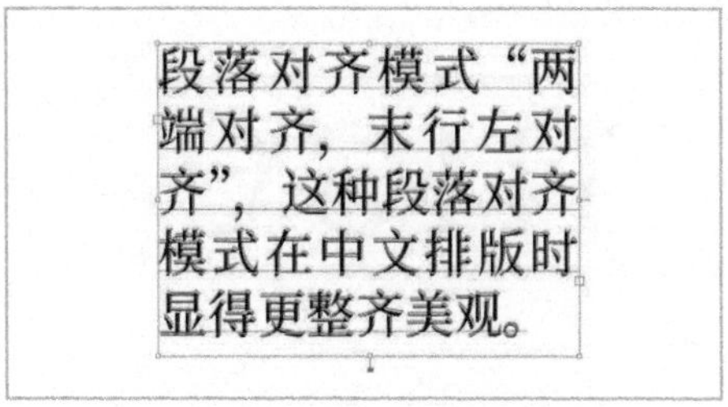

图8-61

图8-62

段落对齐模式"两端对齐，末行左对齐"，这种段落对齐模式在中文排版时显得更整齐美观。

• 第一个项目
• 第二个项目
• 第三个项目

i. 第一个项目
ii. 第二个项目
iii. 第三个项目

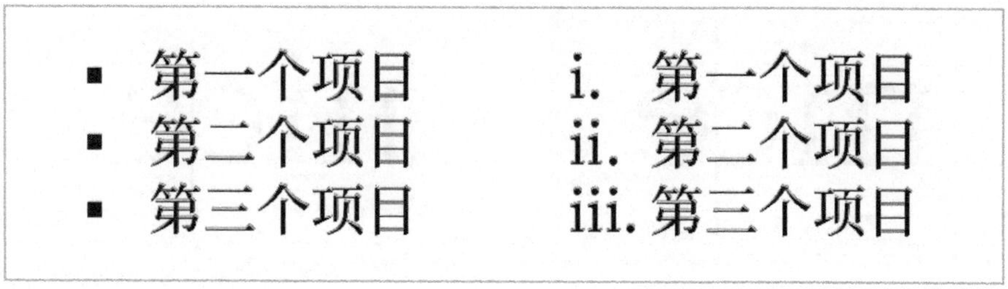

图8-63

②缩进方式：共有5种缩进方式，用于设置自然段的缩进方式，如图8-64所示。

左缩进 ：将自然段左侧整体往回收缩设置的参数值。

右缩进 ：将自然段右侧整体往回收缩设置的参数值。

首行左缩进 ：可以控制自然段第1个文字前空多少。

段前间距 ：控制该自然段和上一个自然段之间空多少。

段后间距 ：控制该自然段和下一个自然段之间空多少。

③避头尾集：中文标点符号比较多，输入时如果设置"避头尾集"为无，逗号等标点符号可能被排到行首，为"严格"时则不会。

④标点挤压集：可以通过调整行尾的标点占位大小来控制文字的视觉效果。

⑤连字：在对英文排版时，勾选"连字"可以将行尾英文单词拆分成两行，中间以"-"相连。

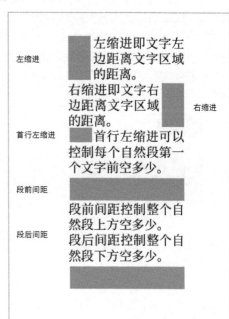

图8-64

8.1.4 图表工具组

除了处理文字，有时还要处理数据。使用工具栏中的图表工具组可将数据可视化，可以简单、快速地使用数据建立图表，如图8-65所示。

例如，选择"柱形图工具" ，单击画板的任意位置打开"图表"对话框，自定义图表的宽度和高度，单击"确定"按钮后打开数据表，也可以在画板上通过拖曳鼠标绘制一个数据表，输入数据后单击"应用"按钮 ，会自动生成图表，如图8-66所示。

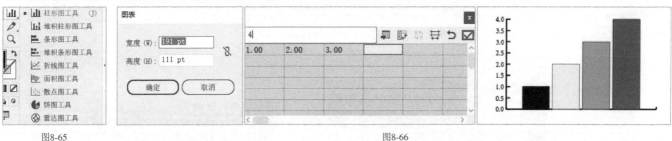

图8-65　　　　　　　　　　　　　　　　　　　　　　图8-66

若要返回修改图表的数据或类型，选择图表并单击鼠标右键，执行"数据"或"类型"命令即可，如图8-67所示。

根据同一组数据绘制而成的堆积柱形图、堆积条形图、折线图、面积图和饼图如图8-68所示。

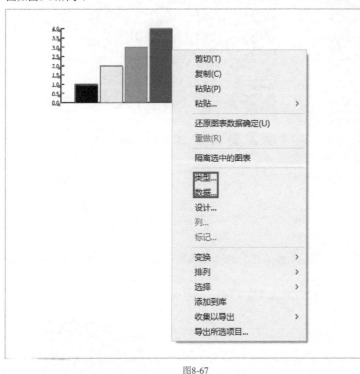

图8-67

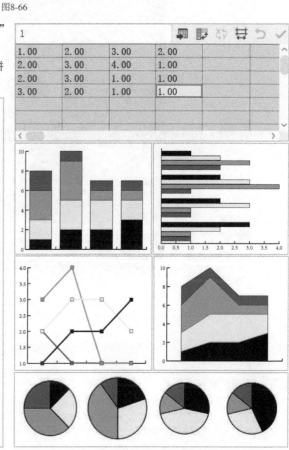

图8-68

Illustrator中默认生成的图表比较基础，可以通过修改一些简单的参数让图表变得更加美观一些。图表中的闭合路径都可以用"直接选择工具" 选择，并可以修改描边，用纯色、渐变和图案进行填色，效果如图8-69所示。

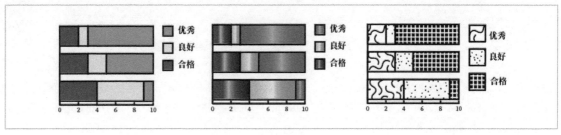

图8-69

👆重点

✋ 案例训练：设计文学海报

实例文件	实例文件＞CH08＞案例训练：设计文学海报
素材文件	素材文件＞CH08＞案例训练：设计文学海报
难易程度	★★★☆☆
技术掌握	行距

　　本案例设计文学海报，特别夸张的行距偶尔会用在比较特别的版式设计中，文字在这种类型的设计中变成了设计元素，阅读体验被大大弱化甚至被忽略，视觉冲击力变成首要需求，颜色值如图8-70所示，最终效果如图8-71所示。

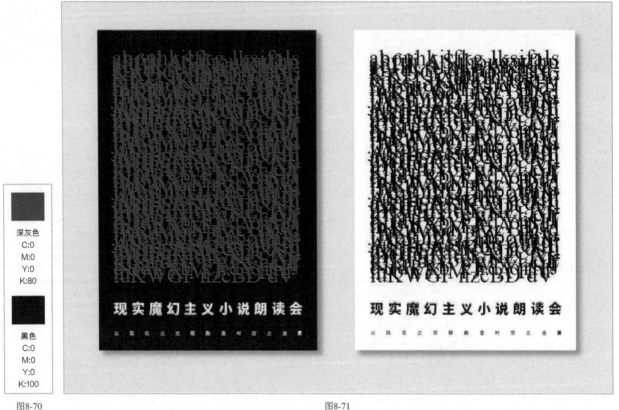

图8-70　　　　　　　　　　　　　　　　　　　　　　　图8-71

01 打开"素材文件＞CH08＞案例训练：设计文学海报"文件夹中的"文字素材.ai"文件，可看到在自动行距下的视觉效果，虽然是乱码，但是每个字母都能看得很清楚，如图8-72所示。

02 在"字符"面板中设置文字的"字体大小"为60pt、"行距"为10pt，文字的可阅读性完全消失，文字成了设计元素，如图8-73所示。

  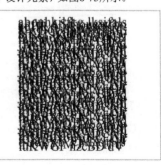

图8-72　　　　　　　　　　　　　　　　　　　　　　　图8-73

03 绘制一个A4大小的白色矩形作为背景，在海报的下方添加主标题，设置"字体"为"思源黑体"、"字体样式"为Black、"填色"为黑色、"字体大小"为36pt。添加副标题，设置"字体样式"为Light、"填色"为黑色、"字体大小"为12pt。选择两个标题，在"段落"面板中单击"全部两端对齐"按钮▤，效果如图8-74所示。

04 复制步骤03中完成的海报，设置背景的“填色”为黑色，设置文字的“填色”为深灰色，设置标题的“填色”为白色，最终效果如图8-75所示。

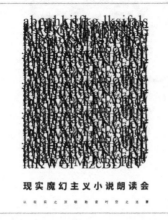

现实魔幻主义小说朗读会

图8-74

现实魔幻主义小说朗读会
现实魔幻主义小说朗读会

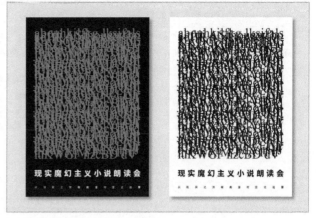

图8-75

8.2 字形设计

字形设计和字体设计不同，字形设计更偏向于在已有的字体基础上进行调整和装饰。输入文字后选择文字区域并单击鼠标右键，执行“创建轮廓”命令，也可以执行“文字>创建轮廓”菜单命令或使用快捷键Shift+Ctrl+O，将文字轮廓化之后通过添加一系列针对路径的参数和效果来进行字形设计，如图8-76所示。

TYPE
TYPE

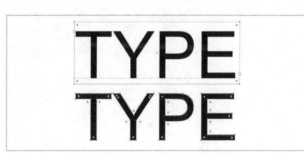

图8-76

8.2.1 用“描边”和“填色”设计字形

“描边”和“填色”的各类参数都可以添加在轮廓化的文字上，如图8-77所示。

①
TYPE
白色填色，1pt黑色描边
②
TYPE
白色填色，4pt黑色描边
③
TYPE
10pt黑色描边，描边内侧对齐
④
TYPE
10pt黑色描边，描边外侧对齐
⑤
TYPE
黑色描边虚线效果（描边5pt、虚线0pt、间隙6pt）
⑥
TYPE
双层描边，1pt白色描边叠加7pt黑色描边

图8-77

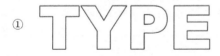

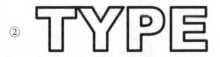

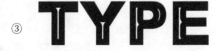

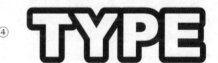

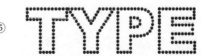

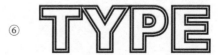

也可以选择图8-77中的④号文字，执行"对象 > 路径 > 轮廓化描边"菜单命令再一次轮廓化，将描边转化为闭合路径，转化为闭合路径后，再次为对象添加描边制作双勾边效果，"粗细"为1pt、5pt和9pt的对比如图8-78所示。

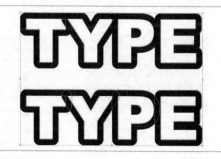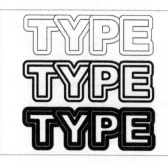

图8-78

8.2.2 用渐变和图案设计字形

渐变和图案可以填充到文字内部，也可以运用在文字的描边上。为文字和描边添加图案和渐变的效果如图8-79所示。

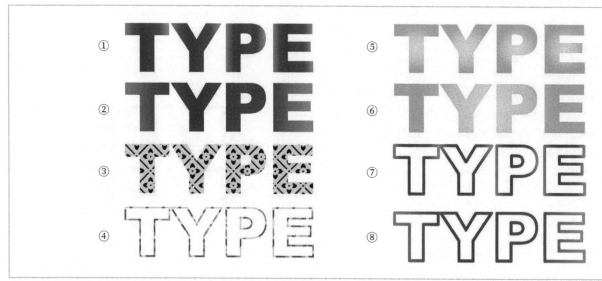

图8-79

①和②都添加了同一种渐变。①使用"色板"面板直接添加渐变，每个字母被看作单个闭合路径并分别添加渐变。②使用"外观"面板中的"添加新填色"按钮■添加渐变，所有字母被看作一个区域并添加渐变。

③和④都添加了图案。③将图案添加到了文字内部，④将图案添加到了描边上，描边越粗图案显示越完整。

⑤和⑥都添加了径向渐变。⑤使用"色板"面板直接添加渐变，每个字母被看作单个闭合路径并分别添加渐变。⑥使用"外观"面板中的"添加新填色"按钮■添加渐变，所有字母被看作一个区域并添加渐变。

⑦和⑧都在描边上添加径向渐变。⑦使用"色板"面板直接添加渐变，⑧使用"外观"面板中的"添加新描边"按钮■添加渐变，两者在视觉上有些许区别。

8.2.3 用"路径查找器"面板设计字形

可以在"路径查找器"面板中或使用"形状生成器工具"ⁿⁱᶜᵉ 修改字形来增加文字的特点，如删除每个字母的左下角直角，如图8-80所示。

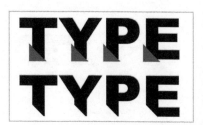

图8-80

又如删除字母中间的一部分,如图8-81所示。①是切开后的效果;②是选中每个字母的右半边并移开一定距离的效果;③是给不同部分添加不同填色的效果;④是将蓝色部分向左移动叠加至红色部分之上的效果;⑤是使用"实时上色工具" _{nice} 将④中的红色和蓝色重叠部分填充为紫色,得到的叠印效果。

又如将字母M和O移动到彼此部分重叠,①使用"形状生成器工具" _{nice} 删除了重叠部分,②使用"实时上色工具" _{nice} 分别用红色、紫色和蓝色填充得到叠印效果,如图8-82所示。

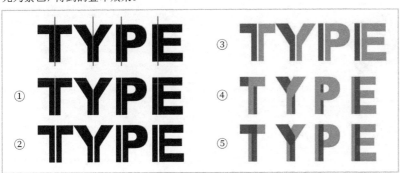

图8-81

图8-82

制作文字的方法非常多,读者可以多多尝试,核心思路就是给原本的文字增加一些趣味性,或者让原本比较简单的字形结构变得更复杂。

8.2.4 用偏移路径设计字形

"偏移路径"即让路径向外扩展或向内缩,得到类似双勾边、多重勾边的效果。执行"对象>路径>偏移路径"菜单命令可打开"偏移路径"对话框,如图8-83所示。

在基础的黑色描边的文字字形基础上添加不同的偏移路径的视觉效果如图8-84所示。①的"位移"为2mm,"连接"为"斜接";②的"位移"为−2mm,"连接"为"斜接";③的"位移"为−2mm,"连接"为"斜角";④的"位移"为−2mm,"连接"为"圆角";⑤的"位移"为4mm,"连接"为"斜角";⑥的"位移"为4mm,"连接"为"圆角";⑦的原始"填色"为天蓝色,偏移路径的"填色"为藏蓝色,删除描边;⑧的天蓝色部分再次偏移路径,"位移"为−2mm,"连接"为"斜角","填色"为白色。

图8-83

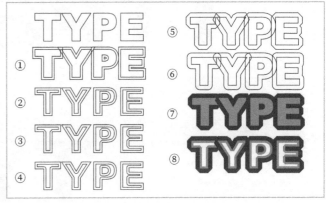

图8-84

8.2.5 用效果设计字形

"效果"菜单中的效果可以添加在文本格式的文字上和轮廓化的文字路径上,且可以添加单一效果或多种效果。效果添加在文本格式的文字上保留了文字的可修改功能,可以随时修改文字内容。效果添加在轮廓化的文字路径上后则无法再修改文字内容。打开"效果"菜单可以看见各类效果,如图8-85所示。上半部分为Illustrator效果,可以让文字变形;下半部分为Photoshop效果,可以为文字添加肌理。

图8-85

添加"弧形"效果（执行"效果>变形>弧形"菜单命令），效果如图8-86所示。

图8-86

添加"波形"效果（执行"效果>变形>波形"菜单命令），效果如图8-87所示。

图8-87

添加"波形"效果和"粗糙化"效果（执行"效果>变形>波形"菜单命令和"效果>扭曲和变换>粗糙化"菜单命令），效果如图8-88所示。

图8-88

添加"喷色描边"效果（执行"效果>画笔描边>喷色描边"菜单命令），效果如图8-89所示。

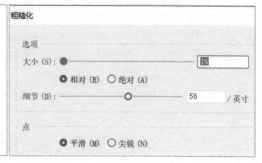

图8-89

添加"玻璃"效果（执行"效果>扭曲>玻璃"菜单命令），效果如图8-90所示。

图8-90

👆 重点

✋ 案例训练：设计简洁商务风Logo

实例文件	实例文件 > CH08 > 案例训练：设计简洁商务风Logo
素材文件	无
难易程度	★ ☆ ☆ ☆ ☆
技术掌握	"路径查找器"面板

扫码看视频

本案例使用"路径查找器"面板制作简洁商务风Logo，颜色值如图8-91所示，最终效果如图8-92所示。

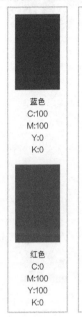

蓝色
C:100
M:100
Y:0
K:0

红色
C:0
M:100
Y:100
K:0

图8-91

图8-92

01 使用"文字工具" T输入文字，设置"字体"为Impact、"字体大小"为68pt、"水平缩放"为110%，把文字变得宽一些，单击鼠标右键并执行"创建轮廓"命令，将文字轮廓化后转成路径，如图8-93所示。

图8-93

02 单击鼠标右键并执行"取消编组"命令取消文字的编组，选择字母T并将其等比缩放到原大小的140%，然后使用快捷键Shift＋↑向上移动字母T，使其底部与其他字母底部齐平，如图8-94所示。

图8-94

03 使用"直接选择工具"▷选择字母T横笔右端的两个锚点,使用快捷键Shift＋→向右移动一次;选择字母T横笔左端的两个锚点,使用快捷键Shift＋←向左移动一次加长横笔,如图8-95所示。

04 使用"直接选择工具"▷选择字母T横笔顶端的两个锚点,按↑键两次加宽横笔,如图8-96所示。

图8-95

图8-96

05 使用"椭圆工具"◯绘制直径为20mm的圆形,设置描边的"粗细"为4pt,执行"对象>路径>轮廓化描边"菜单命令将其转为闭合路径,如图8-97所示。

06 将圆环放置在字母T和I上,分别选择字母T和圆环、字母I和圆环,在"路径查找器"面板中单击"减去顶层"按钮◻切开文字,将切开的部分的"填色"设置为红色,如图8-98所示,设置剩下的部分的"填色"为蓝色。添加一个淡蓝色矩形作为背景,还可以为矩形添加投影,最终效果如图8-99所示。

图8-97

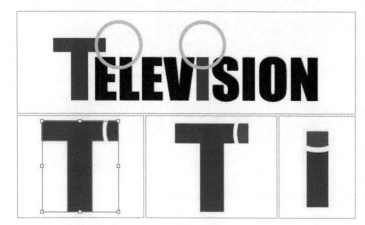

图8-98

图8-99

👆 案例训练:制作肌理感品牌吊牌

实例文件	实例文件>CH08>案例训练:制作肌理感品牌吊牌
素材文件	无
难易程度	★★☆☆☆
技术掌握	文字工具和效果

本案例使用"文字工具"**T**和效果设计服装品牌吊牌,颜色值如图8-100所示,最终效果如图8-101所示。

黑色
C:0
M:0
Y:0
K:100

图8-100

图8-101

01 新建一个120mm×40mm的画板，使用"文字工具" T 输入品牌名，设置"字体"为Impact、"字体大小"为90pt、"水平缩放"为120%。单击鼠标右键并执行"创建轮廓"命令，复制一份保留，如图8-102所示。

02 绘制一个120mm×40mm的黑色矩形，将文字放置在矩形中间，在"路径查找器"面板中单击"减去顶层"按钮 将文字部分镂空，如图8-103所示。

图8-102　　　　　　　　　　　　　　　　　　　图8-103

03 绘制一排高为100mm、水平间距为7mm的垂直线群组，将其编组后执行"效果>扭曲和变换>粗糙化"菜单命令，在打开的对话框中设置"大小"为8mm、"细节"为6，勾选"绝对"，单击"确定"按钮，如图8-104所示。选择图形并执行"对象>扩展外观"菜单命令扩展效果。

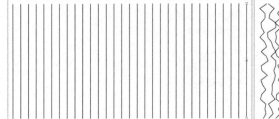

图8-104

04 绘制一个120mm×40mm的白色矩形，进入"内部绘图"模式 ，将图形嵌入并缩放至合适的大小，将步骤01中的镂空文字放置在矩形上方，双击进入嵌入图形的矩形，同时按住Alt键和Shift键并水平拖曳复制出第2份图形，退出隔离模式，效果如图8-105所示。

图8-105

05 删除黑色镂空文字，将步骤01中保留的文字放置在矩形之上，如图8-106所示，最终效果如图8-107所示。

图8-106　　　　　　　　　　　　　　　　　　　图8-107

8.3 版式设计

版式设计是平面设计中体量较大的一个分支。版式设计既处理文字与文字的关系，也处理文字与图像的关系。

8.3.1 文字与文字

设计师通过不同的"字体""字体大小""字体样式"等参数，可以将文字信息更加有效地传达给观众。文字的展示是一门个性化的艺术，每个设计师都有自己的习惯和小窍门。

例如，在一句文案中展示较为基础的设计方式，如图8-108所示。①文案以常规的一整行的形式出现，横向引导视线；②、③、④文案被分为两个部分，分别用加粗、斜体和换色的方式来突出；⑤和⑥分别用小竖线和小点来分隔文案的两个部分；⑦和⑧文案则以分行的方式呈现。

在一个正方形的背景矩形中对文案进行布局，如图8-109所示。①以常规方式分行，行距正常。②的行距更大。③将文案进一步分成4行。④的文字区域下增加了黑色矩形来凸显白色文字，在比较花哨的图片上排字时，若图片影响到文字阅读，就可以在文字下方添加一个纯色矩形或带透明度的纯色矩形来凸显文字。⑤和⑥使用"全部两端对齐"对齐方式对齐文字，"全部两端对齐"可以有效控制一行文字的宽度，并且增加字符间的空间，产生透气感。

① Graphic Design Graduation Exhibition

② **Graphic Design** Graduation Exhibition

③ *Graphic Design* Graduation Exhibition

④ Graphic Design Graduation Exhibition

⑤ Graphic Design | Graduation Exhibition

⑥ Graphic Design · Graduation Exhibition

⑦ Graphic Design
   Graduation Exhibition

⑧ Graphic Design
   Graduation
   Exhibition

图8-108

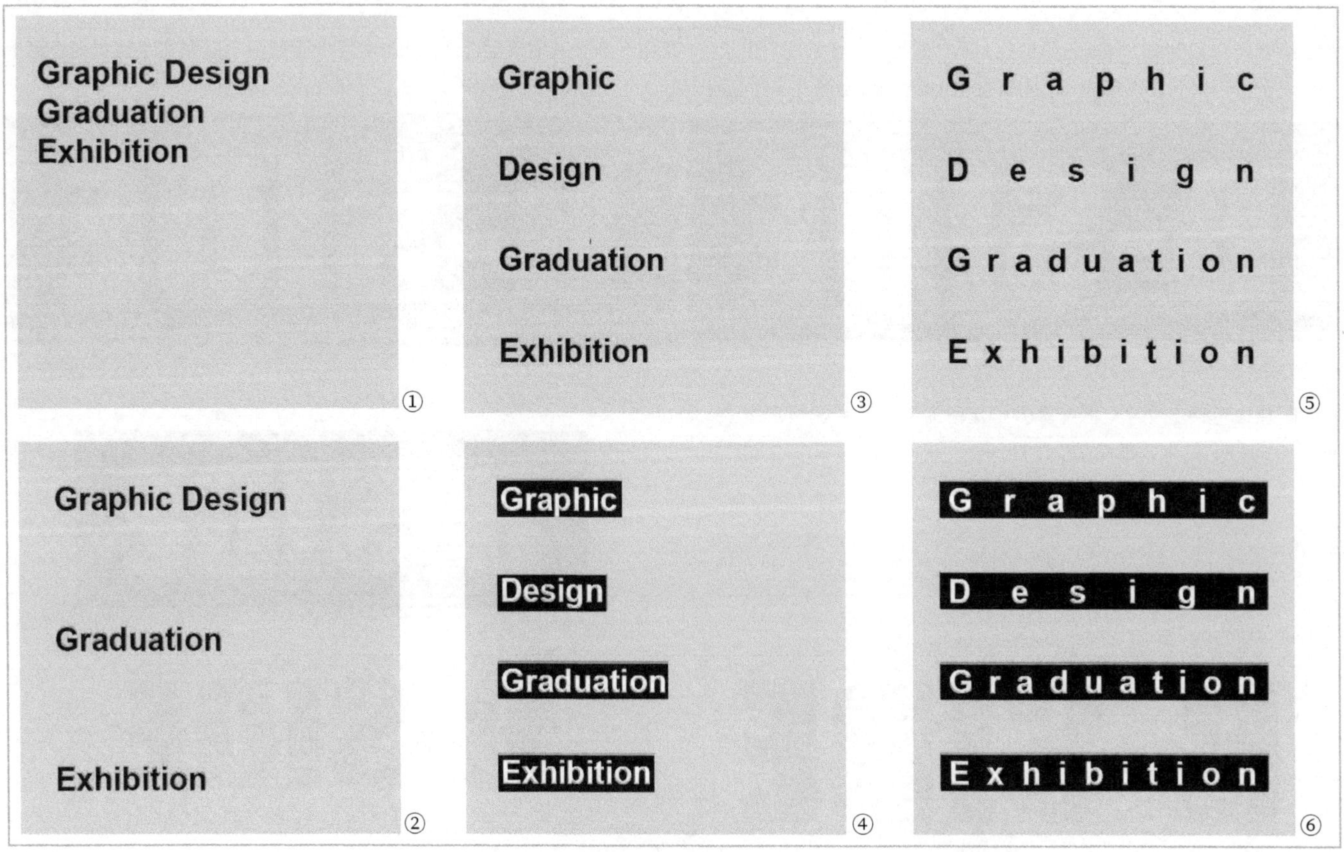

图8-109

　　进一步在版式中加入变化,如图8-110所示。⑦分行、拉大行距以撑满整个版面,文字居中对齐,添加小圆点来加强纵向的视线引导。⑧中文字全部两端对齐,用不同的字体样式和斜体来区分两部分信息,添加下划线增加横向的视线引导。⑨在行距较大的情况下斜排每一行文字,产生向下倾斜45°的视线引导。⑩中文字全部两端对齐、字体大小加大,版面被文字充满,使用不同的字体样式来区分文字的两部分。⑪加大字体大小,Graphic Design文字两端对齐,Graduation Exhibition文字居中对齐,文字越大阅读优先级越高。⑫将Graphic Design文字轮廓化,每个字母被分别放大、缩小或旋转,将文字转化为图形元素来排版。

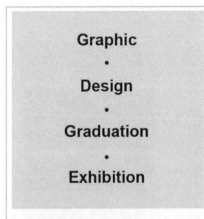

图8-110

◎ **技术专题:字距和行距的关系**

　　字距大于行距时会产生一定阅读障碍,特别是汉字,汉字本身包含横排和竖排两种排版方式,太大的字距会让人分不清是要竖着阅读还是要横着阅读。如果一定要这样排版,可以加一些引导视线的下划线或背景长框,甚至用不同的颜色来区分上下行,如图8-111所示。

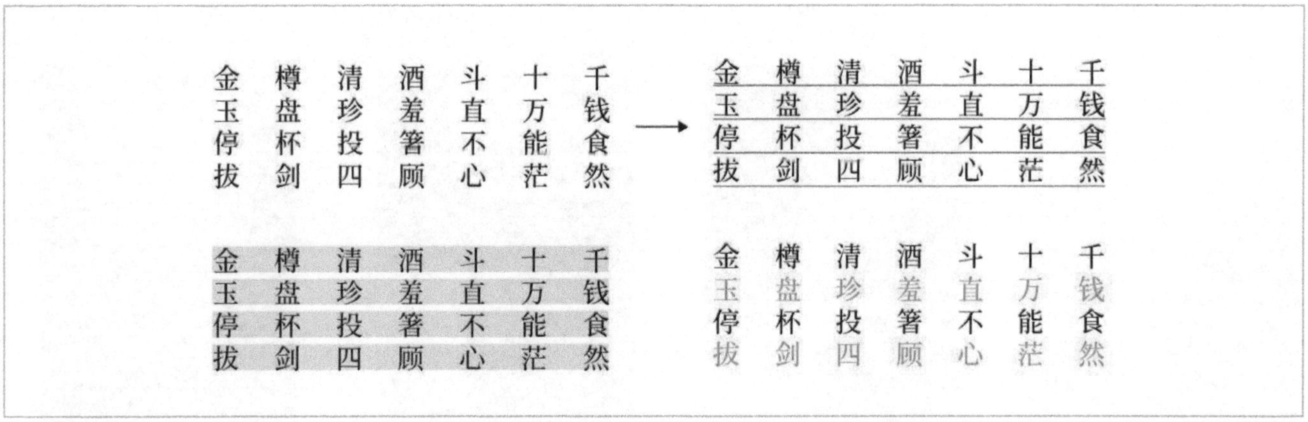

图8-111

8.3.2 文字与图像

在文字的基础上增加图像，本质上文字和图像都是为了传达信息。有些版式侧重于用图像来传达信息，有些侧重于用文字，有些比较均衡。下面用图像（黑色区域代替图像）、标题性质的文字、较多的次一级文字来展示几种简单的排版方式。

①和②版式左右分布，图像的数量、图像和文字的比例可自由变化，如图8-112所示。

③和④版式上下分布，图像的数量、图像和文字的比例可自由变化，如图8-113所示。

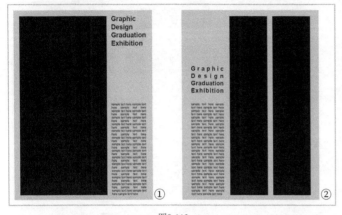

图8-112

图8-113

⑤将文字叠加在图像上，若图像比较花哨，影响文字阅读，可以在文字下添加一个纯色的矩形来凸显文字。若要增加一些通透感，降低矩形的不透明度，隐隐透出下方图片内容即可，如图8-114所示。

⑥版式中图像本身比较简洁，不影响文字阅读，只是和整体版式的背景色相差太大，那么同一段文字就可以在图像上使用一种颜色，在背景上使用另一种颜色，以凸显文字，如图8-115所示。

图8-114

图8-115

⑦～⑩版式中添加了不规则图像和文本框，不规则图像的范围非常广，基础的几何形状或复杂的有机形状都可以作为不规则图像。在不规则图像的基础上使用规则的文本框或不规则的文本框都可以，视画面协调性而定，如图8-116所示。

非对称与对称　　　　　　　　　　　　　　隔开文字和包裹文字

图8-116

⑪和⑫版式将版面等分，一些区域放图像、一些区域放文字，等分本质上就是使用网格系统来进行版式设计，版面规整。分隔开的区域也可以合并成更大的区域使用，如图8-117所示。⑬和⑭版式则是合并等分区域，但合并后的区域大小、形状并不相同，整体版式变化中蕴含规则但又有变化，如图8-118所示。⑮和⑯版式则在版面中留大面积空白，如图8-119所示。

图8-117

图8-118

图8-119

这些都是比较简单的图文布局方式，可以单独使用，也可以叠加使用。当然还有很多其他版式和延展出来的变形版式。万变不离其宗，核心就是有效传达信息。

◎ **技术专题：网格系统在版式设计中的运用**

使用网格系统就是用纵向和横向的辅助线来等分版面，将文字和图像有序地放置在网格中，以此创造整洁、有序的版式。制作网格系统不是设计版式的唯一方式，但网格系统能帮助设计师更快速地安排图文的位置，初学者也很容易上手，在大量的书页、杂志页和网页中也能保证设计框架的统一性。

网格系统的制作需要用到参考线，新建A4大小的画板后，使用快捷键Ctrl＋R打开标尺，拖曳水平和垂直的标尺，得到水平及垂直参考线来制作网格。参考线在未被锁定的情况下，和直线段一样，可以被复制、移动、旋转、锁定、编组和删除。

或者使用"直线段工具" ╱ 绘制网格后使用快捷键Ctrl＋5将其转化为参考线。例如，新建A4大小的灰色矩形作为背景并将其锁定，使用"直线段工具" ╱ 沿着矩形边缘绘制4条直线段。将4条直线段分别朝中心移动5mm，中间深灰的部分即页面的版心，周围5mm宽的边缘留空。绘制3条垂直直线段，选择

图中的5条垂直直线段，在"对齐"面板中单击"水平居中分布"按钮 ▦，使5条垂直直线段等距分布，如图8-120所示。

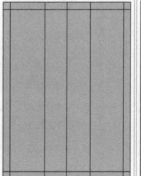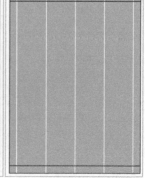

图8-120

绘制3条水平直线段,选择图中的5条水平直线段,在"对齐"面板中单击"垂直居中分布"按钮📚,将5条水平直线段等距分布。选择所有直线段并使用快捷键Ctrl + 5将其转化为参考线,得到4×4大小的网格系统,如图8-121所示。

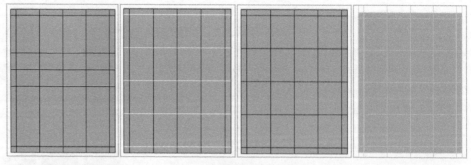

图8-121

使用此网格系统设计版式(黑色矩形代表图像),如图8-122所示。可以在格子间保留一些空间,网格系统不是僵硬的规则,需要灵活运用和调整。

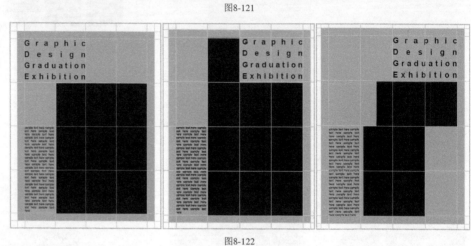

图8-122

👑 重点

👆 案例训练:制作小说海报

实例文件	实例文件>CH08>案例训练:制作小说海报
素材文件	无
难易程度	★★☆☆☆
技术掌握	文字工具和效果

本案例使用"文字工具"🅣和效果制作小说海报,颜色值如图8-123所示,最终效果如图8-124所示。

黑色
C:0
M:0
Y:0
K:100

图8-123

图8-124

01 新建一个250mm×350mm的画板，使用"文字工具" **T** 输入主标题，设置"字体"为"思源黑体 CN"、"字体样式"为Heavy、"字体大小"为250pt、"行距"为250pt，将行距减小，如图8-125所示。

02 选择文字并执行"效果＞扭曲和变换＞收缩和膨胀"菜单命令，在打开的对话框中设置参数值为−12％后单击"确定"按钮，如图8-126所示。

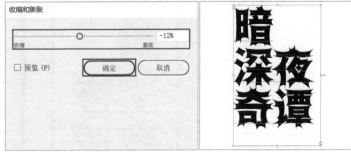

图8-125 　　　　　　　　　　　　　　　　　　　　　　　　　　　　　　图8-126

03 选择文字，执行"效果＞扭曲和变换＞波纹效果"菜单命令，在打开的对话框中设置"大小"为0.7mm、"每段的隆起数"为12，单击"确定"按钮添加波纹效果，如图8-127所示。

04 确定不需要修改文字后，选择文字并单击鼠标右键，执行"创建轮廓"命令进入隔离模式，选择"暗"文字并使用快捷键Shift＋↑将其往上移动一段距离，如图8-128所示。

05 使用"直排文字工具" **↓T** 拖曳出文本框后输入小标题，设置"字体大小"为53pt，在"段落"面板中单击"全部两端对齐"按钮|||||对齐文字，如图8-129所示。

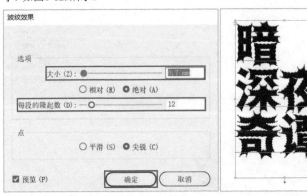

图8-127 　　　　　　　　　　　　　　　　　　　图8-128 　　　　　　　　　　　图8-129

06 使用"文字工具" **T** 拖曳出文本框后输入文案，设置"字体大小"为13pt，在"段落"面板中单击"全部两端对齐"按钮|||||对齐文字，如图8-130所示。

07 绘制一个250mm×350mm的矩形，设置"填色"为白色、"描边"为黑色、"粗细"为20pt、"对齐描边"为"使描边内侧对齐"，放置在最底层作为背景，放上大标题、小标题和文案，海报制作完成，如图8-131所示。

图8-130 　　　　　　　　　　　　　　　　　　　　　　　　图8-131

08 复制一份海报，选择"暗深夜奇谭"文字，在"外观"面板中交换两个效果的顺序，"波纹效果"在上、"收缩和膨胀"在下，改变效果的顺序后会产生不一样的叠加效果，效果如图8-132所示，最终效果如图8-133所示。

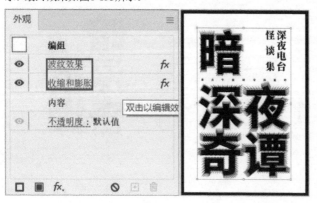

图8-132

图8-133

① 技巧提示

　　文字不仅可以用来传达信息，还可以用来营造氛围。合适的效果能让文字变成独特的图形元素，带来独特的视觉观感。

♛重点

✋ **案例训练：制作简洁感文字海报**

实例文件	实例文件＞CH08＞案例训练：制作简洁感文字海报
素材文件	无
难易程度	★★☆☆☆
技术掌握	文字工具与钢笔工具

本案例使用"文字工具" **T** 和"钢笔工具" ✎ 制作线条缠绕文字的海报，颜色值如图8-134所示，最终效果如图8-135所示。

黑色
C:0
M:0
Y:0
K:100

灰色
C:2
M:0
Y:0
K:32

浅灰色
C:0
M:0
Y:0
K:15

图8-134　　　　图8-135

01 新建一个240mm×320mm的画板，使用"文字工具"**T**输入文字，设置"字体"为Arial、"字体样式"为Black，执行"文字＞创建轮廓"菜单命令，单击鼠标右键并执行"取消编组"命令，将每个字母自由放大并旋转至合适位置，如图8-136所示。

02 绘制一个240mm×320mm的矩形作为背景，设置"填色"为灰色、"描边"为浅灰色、"粗细"为30pt、"对齐描边"为"使描边内侧对齐"，把步骤01中的文字放置在背景矩形上，如图8-137所示。

03 使用"文字工具"**T**拖曳出文本框并输入文字，将文字放置在字母i的右下方，设置"字体大小"为10pt并单击"小型大写字母"按钮**Tt**。使用"直接选择工具"▷拖曳文本框的左下角，和字母i的倾斜角度保持一致，如图8-138所示。

04 拖曳出文本框并输入文字，设置"字体大小"为10pt，单击"小型大写字母"按钮**Tt**，将文字放置在字母p的右下角，如图8-139所示。

图8-136

图8-137

图8-138

图8-139

05 在海报底部添加文案，设置"字体大小"为18pt，设置上两行文字的"字体样式"为Black、下两行文字的"字体样式"为Italic，在"段落"面板中单击"全部两端对齐"按钮▤，如图8-140所示，效果如图8-141所示。

06 使用"钢笔工具"✍沿阅读文字的顺序绘制一条路径，设置"描边"为白色、"粗细"为14pt。路径的走向可以产生引导读者视线的作用。执行"对象＞路径＞轮廓化描边"菜单命令将白色路径轮廓化，如图8-142所示。

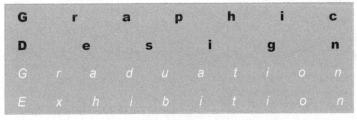

图8-140

图8-141

图8-142

07 选择路径和大标题文字，选择"实时上色工具"▥，单击生成实时上色组，选择一些字母和路径交叠的部分，设置"填色"为黑色，产生白色路径穿过黑色文字的效果，如图8-143所示，最终效果如图8-144所示。

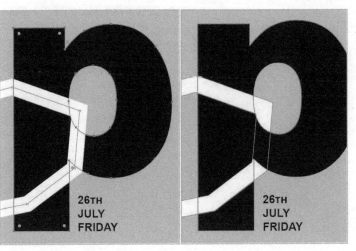

图8-143

图8-144

8.4 综合训练营

　　字符、字形、段落和版式都是文字设计的重要组成部分。对设计师来说，文字既可以传达信息，又可以转化为视觉化的图形元素。想在设计实践中将文字设计得既出彩又美观，需要日常多多练习。

☆ 重点

⊗ 综合训练：设计百年校庆海报

实例文件	实例文件＞CH08＞综合训练：设计百年校庆海报
素材文件	素材文件＞CH08＞综合训练：设计百年校庆海报
难易程度	★★★☆☆
技术掌握	网格

扫码看视频

　　本综合训练使用网格进行文字和图形的定位，针对百年校庆的数字100和年份2018的8进行海报主体图形的设计，颜色值如图8-145所示，最终效果如图8-146所示。

棕色	浅棕色	黄色
C:30 M:50	C:25 M:25	C:0 M:0
Y:75 K:10	Y:40 K:0	Y:100 K:0

绿色	蓝色	红色
C:75 M:0	C:100 M:95	C:0 M:100
Y:75 K:0	Y:0 K:0	Y:100 K:0

图8-145

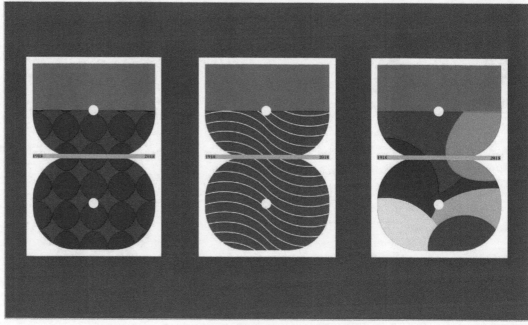

图8-146

01 打开"素材文件＞CH08＞综合训练：设计百年校庆海报"文件夹中的"网格系统1.ai"文件，画板使用了3×4大小的网格系统，使用快捷键Ctrl＋U打开智能参考线，如图8-147所示。

02 在网格内绘制两个3×2大小的红色矩形，分别选择每个红色矩形，在"变换"面板中设置"圆角半径"为63mm，将矩形转化为圆角矩形。使用"选择工具"▶选择下方圆角矩形，按↑键往上移动圆角矩形，让两个圆角矩形微微重叠，如图8-148所示。

图8-147

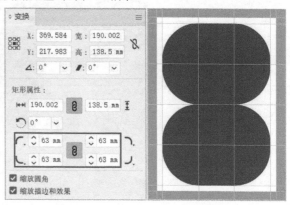

图8-148

03 选择两个圆角矩形，在"路径查找器"面板中单击"联集"按钮■，将其合并成一个对象。添加一个3×1大小的棕色矩形，再添加两个直径为15mm的小圆到圆角矩形的正中间，如图8-149所示。复制2份图形并放置在剩余的两个画板上。

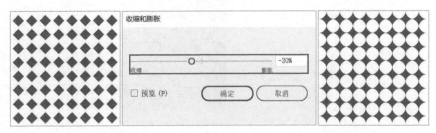

图8-149

① 技巧提示

　此图形横着观察是100，竖着观察则是8，分别对应百年校庆和年份的最后一个数字。可以结合图片和图案对主体图形进行延展，形成整个系列。

04 绘制图案1。绘制一个25mm×25mm、"填色"为红色、"描边"为无的正方形，将其旋转45°得到菱形，将菱形平铺成8×8的矩阵。选择所有图形并编组，执行"效果>扭曲和变换>收缩和膨胀"菜单命令，在打开的对话框中设置参数值为-30%，如图8-150所示。

图8-150

05 绘制图案2。使用"直线段工具" /绘制一组长为270mm、垂直间距为15mm的平行直线段，设置"填色"为无、"描边"为黑色、"粗细"为2pt，将其编组后执行"效果>扭曲和变换>扭转"菜单命令，在打开的对话框中设置"角度"为45°，将整体扭曲成曲线，如图8-151所示。

06 绘制图案3。使用"椭圆工具" ⬭自由绘制不同大小和不同填色的椭圆，完成后将所有椭圆编组，如图8-152所示。

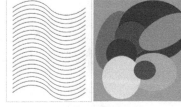

图8-151　　　　　　　　　　　　　图8-152

07 设置步骤03中完成的左侧海报图形的红色部分的"填色"为蓝色，分别嵌入图案1、图案2、图案3，如图8-153所示。

08 在100的中间部分添加一个190mm×6mm的浅棕色矩形，使用"文字工具"T拖曳出一个与浅棕色矩形长度相同的文本框并输入文字"1918"和"2018"，设置"字体"为"思源宋体"、"字体样式"为Heavy、"字体大小"为18pt，在"段落"面板中单击"全部两端对齐"按钮≡，如图8-154所示，最终效果如图8-155所示。

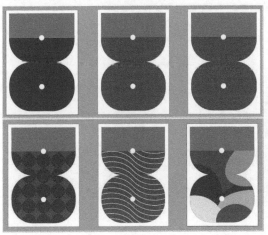

图8-153

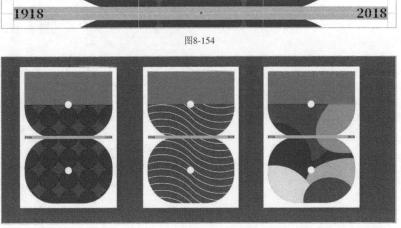

图8-154

图8-155

♛ 重点

◈ 综合训练：设计儿童读物手册

实例文件	实例文件＞CH08＞综合训练：设计儿童读物手册
素材文件	素材文件＞CH08＞综合训练：设计儿童读物手册
难易程度	★★★☆☆
技术掌握	网格系统和矩形工具

本综合训练使用网格系统和"矩形工具" ▢ 制作活泼且简洁的儿童读物手册，颜色值如图8-156所示，最终效果如图8-157所示。

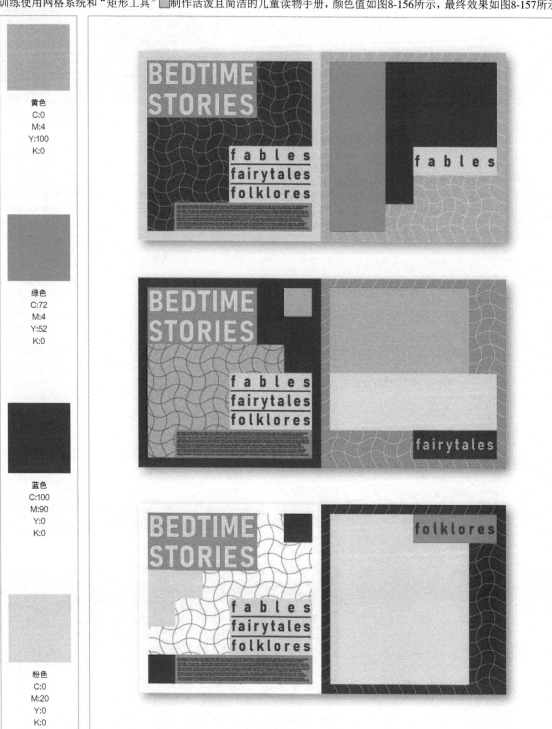

黄色
C:0
M:4
Y:100
K:0

绿色
C:72
M:4
Y:52
K:0

蓝色
C:100
M:90
Y:0
K:0

粉色
C:0
M:20
Y:0
K:0

图8-156

图8-157

01 打开"素材文件＞CH08＞综合训练：设计儿童读物手册"文件夹中的"网格系统2.ai"文件，其中包含6个200mm×200mm的画板和对应的6×6网格参考线，如图8-158所示。

02 绘制13条长为330mm、间距为14mm的垂直直线段，设置"描边"为蓝色、"粗细"为1pt，将其编组后单击鼠标右键，执行"变换＞旋转"命令旋转90°复制得到第2组直线段，形成网格，如图8-159所示。

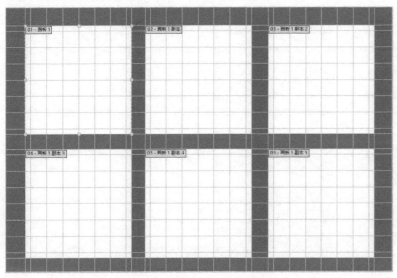

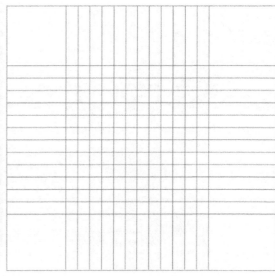

图8-158

图8-159

03 选择网格后执行"效果＞扭曲和变换＞波纹效果"菜单命令，在打开的对话框中设置"大小"为3mm、"每段的隆起数"为15，营造出波浪般的律动感，如图8-160所示。

04 绘制一个200mm×200mm的粉色矩形作为背景，使用"钢笔工具" 依据网格绘制形状，进入"内部绘图"模式 并嵌入步骤03的波浪，设置"描边"为白色，如图8-161所示。

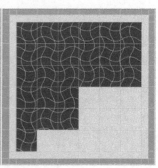

图8-160

图8-161

05 依据网格添加各种大小和填色的矩形，使用"文字工具" 添加90pt的大标题、48pt的中标题和6pt的正文文案，设置"字体"为Bahnschrift，分别选择大、中标题，单击"全部两端对齐"按钮 ，选择正文，单击"左对齐"按钮 ，完成第1个版式的左半页，如图8-162所示。

06 在右半页中绘制一个200mm×200mm的黄色矩形，进入"内部绘图"模式 并嵌入白色描边的波浪，依据网格添加各类矩形，最后添加文字，在"段落"面板中单击"全部两端对齐"按钮 ，如图8-163所示。左右两个半页构成一个跨页。

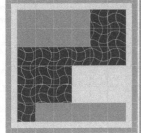

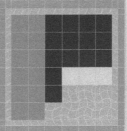

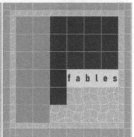

图8-162

图8-163

07 绘制第2个跨页的左半页。绘制一个蓝色矩形作为背景，使用"钢笔工具" 绘制黄色不规则的闭合路径，进入"内部绘图"模式 并嵌入蓝色描边波浪，使用"矩形工具" 依据网格添加各色矩形后添加文字，如图8-164所示。

08 第2个跨页的右半页的绘制过程如图8-165所示。第3个跨页的左半页的绘制过程如图8-166所示。第3个跨页的右半页的绘制过程如图8-167所示。

图8-164　　　　　　　　　　　　　　　　　　图8-165

图8-166　　　　　　　　　　　　　　　　　　图8-167

09 在一个项目中使用一套辅助网格可以保证所有页面灵活变化的同时维持结构上的统一，如图8-168所示，最终效果如图8-169所示。

图8-168

图8-169

第9章 透视与效果系统

Illustrator中的透视是使用一点、两点或三点透视的"透视网格工具" 来对形状、路径和文字进行简单的透视变形。效果可以添加在矢量对象上，也可以添加在位图对象上。通过添加一个或多个效果，可以得到各种特殊矢量效果和栅格效果。效果中包含许多种类供用户探索，升级后的3D效果也给平面化的Illustrator带来了有趣的3D立体效果。

学习重点

·了解透视网格	262页	·熟悉并运用各类效果	266页
·了解"3D和材质"效果	270页	·掌握在设计中添加3D效果的方式	273页

学完本章能做什么

使用"透视网格工具" 生成透视文字和图形，理解各类效果的作用并将效果运用进各类设计实践中。结合"3D和材质"效果将二维图形转为三维，获得简单而有趣的立体效果，为设计作品锦上添花。

9.1 透视网格

使用透视网格并依据透视法则可以将形状、路径和文字对象变形。

9.1.1 透视网格的设置

执行"视图>透视网格>显示网格"菜单命令或使用快捷键Shift+Ctrl+I可以显示透视网格，如图9-1所示。

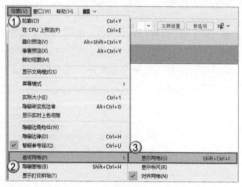

图9-1

也可以选择"透视网格工具" 打开透视网格，在使用"透视网格工具" 时单击左上角"平面切换控件"面板中的"隐藏网格"按钮 即可隐藏网格（当使用"选择工具" 和"直接选择工具" 时无效），如图9-2所示。

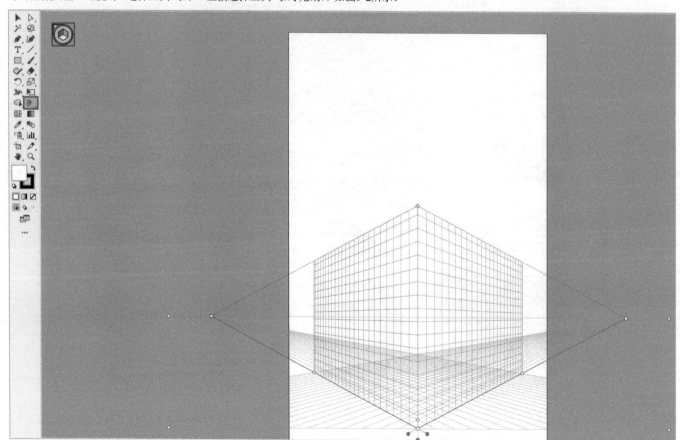

图9-2

透视网格中默认出现两点透视,如图9-3所示。可以在"视图>透视网格"子菜单中选择"一点透视"或"三点透视"。

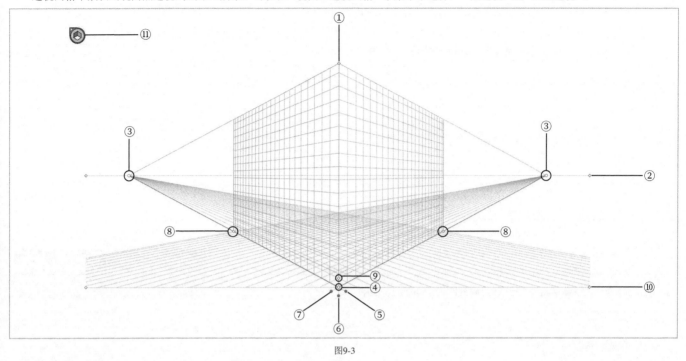

图9-3

重要参数详解

①垂直网格高度:拖曳可以调整透视网格的整体高度,如图9-4所示。

②水平线:拖曳可以升高或降低水平线,调整透视网格至合适的角度,如图9-5所示。

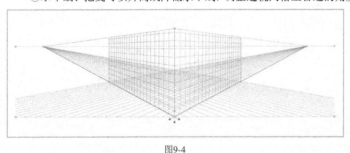

图9-4

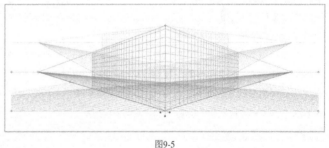

图9-5

③左/右侧透视灭点:拖曳可以调整透视的构成,如大幅拉近左右侧的透视灭点,如图9-6所示。

④原点:3个面交汇的点即原点。

⑤左侧网格平面控制:拖曳可以调整左侧立面在透视网格里的位置,如图9-7所示。

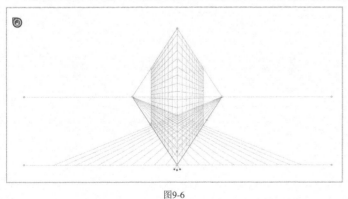

图9-6

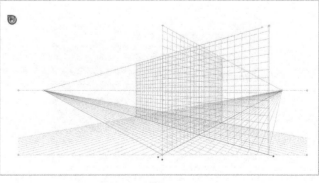

图9-7

⑥水平网格平面控制：拖曳可以调整水平面在透视网格里的位置。

⑦右侧网格平面控制：拖曳可以调整右侧立面在透视网格里的位置。

⑧网格长度：拖曳可以增加或减小左侧或右侧立面的面积，减小右侧网格的长度，即减小右侧立面的面积，如图9-8所示。

⑨网格单元格大小：拖曳可以整体增大或减小线间距，如图9-9所示。

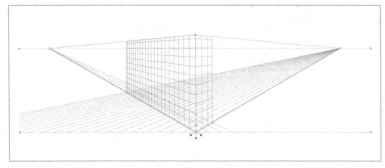

图9-8

图9-9

⑩地平线：拖曳地平线两端的空心菱形点可以移动整个透视网格。

⑪"平面切换"面板：用于选择要添加图形或文字的立面，可随时切换左侧、右侧、水平和无现用网格面，单击"隐藏网格"按钮即可隐藏网格，如图9-10所示。

图9-10

9.1.2 建立透视对象

有了透视网格后，就可以在网格中建立对象了。在左上角的"平面切换"面板中选择"左侧网格"，使用"矩形工具"绘制一个粉色矩形，即可在左侧网格上得到一个透视粉色立面；选择"右侧网格"并使用"矩形工具"绘制一个蓝紫色矩形，即可得到一个透视蓝紫色立面，如图9-11所示。

不能使用"选择工具"或"直接选择工具"拖曳透视网格中的图形，需要使用"透视选区工具"（快捷键为Shift＋V）选择需要移动的图形并拖曳。使用"透视选区工具"分别拖曳粉色矩形和蓝紫色矩形，透视效果会实时变化，如图9-12所示。

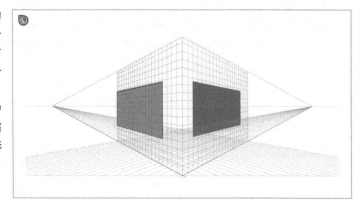

图9-11

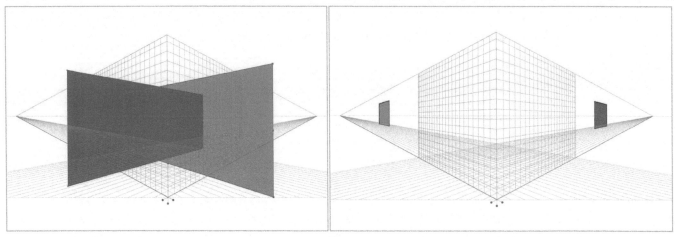

图9-12

隐藏透视网格不会关闭文字和图形上的透视。选择透视对象并执行"对象＞扩展"菜单命令，可将透视对象转为具体路径，便于后续继续进行加工设计。可以使用常规的"选择工具"▶正常移动扩展后的对象，也可以使用"透视选区工具"▶再次将其拖曳到透视网格中。

⑦ 疑难问答：如何将路径和文字对象放置透视网格中并产生透视变形？

透视网格打开时，使用形状工具绘制的形状在绘制时已产生透视变形。使用"钢笔工具"✐或"铅笔工具"✐绘制的路径和使用"文字工具"T输入的文字则不受透视网格影响，不会自动产生透视变形。

若要让文字和路径产生透视变形，需要输入完文字和绘制完路径后使用"透视选区工具"▶拖曳该文字和路径到透视网格中。在"平面切换"面板中选择"左侧网格"时，自动拖到网格左侧面中；选择"右侧网格"时，自动拖曳到网格右侧面中，如图9-13所示。

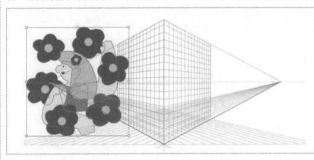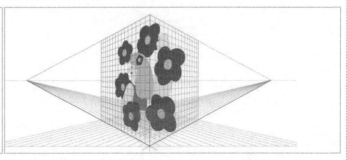

图9-13

再次调整透视网格，如向内拖曳灭点或改变透视的角度，网格内的对象并不会随着透视法则的改变而改变。若要让对象再次适应新的透视法则，需要使用"透视选区工具"▶稍微拖曳该对象，移动后对象即会根据新的透视法则来变形。若要删除网格中的对象，使用"选择工具"▶选择并按Delete键删除即可。

文字不直接受透视网格影响，若需要在透视网格中输入文字，则需要使用"文字工具"T输入文字，然后使用"透视选区工具"▶拖曳文字到透视网格中，如图9-14所示。

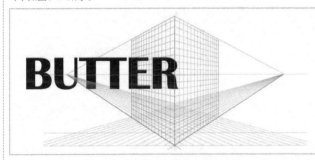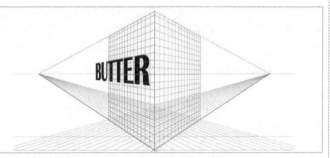

图9-14

使用"透视选区工具"▶单击文字会出现文本框，拖曳文本框的四角即可自由缩放文字，按住Shift键并拖曳可等比缩放，双击文本框可以进入隔离模式修改文字，如图9-15所示。

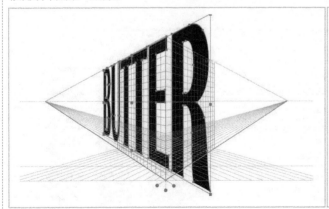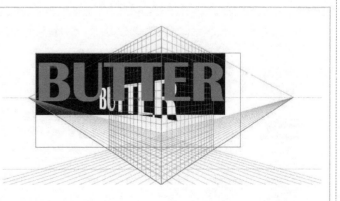

图9-15

9.2 效果

效果可以用于某个对象、组或图层。"效果"菜单中共包含"Illustrator效果"和"Photoshop效果"两类效果，如图9-16所示。

选择对象并添加某种效果后，选择其他对象并执行"效果＞应用上一个效果"菜单命令或使用快捷键Shift＋Ctrl＋E可赋予其他对象此效果。添加的效果都会被记录在"外观"面板中，fx代表着效果，需要返回修改效果则双击fx按钮或单击效果名称，打开效果的参数对话框进行调整，如图9-17所示。

图9-16

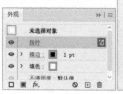

图9-17

9.2.1 Illustrator效果

之前的许多案例都使用到了Illustrator效果，大部分效果对矢量对象有效，部分效果可用在位图对象上。Illustrator效果中有"3D和材质""SVG滤镜""变形""扭曲和变换""栅格化""裁剪标记""路径""路径查找器""转换为形状""风格化"10种效果，如图9-18所示。

重要效果详解

3D和材质：将二维对象转为三维对象，新版Illustrator中的3D效果分为"凸出和斜角""绕转""膨胀""旋转""材质""3D（经典）"类效果。

SVG滤镜：基于可扩展标记语言（Extensible Markup Language，XML）的效果。

变形/扭曲和变换：在第3章中论述过，这两种效果用于以各种算法变形对象获得新的外观，此处不再赘述。

栅格化：将矢量对象转为位图对象。

裁剪标记：选择对象后可应用裁剪标记。

图9-18

路径：包含"偏移路径""轮廓化对象""轮廓化描边"3个效果，可对对象、文字使用。添加"路径"效果后，在没有扩展外观前，仍可继续编辑原始对象。

路径查找器：仅可应用于组、图层和文字对象。应用该效果后，在没有扩展外观前，仍可继续编辑原始对象。

转换为形状：将矢量对象的形状转换为矩形、圆角矩形或椭圆。在没有扩展外观前，保留原始对象的可修改性。

风格化：包含"投影""内发光""外发光""羽化"等效果。

例如，绘制一个3×3大小的"填色"为红色、"描边"为蓝色的点阵，执行"效果＞扭曲和变换＞收缩和膨胀"菜单命令添加效果，膨胀35％可获得四叶草效果，收缩-41％可得类似十字的效果，如图9-19和图9-20所示。

执行"效果＞风格化＞涂抹"菜单命令添加效果，可以得到类似用马克笔绘制的彩色线条的效果，如图9-21所示。

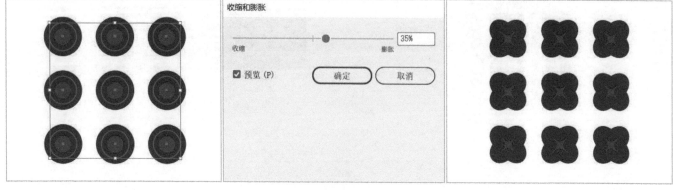
图9-19

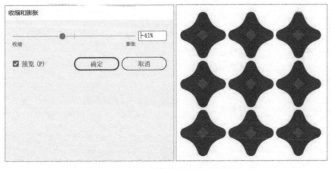

图9-20 图9-21

执行"效果>转换为形状>圆角矩形"菜单命令,可以将圆形转化为圆角矩形,如图9-22所示。

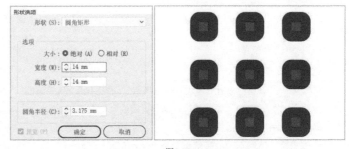

图9-22

◎ **技术专题:"路径"效果和"路径"菜单命令的区别**

"效果>路径"子菜单中的"偏移路径""轮廓化对象""轮廓化描边"命令在"对象>路径"子菜单中也存在,两者有何区别?

例1:"轮廓化描边"命令的区别。

绘制一个"填色"为红色、"描边"为蓝色、"粗细"为8pt的圆形,执行"对象>路径>轮廓化描边"菜单命令将其转换为闭合路径,可得到一个蓝色圆环和红色圆形,如图9-23所示。这个操作是一次性的,转化为闭合路径后就不再是描边。若要撤销轮廓化描边操作,只能使用快捷键Ctrl+Z。若关闭文档再次打开则无法撤销该轮廓化描边操作。对象无描边时执行"对象>路径>轮廓化描边"菜单命令无效。

图9-23

如果为圆形添加"轮廓化描边"效果,描边依然存在,可以设置不同的描边参数,如图9-24所示。执行"对象>扩展外观"菜单命令后轮廓化结果转为实际路径,扩展外观前"轮廓化描边"效果类似一个添加在对象身上的实时法则,调整对象描边参数时,"轮廓化描边"效果的计算结果也会实时更新,保留了原始对象的可修改性。若要撤销轮廓化描边操作,在"外观"面板中单击"轮廓化描边"效果左侧的"单击以切换可视性"按钮👁隐藏效果或直接删除效果即可。关闭文档后再次打开也能继续设置"轮廓化描边"效果的参数。

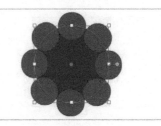

图9-24

例2:"偏移路径"命令的区别。

选择一个圆形并执行"对象>路径>偏移路径"菜单命令,可直接生成偏移后的第2个圆形,不能再次设置偏移参数,只能撤销重做。添加"偏移路径"效果后,可单击"外观"面板中的"偏移路径"效果再次打开对话框设置参数。若要撤销偏移操作,在"外观"面板中隐藏或删除效果即可。若要获得偏移后的实际路径,则需扩展外观。未扩展外观时关闭文档后再次打开也能继续调整。

"效果"菜单中的任何一种效果都不会直接修改对象路径,而会成为对象的一种属性,可以随时设置效果参数、原始对象属性或关闭效果,灵活性更强。

9.2.2 Photoshop效果

Photoshop效果包含"效果画廊""像素化""扭曲""模糊""画笔描边""素描""纹理""艺术效果""视频""风格化"等10种效果，如图9-25所示。可对矢量对象和位图对象添加Photoshop效果，主要目的是赋予扁平的矢量作品一些肌理感和绘画感。

图9-25

重要效果详解

像素化：将矢量像素化，包含"彩色半调""晶格化""铜版雕刻""点状光"效果。

扭曲：为图形添加一层滤镜，类似用玻璃或水纹来扭曲画面。

模糊：对图形进行模糊。

画笔描边：使用不同的画笔和油墨来给图形描边。

素描：为图形添加纹理，以黑白色来重制，带有手绘效果。

纹理：给图形增加纹理。

艺术效果：模拟传统绘画质感，如"蜡笔""干画笔""海绵"等效果。

视频：对视频截图或对用于电视放映的图稿进行优化。

风格化：用于照亮边缘，给颜色边缘加上类似霓虹灯的效果。

例如，对一个"填色"为白色、"描边"为黑色的正方形添加Photoshop效果，执行"效果＞素描＞便条纸"菜单命令添加效果，产生带纹理的粗纹纸质感，如图9-26所示。

图9-26

执行"效果＞纹理＞染色玻璃"菜单命令添加效果，会产生类似玻璃颗粒的效果，如图9-27所示。

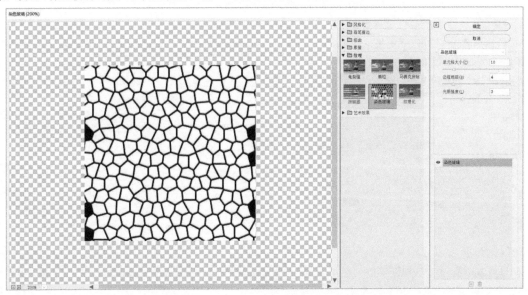

图9-27

也可以为位图对象添加效果，将一张图片置入画板，执行"效果＞画笔描边＞喷溅"菜单命令添加效果后形成毛糙质感，如图9-28所示。

执行"效果＞素描＞撕边"菜单命令添加效果后形成黑白对比强烈的颗粒肌理感，如图9-29所示。

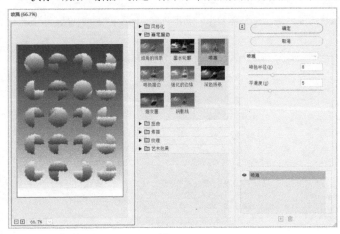

图9-28

图9-29

执行"效果＞扭曲＞扩散亮光"菜单命令添加效果后产生类似强光照射下的朦胧模糊效果，如图9-30所示。

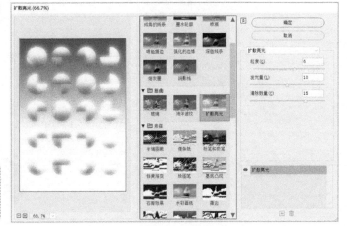

图9-30

ⓘ 技巧提示

　　Illustrator中的Photoshop效果主要起锦上添花的作用，实际操作时更复杂的肌理效果建议在Photoshop中添加。

9.2.3 3D和材质

　　"3D和材质"效果是比较特殊的效果，能够结合打光、投影和材质将开放路径或闭合路径制作成较简单的立体图形。"效果＞3D和材质"子菜单中包含6种效果，其中"3D（经典）"为旧版3D效果，如图9-31所示。

　　前5个效果使用同一个"3D和材质"面板，分为"对象""材质""光照"3个选项卡，"平面""凸出""绕转""膨胀"4种3D类型，如图9-32所示。

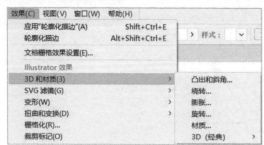

图9-31　　　　　　　　　　　　　　　　　　　　　　图9-32

重要参数详解（对象）

　　使用光线追踪进行渲染：单击该按钮可选择"实时预览"和"光线追踪进行预览"，后者光感质感更优，但计算机内存消耗也更大，可以单击"渲染设置"按钮进行设置，如图9-33所示。

　　平面：创造扁平的3D对象，不包含厚度。

　　旋转："预设"下拉列表中包含提前设置好的旋转角度，若将一个"填色"为灰色的圆形绕x轴环绕35°、绕y轴环绕35°、绕z轴环绕86°，可获得一个变形的圆形，如图9-34所示。

　　凸出：通过向路径增加线性深度来建立3D立体效果。凸出包含"深度""斜角""旋转"3个参数，"旋转"参数同"平面"的"旋转"参数。

　　深度：厚度，如设置图9-34中圆形的"深度"为200pt，效果如图9-35所示。

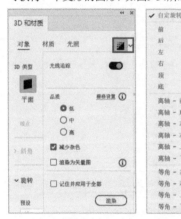

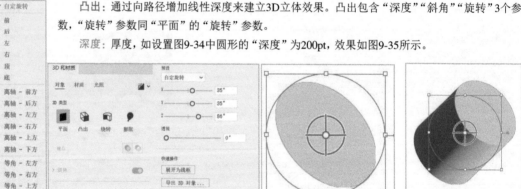

图9-33　　　　　　　　　　　　　　　　　图9-34　　　　　　　　　　　　　　　　　图9-35

　　端点：分别为"开启端点以建立实心外观"和"关闭端点以建立空心外观"，可选择建立实心或空心的3D对象。

　　斜角：通过右侧的开关开启，"斜角形状"下拉列表中有多种预设，如图9-36所示。例如，设置"斜角形状"为"圆角"，不勾选"内部斜角"和"两侧斜角"（对象一端外侧凸出圆角），设置"重复"为1；只勾选"内部斜角"（对象一端内侧凹进圆角），设置"重复"为2；只勾选"两侧斜角"（对象两端都凸出圆角），设置"重复"为3，3种效果的对比如图9-37所示。

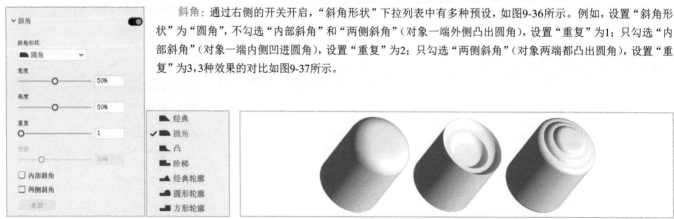

图9-36　　　　　　　　　　　　　　　　　　　　　　　　图9-37

绕转：通过旋转路径来建立3D立体效果，让平面对象在空间里围绕一个中心绕转一圈变成立体对象，如图9-38所示。

绕转角度：控制绕转的方向，"绕转角度"为120°和180°时的对比效果如图9-39所示。

位移：距离中心的自定义距离，"位移"为22pt和85pt时的对比效果如图9-40所示。

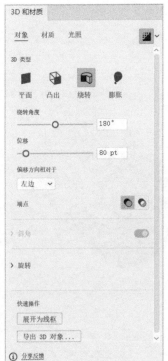

图9-38

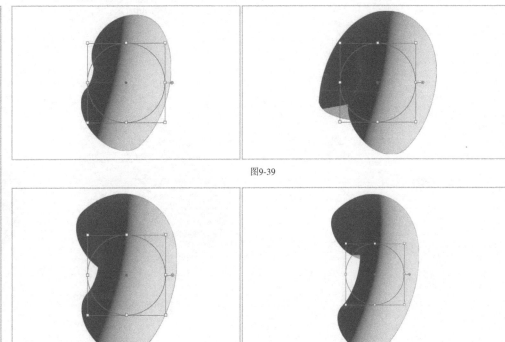

图9-39

图9-40

膨胀：通过向路径增加凸起厚度来建立3D立体效果。例如，绘制灰色和黑色的同心圆，将其编组后添加"膨胀"效果，设置"深度"为0pt、"音量"为100%，不勾选"两侧膨胀"（仅正面膨胀），勾选"两侧膨胀"并设置"X"为5°，如图9-41所示，对比效果如图9-42所示。

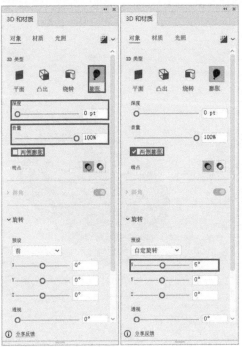

图9-41

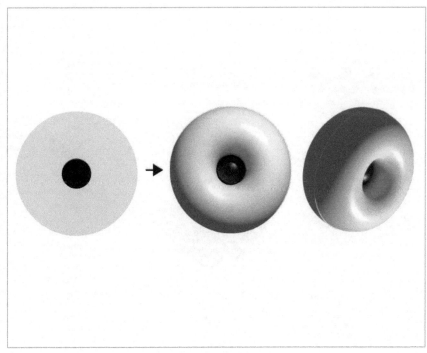

图9-42

271

重要参数详解（材质）

"材质"选项卡包含"材质"和"图形"。默认使用"基本材质"卷展栏中的"默认"为对象添加材质，也可以选择"Adobe Substance材质"卷展栏中的材质为对象添加材质，"属性"卷展栏中包含"基本属性"和贴图算法。可以使用"图形"中的图形作为贴图贴在3D对象上，如图9-43所示。使用"天然金"和"英式白蜡木镶板"材质的对比效果如图9-44所示。

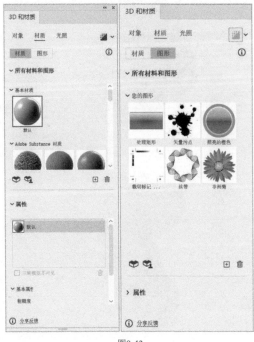

图9-43　　　　　　　　　　　　　　　　图9-44

重要参数详解（光照）

在"光照"选项卡中可以调整3D效果中的光照效果，如图9-45所示。

预设：包含"标准""扩散""左上""右"4种光照角度、光照方式的预设，当"预设"为"左上"和"右"时，对比效果如图9-46所示。

颜色：单击右侧色块可打开拾色器选择光线颜色，可通过调节下方的"强度""旋转""高度""软化度"和环境光的"强度"参数来调整光照效果，蓝色光照效果如图9-47所示。

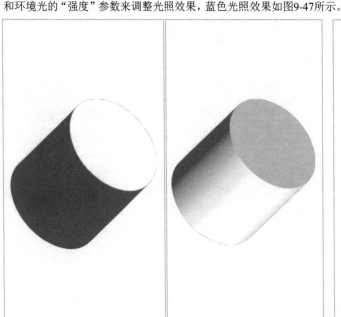
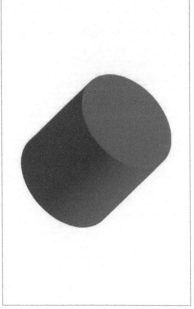

图9-45　　　　　　　　　　图9-46　　　　　　　　　　图9-47

暗调：增加或减少阴影，可以使用"到对象的距离"和"阴影边界"参数来调节阴影，效果如图9-48所示。

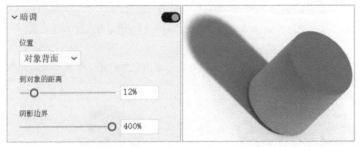

① 技巧提示

　　调节光照和材质时，选择光线追踪进行渲染，虽然会占用计算机大量内存，配置较低的计算机会被严重拖慢进程甚至卡死，但是预览的效果会更优。

图9-48

执行"效果>3D和材质>3D（经典）>凸出和斜角（经典）/绕转（经典）/旋转（经典）"菜单命令能够打开旧版对话框，这些效果与"3D和材质"效果中的"凸出和斜角""绕转""旋转"效果一致，仅是参数设置对话框不同，如图9-49所示。

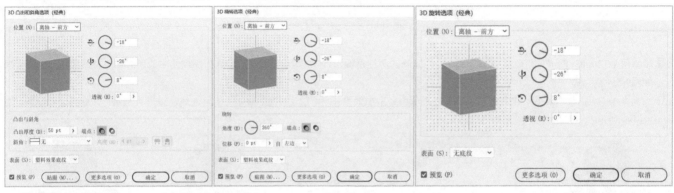

图9-49

👑 重点

🖑 案例训练：制作3D立体感头像

实例文件	实例文件>CH09>案例训练：制作3D立体感头像
素材文件	无
难易程度	★★☆☆☆
技术掌握	椭圆工具和"膨胀"效果

扫码看视频

本案例使用"椭圆工具"  与"膨胀"效果制作一个简单有趣的3D立体感头像，颜色值如图9-50所示，最终效果如图9-51所示。

红色	深红色	浅粉色	蓝色
R:230	R:153	R:255	R:0
G:0	G:0	G:204	G:159
B:18	B:0	B:204	B:232

图9-50

图9-51

01 新建一个100mm×100mm的画板，使用"椭圆工具" 绘制一个直径为45mm的浅粉色圆形、两个直径为10mm的浅粉色小圆和两个30mm×18mm的黑色椭圆，将黑色椭圆分别顺时针、逆时针旋转17°作为头发，如图9-52所示，选择所有图形并编组。

02 绘制两个直径为2mm的黑色小圆作为眼睛，绘制一个直径为5mm的红色圆形并删除顶部锚点成半圆后作为嘴巴，将眼睛和嘴巴编为一组，如图9-53所示。

03 绘制一个直径为24mm的黑色圆形作为丸子头，绘制一个直径为7mm的红色圆形和一个直径为3.5mm的白色圆形，将其叠加形成耳环，将耳环编组后复制得到第2只耳环，如图9-54所示。

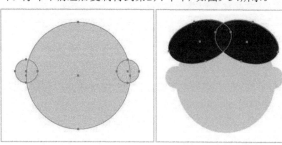  

图9-52   图9-53   图9-54

04 绘制两个12mm×8mm的红色椭圆和一个直径为5mm的深红色圆形，将其组合成蝴蝶结，选择蝴蝶结中的所有图形并编组，放置在头发上，如图9-55所示。

05 选择丸子头，执行"效果＞3D和材质＞膨胀"菜单命令添加效果，使用默认设置，单击"使用光线追踪进行渲染"按钮 进行渲染，效果如图9-56所示。

图9-55   图9-56

06 分别选择眼睛和嘴巴、脸部、蝴蝶结、两只耳环，执行"效果＞3D和材质＞膨胀"菜单命令添加效果，如图9-57所示。绘制一个100mm×100mm的蓝色矩形作为背景，最终效果如图9-58所示。

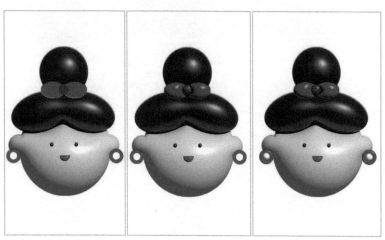 

图9-57   图9-58

案例训练：制作字母Logo

实例文件	实例文件＞CH09＞案例训练：制作字母Logo
素材文件	无
难易程度	★★☆☆☆
技术掌握	"旋转（经典）"效果

许多Logo会使用品牌首字母来作为图形部分，本案例使用"旋转（经典）"效果设计一个字母Logo，颜色值如图9-59所示，最终效果如图9-60所示。

01 新建一个40mm×60mm的画板，使用"文字工具" T 输入文字BH，设置"字体"为Britannic Bold、"字体大小"为72pt，选择文字并执行"文字＞创建轮廓"菜单命令将文字转化为路径，绘制一个和BH文字等宽的黑色矩形，如图9-61所示。

灰色
C:0
M:0
Y:0
K:35

黑色
C:0
M:0
Y:0
K:100

图9-59

图9-60

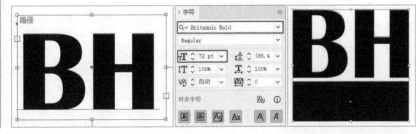

图9-61

02 执行"效果＞3D和材质＞3D（经典）＞旋转（经典）"菜单命令分别为文字和矩形添加效果，在打开的对话框中设置"指定绕X轴旋转"为-40°、"指定绕Y轴旋转"为-40°、"指定绕Z轴旋转"为20°，完成后单击"确定"按钮，如图9-62所示，效果如图9-63所示。

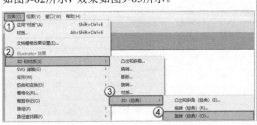

图9-62

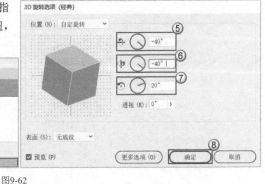

图9-63

03 选择旋转后的图形，单击鼠标右键并执行"变换＞移动"命令，在打开的对话框中设置"水平"为1.5mm、"垂直"为1.5mm后单击"复制"按钮，设置复制的图形的"填色"为灰色，形成悬浮的立体感。选择两个图形后执行"对象＞扩展外观"菜单命令，如图9-64所示。

04 使用"直接选择工具" ▷ 选择红圈标示的4个锚点后，拖曳圆角符号，将直角转化为圆角，如图9-65所示。

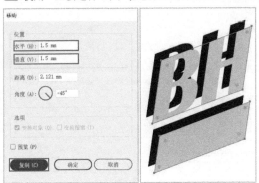

图9-64

图9-65

05 使用"直接选择工具"▷选择灰色叶片状对象，使用快捷键Ctrl＋X剪切后使用快捷键Ctrl＋V粘贴，使其从3D效果扩展成的组中独立出来，将其移动到BH文字的上方，如图9-66所示。

06 选择全部对象并执行"对象＞路径＞清理"菜单命令，在打开的对话框中单击"确定"按钮删除看不见的多余路径，如图9-67所示，最终效果如图9-68所示。

图9-66

图9-67

图9-68

👑 重点

🖐 案例训练：制作少女风迷你手提袋

实例文件	实例文件＞CH09＞案例训练：制作少女风迷你手提袋
素材文件	无
难易程度	★★☆☆☆
技术掌握	波纹效果

本案例使用波纹效果快速制作一套迷你手提袋，颜色值如图9-69所示，最终效果如图9-70所示。

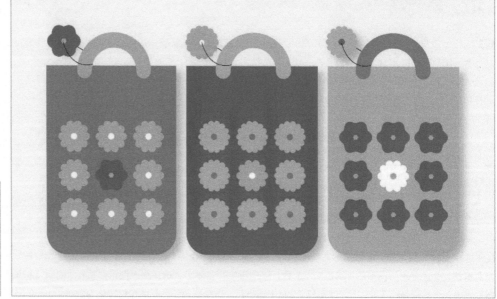

图9-70

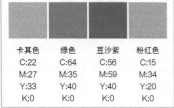

卡其色	绿色	豆沙紫	粉红色
C:22	C:64	C:56	C:15
M:27	M:35	M:59	M:34
Y:33	Y:40	Y:40	Y:20
K:0	K:0	K:0	K:0

图9-69

01 新建3个125mm×175mm的画板，在第1个画板中绘制一个直径为18mm的圆形，设置"填色"为粉红色、"描边"为豆沙紫、"粗细"为30pt、"端点"为"圆头端点"、"边角"为"圆角连接"，如图9-71所示。

图9-71

02 将圆形对象平铺成水平间隔、垂直间隔都为36mm的3×3点阵，如图9-72所示。执行"效果＞扭曲和变换＞波纹效果"菜单命令，在打开的对话框中设置"大小"为8.5％，勾选"相对"，设置"每段的隆起数"为2，单击"确定"按钮后得到花朵群，如图9-73所示。

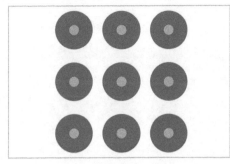

图9-72

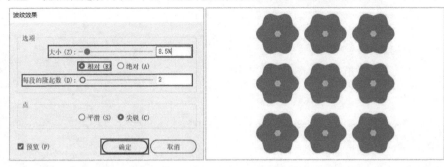

图9-73

03 复制一份步骤02中的花朵群，设置"填色"为绿色、"描边"为卡其色、"粗细"为16pt，在"外观"面板中单击"波纹效果"，在打开的对话框中设置"大小"为3.2mm，勾选"绝对"，设置"每段的隆起数"为6后单击"确定"按钮，如图9-74所示。

图9-74

04 再次复制一份步骤02中的花朵群，设置"填色"为白色、"描边"为粉红色、"粗细"为20pt，在"外观"面板中单击"波纹效果"，在打开的对话框中设置"大小"为2.5mm，勾选"绝对"，设置"每段的隆起数"为4后单击"确定"按钮，如图9-75所示。

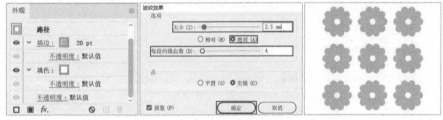

图9-75

05 绘制3个125mm×175mm的矩形，在"变换"面板中设置下方两个角的"圆角半径"为20mm并分别填色，将3个花朵群分别摆放在圆角矩形上，如图9-76所示。

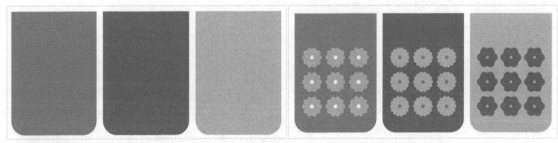

图9-76

06 将第1个花朵群中间花朵的"描边"和"填色"颜色互换，并将其和第3个花朵组中间的花朵互换，如图9-77所示。

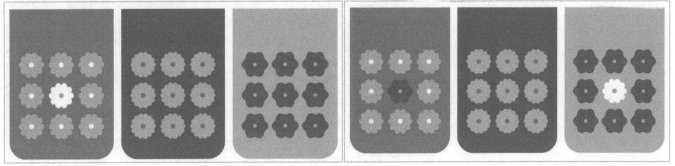

图9-77

07 将第2个花朵群中间的花朵删除，复制一朵粉红色小花并放置在中间，如图9-78所示，最终效果如图9-79所示。

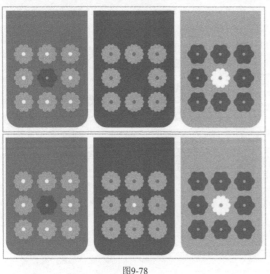

图9-78

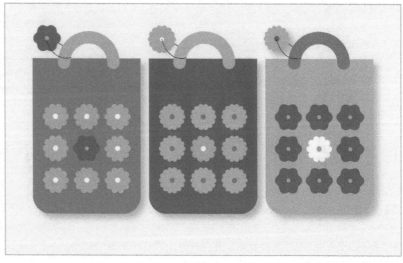

图9-79

---

① 技巧提示

完成设计后可扩展外观获得实际路径，设计阶段保留效果则更便于修改。制作手提袋实物时，还可以将小花制作成小挂件等装饰物挂在袋子上。

9.3 综合训练营

在图形设计和文字设计的基础上使用不同的效果，可以得到意想不到的外观。Illustrator的效果操作都很直观且结果实时呈现，在设计时不要嫌麻烦，可以在更多的可能性中找到有趣且好看的搭配方式。

👑 重点

◈ 综合训练：绘制可爱建模感插画明信片

实例文件	实例文件＞CH09＞综合训练：绘制可爱建模感插画明信片
素材文件	无
难易程度	★★★☆☆
技术掌握	"塑料包装"效果

扫码看视频

本综合训练使用"钢笔工具" 和"椭圆工具"
绘制插画，并结合"塑料包装"效果设计一张建模感
插画明信片，颜色值如图9-80所示，最终效果如图9-81
所示。

粉色
C:0
M:75
Y:8
K:0

图9-80

图9-81

01 新建一个148mm×100mm的画板，使用"椭圆工具" ⬭绘制一个直径为55mm的圆形，设置"填色"为黑色、"描边"为白色、"粗细"为2pt，如图9-82所示。

02 绘制一个直径为12mm的圆形，设置"填色"为白色、"描边"为白色、"粗细"为2pt。通过"内部绘图"模式⬕绘制另一个圆形作为眼珠，设置"填色"为黑色、"描边"为白色、"粗细"为2pt。完成后退出"内部绘图"模式⬕，拖曳复制出第2只眼睛，如图9-83所示。

03 绘制两个直径为6mm的圆形，设置"填色"为粉色、"描边"为无，将其作为腮红。绘制一个直径为3mm的白色圆形作为鼻子，绘制一个粉色半圆作为嘴巴，小兔子脸部制作完成，如图9-84所示。

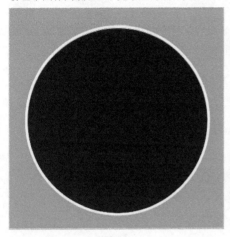
图9-82

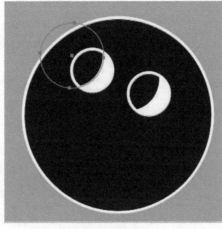
图9-83

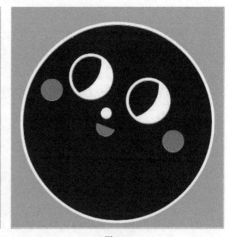
图9-84

04 绘制一个35mm×15mm的椭圆，设置"填色"为黑色、"描边"为白色、"粗细"为2pt。复制一个椭圆并使用快捷键Shift＋Ctrl＋[将其移到最底层，旋转并摆放两个椭圆后作为兔子右耳。复制两个椭圆，旋转并摆放后作为兔子左耳，如图9-85所示。

05 使用"钢笔工具" ✐添加4个锚点构成闭合路径作为身体，小兔子图形制作完成，选择所有图形并编组，如图9-86所示。

图9-85

图9-86

06 绘制一个148mm×100mm的白色矩形作为背景，通过"内部绘图"模式⬕嵌入小兔子插画和添加第1段文案，设置"字体"为Bahnschrift、"字体样式"为Bold、"字体大小"为72pt，在"字符"面板中设置"行距"为60pt，"填色"为粉色，放置在兔子的身后，如图9-87所示。

07 添加第2段文案，设置"字体"为Bahnschrift、"字体样式"为Bold、"字体大小"为20pt、"填色"为黑色，放置在左下角，如图9-88所示。

图9-87

图9-88

08 分别选择兔子和第1段文案，执行"效果>艺术效果>塑料包装"菜单命令添加效果，如图9-89所示，最终效果如图9-90所示。

图9-89

图9-90

👑 重点

◈ 综合训练：制作细线风格出游海报

实例文件	实例文件＞CH09＞综合训练：制作细线风格出游海报
素材文件	无
难易程度	★★★☆☆
技术掌握	"凸出和斜角（经典）"效果和混合工具

本综合训练使用"凸出和斜角（经典）"效果，结合"混合工具" 设计一张国庆出游海报，颜色值如图9-91所示，最终效果如图9-92所示。

绿色
C:82
M:0
Y:70
K:0

图9-91　　　　　　图9-92

01 新建A4大小的画板，使用"文字工具" **T** 输入文字"游山玩水"，设置"字体"为"思源宋体"、"字体大小"为180pt，执行"文字>创建轮廓"菜单命令将文字转为实际路径，如图9-93所示。

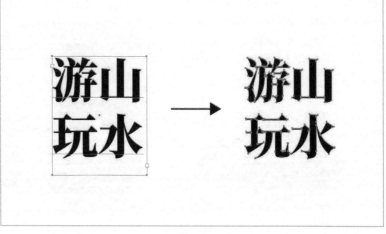

图9-93

02 选择路径，执行"效果>3D和材质>3D（经典）>凸出和斜角（经典）"菜单命令，在打开的对话框中让文字朝向左上方，设置"凸出厚度"为255pt、"表面"为"无底纹"，完成后单击"确定"按钮，选择生成3D效果的文字，如图9-94所示。

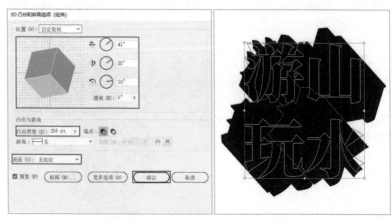

图9-94

03 选择立体字，执行"对象>扩展外观"菜单命令扩展立体字，选择扩展外观后的路径，设置"填色"为黑色、"描边"为白色、"粗细"为0.75pt，效果如图9-95所示。

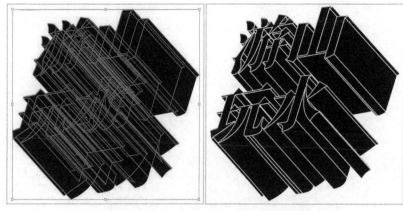

> ① **技巧提示**
>
> 此时由3D效果生成的各种立体路径都会被描边呈现出来，形成线条的立体效果。这种设计方式可以保留3D效果的立体感，而又不会产生仿真感，视觉效果介于3D和2D之间。

图9-95

04 主文案制作完成后，制作海报的视觉元素。以"山"为切入点，使用"钢笔工具" ✒ 绘制两个闭合路径，使用"混合工具" 🔩 使其混合，生成图形，如图9-96所示。

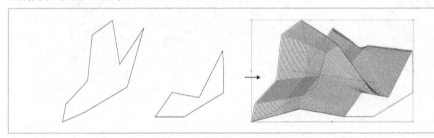
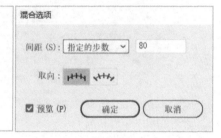

图9-96

05 复制两份图形，将3份图形和立体字堆叠起来构成群山，选择所有元素并编组，如图9-97所示。

06 添加文案"国庆去哪儿"，设置"字体"为"思源宋体"、"字体大小"为60pt，执行"效果>3D和材质>3D（经典）>凸出和斜角（经典）"菜单命令，在打开的对话框中设置"凸出厚度"为0pt，角度与主文案保持一致，单击"确定"按钮，如图9-98所示。

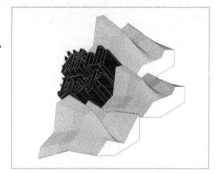

图9-97

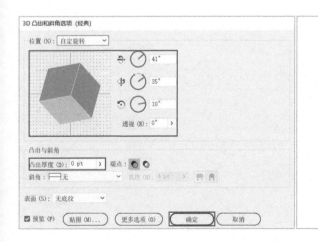

图9-98

07 绘制一个A4大小的绿色矩形，通过"内部绘图"模式 ⊕ 将群山和立体字嵌入绿色矩形中，并调整到合适位置，放入"国庆去哪儿"文案并在下方使用"钢笔工具" ✐ 绘制一个绿色矩形来凸显文字，如图9-99所示，最终效果如图9-100所示。

图9-99

图9-100

第10章 平面设计实训

平面设计（Graphic Design）也被称为视觉传达设计，是设计师使用图形图像、字体字形、版式等视觉元素和各种设计手法传达信息的艺术领域，主要用于品牌视觉识别系统设计、出版物设计、产品包装设计、海报设计、广告设计、网页设计等领域。如今，平面设计作为发展较为成熟的设计分支，风格与技巧共重、商业与艺术并进。作为与Illustrator配合默契的设计分支之一，如何借助软件建立自身的设计风格、有效传达信息，是设计师需要思考的重要内容。

学习重点 🔍

学完本章能做什么

使用Illustrator进行平面设计，如Logo设计、海报设计和包装设计等，将所学的图形、色彩、文字等方面的知识与软件技法结合，形成自身独特的设计审美与视觉语言库，以美观且高效地传达信息。

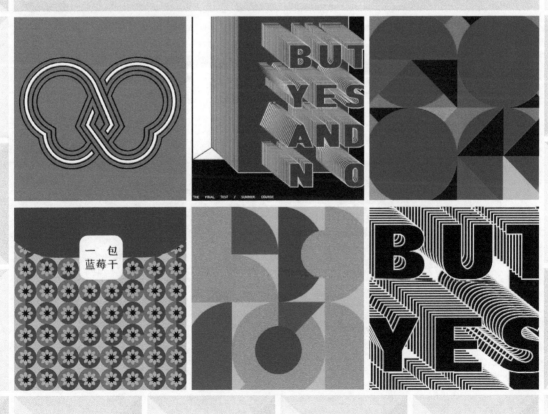

Logo设计

实例文件	实例文件 > CH10 > Logo设计
素材文件	无
难易程度	★★★★☆
技术掌握	圆形、直线段和偏移路径

本实训使用简单的圆形和直线段设计一只抽象化的蝴蝶，并且使用"偏移路径"命令来创造更细腻的视觉效果，设计一组Logo，颜色值如图10-1所示，最终效果如图10-2所示。

绿色
C:100
M:0
Y:100
K:0

图10-1   图10-2

01 绘制直径为20mm和15mm的圆形，再绘制两条与两个圆形分别相切的直线段，在"路径查找器"面板中单击"联集"按钮🔲合并两个圆形，形成蝴蝶翅膀的外侧轮廓，如图10-3所示。

02 选择两条直线段并使用快捷键Ctrl＋5将其转化为参考线，在红圈标示的相切位置使用"剪刀工具"✂剪开圆弧路径并删除左侧短的部分，使用"钢笔工具"✒沿着直线段补全翅膀的形态，设置描边的"粗细"为10pt，如图10-4所示。

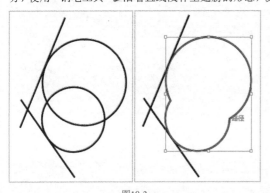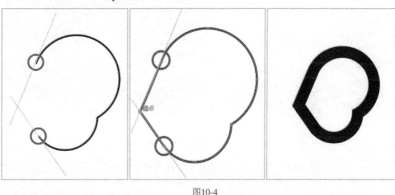

图10-3 图10-4

03 单击鼠标右键并执行"变换＞镜像"命令，垂直镜像复制第2个翅膀。执行"对象＞路径＞轮廓化描边"菜单命令将路径描边转为闭合路径，设置右边翅膀的"描边"为绿色，如图10-5所示。

04 选择两个翅膀，在"路径查找器"面板中单击"分割"按钮🔲，切开所有部分，选择下方重叠部分并设置"描边"为绿色。使用"魔棒工具"✨选择所有绿色部分并单击"联集"按钮🔲合并，选择所有黑色部分并单击"联集"按钮🔲合并，获得一对交错的翅膀，如图10-6所示。Logo图形制作完成。

图10-5 图10-6

05 在步骤04的基础上，设置翅膀的"填色"为白色、"描边"为黑色，执行"对象＞路径＞偏移路径"菜单命令，在打开的对话框中设置"位移"为−1.2mm（"位移"为负数即在原本路径上向内偏移，"位移"为正数则向外偏移），获得一个四重勾边的蝴蝶Logo，如图10-7所示。

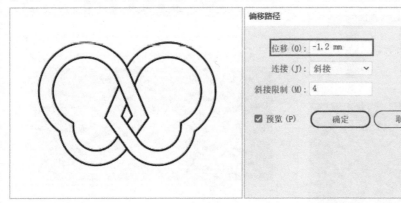

图10-7

06 设置"填色"为无，复制两份翅膀并保留，使用"直接选择工具" ▷ 选择蝴蝶Logo中间偏移出来的路径，设置"填色"为白色，如图10-8所示。

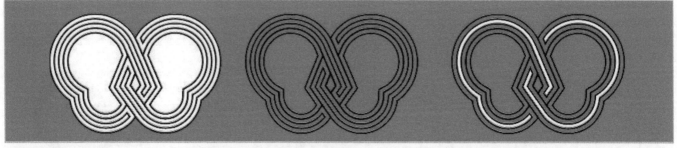

图10-8

07 添加Logo的文字部分，一个勾边样式的蝴蝶Logo就制作完成了，效果如图10-9所示。接着可以对Logo进行拓展设计。

图10-9

08 对保留的无填色、黑色描边的蝴蝶进行改色，结合不同的背景色和Logo文字色进行拓展设计。例如，白底黑字，选择蝴蝶中间的部分并设置"填色"为绿色；黑底绿字，设置蝴蝶整体的"填色"为无、"描边"为白色，如图10-10所示，最终效果如图10-11所示。

图10-10

图10-11

海报设计（字形类）

实例文件	实例文件>CH10>海报设计（字形类）
素材文件	无
难易程度	★★★★☆
技术掌握	文字工具、矩形工具、"路径查找器"面板和混合工具

扫码看视频

本实训利用现有字体，结合"路径查找器"面板和"混合工具" 🔧设计一张以文字为主的现代感海报，颜色值如图10-12所示，最终效果如图10-13所示。

蓝色
C:100
M:100
Y:0
K:0

图10-12

图10-13

01 新建一个190mm×260mm的画板，输入文案"BUT YES AND NO"，设置"字体"为Bahnschrif、"字体大小"为48pt、"水平缩放"为110%，如图10-14所示。

02 选择文字，在"段落"面板中单击"全部两端对齐"按钮 ≣，单击鼠标右键并执行"创建轮廓"命令，将文字转化为路径，如图10-15所示。

图10-14

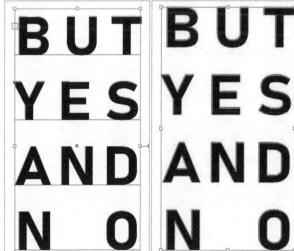

图10-15

03 设置路径的"填色"为白色、"描边"为黑色、"粗细"为1pt,单击鼠标右键并执行"变换>移动"命令,水平拖曳2mm复制文字。选择两组文字,在"路径查找器"面板中单击"联集"按钮 ,将其合并成一个文字组,如图10-16所示。

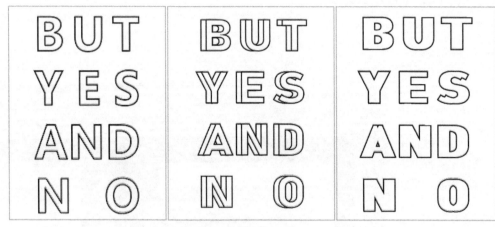

图10-16

04 使用"矩形工具" 绘制两个105mm×160mm的矩形,设置"填色"为白色、"描边"为黑色、"粗细"为1pt,并前后错位摆放。将步骤03中得到的文字等比放大至原大小的180%,放大后一前一后摆放,如图10-17所示。

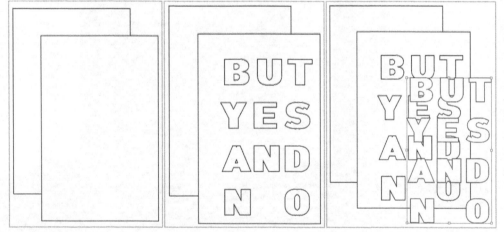

图10-17

05 使用"混合工具" 分别混合两个矩形和两个文字组,执行"对象>混合>混合选项"菜单命令,在打开的对话框中设置"间距"为"指定的步数"、值为"20",如图10-18所示。

06 绘制一个137mm×190mm的矩形,设置"填色"为白色、"描边"为黑色、"粗细"为1pt,放置在最后,使用"直线段工具" 绘制3条直线段,如图10-19所示。

图10-18

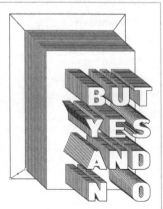

图10-19

07 绘制一个190mm×260mm的黑色矩形作为背景,在底部输入文案,设置"字体"为Bahnschrif、"字体大小"为9pt,单击"全部两端对齐"按钮≣,如图10-20所示。完成海报后可以在此基础上进行拓展设计。

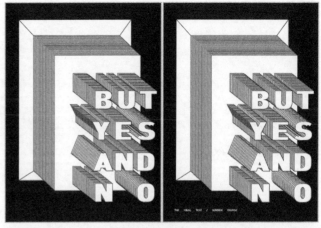

图10-20

08 拓展设计1:在纯黑白线稿的基础上为图形添加带有渐变感的颜色。复制海报图形,使用"直接选择工具"▷选择混合对象里在前的矩形,设置"填色"为蓝色、"描边"为白色、"粗细"为1pt。双击进入文字的隔离模式,选择在前的文字,设置"填色"为蓝色、"描边"为白色、"粗细"为1pt,如图10-21所示。还可以利用"混合模式"为黑白色的设计加入蓝色的渐变。

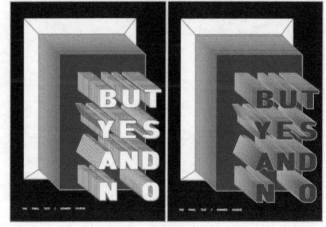

图10-21

09 拓展设计2:复制海报图形,选择文字混合组,设置"填色"为黑色、"描边"为白色、"粗细"为1pt,选中第1个矩形并设置"填色"为白色、"描边"为白色、"粗细"为1pt,产生立体感,如图10-22所示,最终效果如图10-23所示。

图10-22

图10-23

海报设计（图形类）

实例文件	实例文件＞CH10＞海报设计（图形类）
素材文件	素材文件＞CH10＞海报设计（图形类）
难易程度	★★★★☆
技术掌握	矩形、圆形和辅助网格

本实训使用简单的矩形和圆形设计一组包豪斯风格的几何海报，颜色值如图10-24所示，最终效果如图10-25所示。

| 黄色
C:6 M:16 Y:100 K:0 | 豆绿色
C:41 M:0 Y:30 K:0 | 蓝色
C:100 M:79 Y:0 K:0 | 黑紫色
C:100 M:71 Y:0 K:77 | 紫色
C:69 M:74 Y:0 K:0 |

图10-24

图10-25

01 打开"素材文件＞CH10＞海报设计（图形类）"文件夹中的"辅助网格.ai"文件，其中包含260mm×340mm的画板和4×6的网格系统（水平间隔和垂直间隔都是50mm），在设计过程中可以使用快捷键Ctrl＋5将其转化为参考线，如图10-26所示。

02 绘制两个直径为100mm的黄色圆形，选择其中一个圆形，在"变换"面板中设置"饼图起点角度"为180°将其转化为半圆，如图10-27所示。

03 绘制一个直径为50mm的豆绿色小圆和两个50mm×50mm的紫色正方形，选择其中一个正方形，删除右上角的锚点，将其转化为三角形并设置"填色"为黑紫色，如图10-28所示。

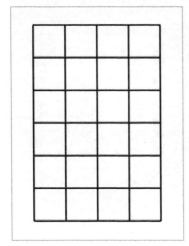

图10-26

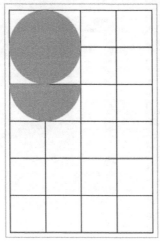

图10-27

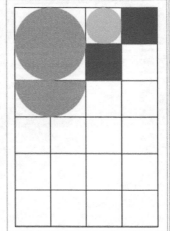

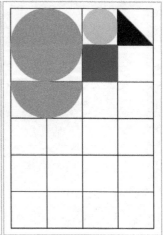

图10-28

04 绘制两个50mm×100mm的紫色长方形，选择右侧长方形右上角的圆角符号，将直角转化为圆角。所有的图形数据都和辅助网格的间隔成倍数关系，保证每个图形都能精准地嵌入辅助网格，如图10-29所示。

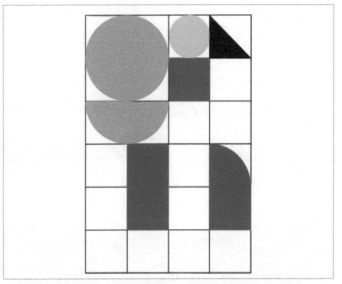

图10-29

05 通过转换方向、调整颜色、互相叠加等操作，将步骤04中的7种基础图形填入网格中。注意给画面留白，保证画面的透气感，同时注意画面的稳定性，并且相同填色的图形叠加会在视觉上融合形成新形状，如图10-30所示。

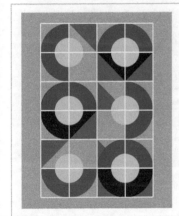

图10-30

06 使用"直排文字工具"**IT**在左上和右下处添加文案"图形的意义"，设置"字体"为"思源黑体"、"字体大小"为14pt，在"段落"面板中单击"全部两端对齐"按钮≡，添加不同颜色的矩形作为文字底图即可完成海报，最终效果如图10-31所示。

图10-31

ⓘ **技巧提示**

    在辅助网格的基础之上，结合基础图形就可以衍生出不同的图案。本实训只展示了4种放置方式，在保证画面平衡与稳定的前提下，读者可以随心所欲地创造更多的可能性。

包装设计

实例文件	实例文件＞CH10＞包装设计
素材文件	无
难易程度	★★★★☆
技术掌握	椭圆工具、内部绘图、收缩和膨胀

本实训使用水果的抽象化表达来设计小袋蓝莓干的包装，颜色值如图10-32所示，最终效果如图10-33所示。

肤色	紫色	深紫色	浅紫色
C:0 M:28 Y:28 K:0	C:59 M:58 Y:0 K:0	C:83 M:88 Y:0 K:0	C:25 M:27 Y:0 K:0

图10-32

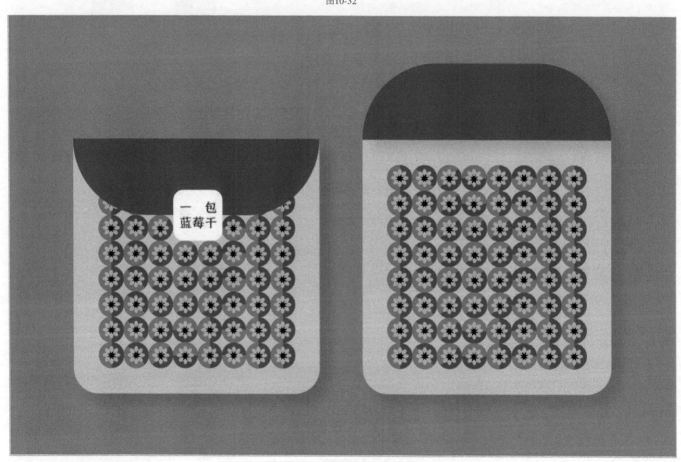

图10-33

01 新建一个100mm×100mm的画板，绘制一个直径为5mm的浅紫色圆形，执行"效果＞扭曲和变换＞收缩和膨胀"菜单命令将其膨胀成四瓣花的形状，如图10-34所示，执行"对象＞扩展外观"菜单命令将形状转换成实际的闭合路径。

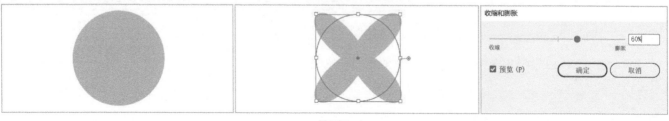

图10-34

02 选择并使用鼠标右键单击四瓣花，执行"变换＞旋转"命令旋转复制45°形成八瓣花。选择八瓣花后在"路径查找器"面板中单击"分割"按钮 🔳，将内部重叠部分切分出来，设置"填色"为黑色，这一部分是蓝莓的底部，对其进行了抽象设计，如图10-35所示。

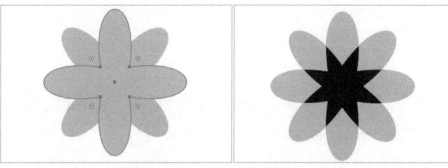

图10-35

03 绘制一个直径为10mm的深紫色圆形，通过"内部绘图"模式 🔘 绘制一个紫色的矩形，矩形边缘与直径重合即可，退出"内部绘图"模式 🔘，将蓝莓底部图形放置在正中心，一颗可爱的蓝莓就制作完成了，如图10-36所示。

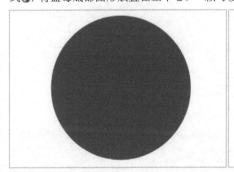
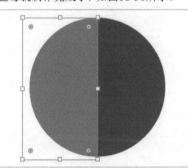
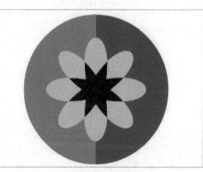

图10-36

04 在一行平铺8颗蓝莓，手动将每颗蓝莓旋转一定角度，打破复制的枯燥感，形成错落感，如图10-37所示。将一行蓝莓垂直向下复制7行，如图10-38所示。

05 绘制一个100mm×100mm的肤色矩形，在"变换"面板中设置左下角和右下角的"圆角半径"为10mm，将矩形转化为圆角矩形，将蓝莓放置在上方，如图10-39所示。

图10-37

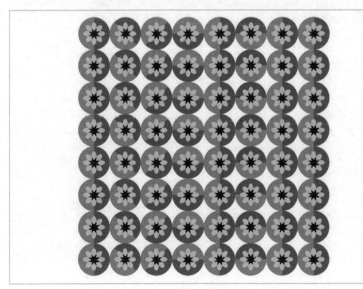

图10-38

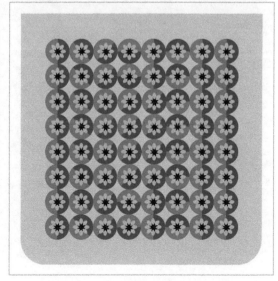

图10-39

06 绘制一个100mm×30mm的深紫色矩形，将其作为包装翻盖放置在整个图形的上方，设置左下角和右下角的"圆角半径"为30mm，如图10-40所示。

07 绘制一个20mm×20mm的白色矩形，设置"圆角半径"为4mm。添加文字"一包蓝莓干"，设置"字体"为"方正颜宋简体"、"字体大小"为14pt，在"段落"面板中单击"全部两端对齐"按钮 ，将文字和圆角矩形的组合作为标签，如图10-41所示。

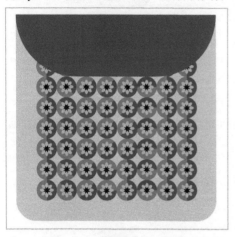 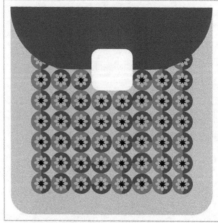 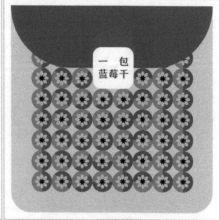

图10-40 　　　　　　　　　　　　　　　　　　　　　　图10-41

08 在实际的包装设计中还需要添加更多的内容，如产品信息、二维码、厂家信息等，最终效果如图10-42所示。

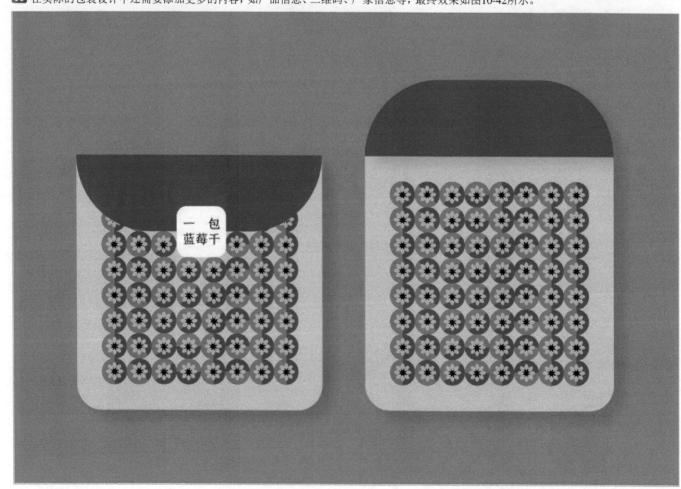

图10-42

第 11 章 UI设计实训

UI设计即用户界面（User Interface）设计，是软件核心逻辑的视觉化表达，直接决定用户的第一印象和体验感。对UI设计而言，美观只是视觉上的初级要求，更重要的是其逻辑的合理性。

矢量图形是UI设计中较常用的图形类型，虽然无法依靠Illustrator完成一整套UI设计，但是UI中的一些图形内容，如图标、状态栏、按钮等，可以使用Illustrator完成或完成一部分。本章主要以App图标设计为主，简洁和辨识度是图标设计的核心要求。

学习重点 🔍

学完本章能做什么

使用Illustrator进行界面中部分矢量元素的设计，如App启动图标的设计和App工具栏图标的设计等，将富有设计感的图形融入界面。

设计滤镜类App启动图标

实例文件	实例文件>CH11>设计滤镜类App启动图标
素材文件	无
难易程度	★☆☆☆☆
技术掌握	任意形状渐变

扫码看视频

本实训使用圆形和任意形状渐变中的"点"渐变设计一个具有立体感的滤镜类App启动图标,颜色值如图11-1所示,最终效果如图11-2所示。

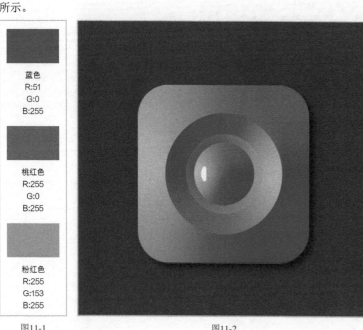

蓝色
R:51
G:0
B:255

桃红色
R:255
G:0
B:255

粉红色
R:255
G:153
B:255

图11-1   图11-2

01 新建一个512px×512px的画板,使用"矩形工具"■绘制一个512px×512px的矩形并在"变换"面板设置"圆角半径"为90px,如图11-3所示。

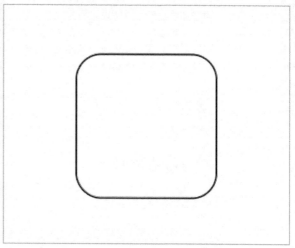

图11-3

02 在"渐变"面板中设置"类型"为"任意形状渐变"■,不论初始形状的渐变色如何,将对象里的色标删除至只剩一个。选择最后一个色标,在"色板"中选择桃红色并拖曳到相应位置,单击生成第2个色标并设置为蓝色,单击生成第3个色标并设置为粉红色,完成任意形状渐变的设置,如图11-4所示。

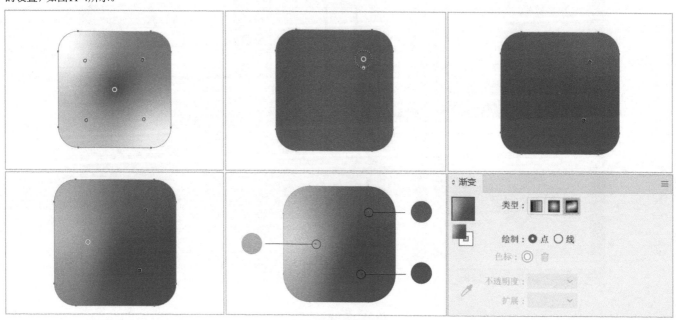

图11-4

03 绘制一个直径为350px的圆形，使用"吸管工具" ✐ 单击制作完成的圆角矩形对象，可将渐变参数复制到新绘制的圆形中，选择圆形并旋转180°，在视觉上形成相反的渐变，如图11-5所示。

图11-5

04 绘制一个直径为230px的圆形并添加径向渐变，左右两端的色标为粉红色，设置左侧色标的"不透明度"为0%、右侧色标的"不透明度"为50%，设置中点的"位置"为70%，形成透明感单色渐变圆形，如图11-6所示。

05 绘制一个直径为180px的圆形，使用"吸取工具" ✐ 吸取第1个圆角矩形的渐变参数，4个图形全部制作完成，如图11-7所示。

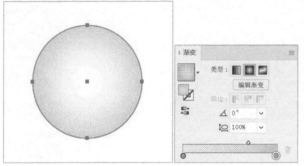

图11-6

图11-7

06 选择4个图形，在"对齐"面板中分别单击"水平居中对齐"按钮 ▪ 和"垂直居中对齐"按钮 ▪ 对齐图形，如图11-8所示。

07 制作镜头的高光效果。绘制一个矩形和一个圆形，使用"形状生成器工具" ⟳ 切出圆形的一小部分，使用"直接选择工具" ▷ 拖曳上下两个锚点，将尖角转化为圆角，设置"填色"为白色、"描边"为无，将其叠加在图标上，如图11-9所示。制作深蓝色矩形作为背景，并为图标添加投影，最终效果如图11-10所示。

图11-8

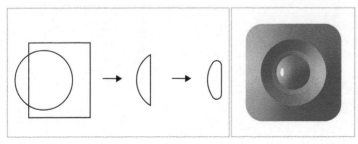

图11-9

图11-10

设计社交类App工具栏图标

实例文件	实例文件>CH11>设计社交类App工具栏图标
素材文件	无
难易程度	★☆☆☆☆
技术掌握	椭圆工具、矩形工具、直线段工具和"渐变"面板

扫码看视频

本实训将使用"椭圆工具" ◯、"矩形工具" ▢、"直线段工具" ╱、"渐变"面板制作社交App中的4个工具栏图标,颜色值如图11-11所示,最终效果如图11-12所示。

紫色
R:255 G:0 B:255

蓝色
R:51 G:0 B:255

图11-11

图11-12

01 新建一个1000px×400px的画板,绘制一个40px×80px的紫色矩形,在"变换"面板中设置"圆角半径"为20px,得到圆角矩形,如图11-13所示。

02 绘制一个直径为80px的圆形,删除顶部锚点后将圆弧放置在圆角矩形的下方,绘制一条40px的垂直直线段并放置在圆弧下方。选择全部图形并设置"描边"为紫色、"粗细"为4pt、"端点"为"圆头端点",完成后将整体编组,如图11-14所示。

图11-13

图11-14

03 绘制一个直径为50px的圆形和一个50px×70px的矩形，完成男性图标基础框架的制作。复制男性图标得到第2份，使用"钢笔工具" ✏ 在矩形左右两边的中点处分别添加一个锚点。使用"直接选择工具" ▷ 分别选择下方两个锚点并向外拖曳相同距离，选择中间两个锚点并向内拖曳相同距离，如图11-15所示。

图11-15

04 复制步骤03中的圆形，选择男性图标并进入"内部绘图"模式 ◉，粘贴圆形作为刘海儿。女性图标也使用相同的操作添加刘海儿并放置在右侧，如图11-16所示。

图11-16

05 绘制一个40px×40px的正方形并旋转45°，复制出两个正方形并摆放为心形，选择3个正方形并在"路径查找器"面板中单击"联集"按钮 ◳，使用"直接选择工具" ▷ 选择顶部和左右两端的锚点，出现圆角符号后拖曳转化为心形，如图11-17所示。

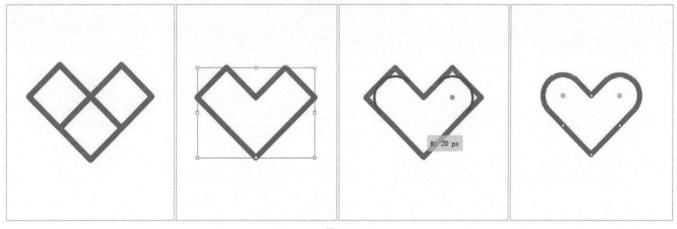

图11-17

06 绘制3条40px长的垂直直线段并编组，复制垂直直线段组并顺时针旋转45°，放置在心形中。再次复制垂直直线段组并缩短为20px，逆时针旋转45°后放置在长直线段上，将整体编组，完成爱心握手图标的制作，如图11-18所示。

07 4个图标制作完成后选择全部图标，为描边添加从蓝色到紫色的线性渐变，其他参数全部默认不改动，如图11-19所示，最终效果如图11-20所示。

图11-18

图11-19

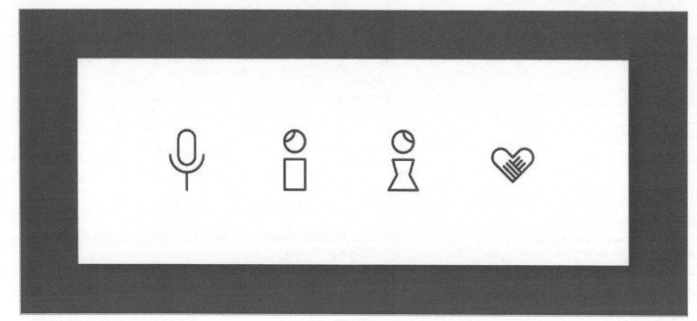

图11-20

第 **12** 章 插画设计实训

插画设计（Illustration Design）也被称为插图设计，主要使用图形辅助文字表达信息或使用图形来代替文字表达信息。插画设计近年来在商业领域一路高歌猛进，成为发展较为迅猛、前景十分广阔的设计新势力。除了传统的图书配图、儿童绘本、杂志配图等出版领域，插画设计还可以应用到现代设计领域，如包装领域、海报领域、网页领域、影视领域、游戏领域、IP开发等。Illustrator插画凭借其"矢量"的优势，在应用时更便捷、易修改、体积小。

对于插画设计来说，绘画能力比软件应用能力更重要，软件只是辅助工具。本章使用软件和鼠标绘制简单插画，更复杂的插画需要借助手绘板来绘制。

学习重点 🔍

学完本章能做什么

使用Illustrator进行插画设计，通过鼠标创建简洁且风格鲜明的矢量插画，并运用到平面设计的各领域。

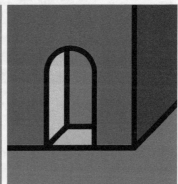
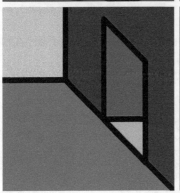

设计童趣感儿童乐园会员卡

实例文件	实例文件＞CH12＞设计童趣感儿童乐园会员卡
素材文件	素材文件＞CH12＞设计童趣感儿童乐园会员卡
难易程度	★☆☆☆☆
技术掌握	铅笔工具

扫码看视频

本实训使用一个简洁的小狮子形象设计儿童乐园的会员卡，颜色值如图12-1所示，最终效果如图12-2所示。

橘色
C:0 M:50 Y:100 K:0

黄色
C:0 M:27 Y:100 K:0

绿色
C:76 M:9 Y:67 K:0

黑蓝色
C:100 M:100 Y:55 K:40

紫色
C:75 M:79 Y:0 K:0

图12-1　　　　　　　　　　　　　　　　　　　　图12-2

01 打开"素材文件＞CH12＞设计童趣感儿童乐园会员卡"文件夹，将其中的"插画草稿.png"文件拖曳到画板中，使用快捷键Ctrl＋2锁定图层，这是一个带有狮子形状的线稿图，如图12-3所示。

02 使用"铅笔工具" ✐沿着线稿绘制插画，双击"铅笔工具" ✐打开"铅笔工具选项"对话框，设置"保真度"为"平滑"。使用鼠标拖曳绘制橘色脸部、黑色鼻子、白色嘴巴和白色眼睛，如图12-4所示。

03 选择脸部并进入"内部绘图"模式 ◉，使用"铅笔工具" ✐绘制黄色花纹，完成后退出"内部绘图"模式 ◉。分别选择眼睛并进入"内部绘图"模式 ◉，使用"椭圆工具" ◯绘制眼球部分，完成后退出"内部绘图"模式 ◉，如图12-5所示。

图12-3　　　　　　　图12-4　　　　　　　图12-5

04 使用"铅笔工具" ✏️绘制紫色耳朵和黄色内耳，将"耳朵"图层移动到"脸部"图层的下一层，选择所有图形并编组，如图12-6所示。

05 进入"背面绘图"模式 ◉，此时绘制的新对象会自动放在完成部分的后面，使用"铅笔工具" ✏️绘制鬃毛、上半身、双手和下半身，完成后退出"背面绘图"模式 ◉，选择所有图形并编组，狮子插画绘制完成后解锁并删除线稿图，如图12-7所示。

图12-6

图12-7

06 绘制一个54mm×85.5mm的黄色矩形，通过"内部绘图"模式 ◉将狮子插画嵌入矩形。使用"文字工具" T输入文案，设置"字体"为"方正颜宋简体"、"字体大小"为11pt，在"段落"面板中单击"全部两端对齐"按钮 ≣，效果如图12-8所示。

07 绘制一个30mm×14mm的绿色矩形并放置在文案的右侧，绘制两条直线段，分出实际使用时手写文字的区域，如图12-9所示。

08 设计背面。绘制一个54mm×85.5mm的绿色矩形和一个4mm×4mm的黄色矩形，拖曳复制黄色矩形，将其平铺成6×5的矩阵，作为实际使用会员卡时的勾选框，如图12-10所示。

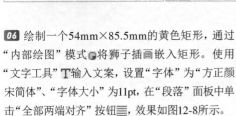

图12-8　　　　　図12-9　　　　　图12-10

09 使用"钢笔工具" ✒️绘制一个"描边"为黑色的勾号作为示范。在底部添加文案，设置"字体"为"方正颜宋简体"、"字体大小"为11pt，在"段落"面板中单击"全部两端对齐"按钮 ≣，如图12-11所示，最终效果如图12-12所示。

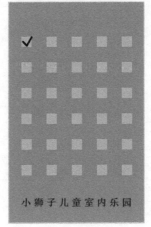

图12-11　　　　　　　图12-12

设计家居店插画宣传单

实例文件	实例文件＞CH12＞设计家居店插画宣传单
素材文件	素材文件＞CH12＞设计家居店插画宣传单
难易程度	★☆☆☆☆
技术掌握	钢笔工具和形状工具

扫码看视频

本实训使用"钢笔工具" ✐和形状工具绘制简洁但图形感强烈的粗描边插画，运用在家居品牌店铺的宣传单中，颜色值如图12-13所示，最终效果如图12-14所示。

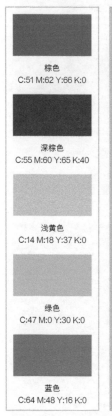

棕色
C:51 M:62 Y:66 K:0

深棕色
C:55 M:60 Y:65 K:40

浅黄色
C:14 M:18 Y:37 K:0

绿色
C:47 M:0 Y:30 K:0

蓝色
C:64 M:48 Y:16 K:0

图12-13

图12-14

01 打开"素材文件＞CH12＞设计家居店插画宣传单"文件夹中的"插画参考线.ai"文件，其中包含2个100mm×140mm的画板和用于定位图形的参考线，如图12-15所示。

02 使用"矩形工具" ▣在左侧画板中绘制一个25mm×50mm的绿色矩形，并使其左下角对准参考线的交点，在"变换"面板中设置左上角和右上角的"圆角半径"为12.5mm，将直角转化为圆角，得到圆角拱门，如图12-16所示。

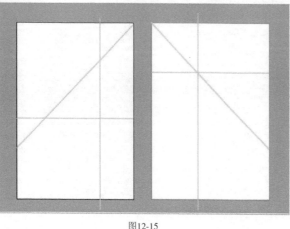

图12-15

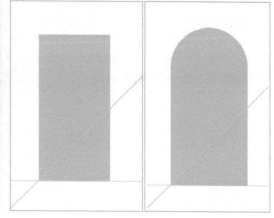

图12-16

03 选择圆角拱门并进入"内部绘图"模式👆，绘制一个蓝色矩形，矩形左下角对准参考线，使用"钢笔工具"✒️沿着参考线和蓝色矩形的左侧边缘绘制一个浅黄色闭合路径，形成立体的三维空间，如图12-17所示。完成后退出"内部绘图"模式👆。

04 使用"矩形工具"▢绘制一个80mm×80mm的棕色正方形，拖曳棕色正方形到圆角拱门的后方，绘制一个105mm×105mm的蓝色正方形，使用快捷键Ctrl+Shift+[将蓝色正方形移到最底层作为背景，如图12-18所示。

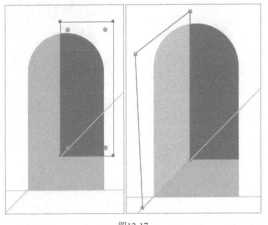

图12-17   图12-18

05 使用"钢笔工具"✒️绘制一个深棕色的闭合路径作为墙面，绘制时按住Shift键可以沿着水平方向、垂直方向和45°方向绘制路径，如图12-19所示。

06 选择所有图形并编组，设置"描边"为黑色、"粗细"为8pt、"端点"为"圆头端点"、"边角"为"圆角连接"，完成所有图形的设计，如图12-20所示。

07 绘制一个100mm×100mm、"填色"和"描边"均为无的正方形，通过"内部绘图"模式👆复制整个图形到正方形中，如图12-21所示。

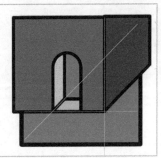

图12-19   图12-20   图12-21

08 绘制一个100mm×40mm的浅黄色矩形并放置在插画的下方，输入文案并设置"字体"为Bahnschrift、"字体样式"为Bold、"字体大小"为36pt，如图12-22所示。

09 可以复制圆角拱门来设计品牌的Logo。复制并缩小圆角拱门，设置"填色"为白色、"描边"为黑色、"粗细"为1pt，将其作为Logo，宣传单制作完成，如图12-23所示。

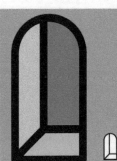

图12-22   图12-23

ⓘ **技巧提示**

实际运用时宣传单背面需要加上宣传文案、产品信息和品牌店铺信息等。

10 绘制第2张同类风格的插画,丰富整体设计。绘制一个20mm×50mm的绿色矩形,使用"直接选择工具" ▷ 选择右边两个锚点并往下拖曳到参考线上,完成侧视角度下的门的制作,如图12-24所示。

11 通过"内部绘图"
模式 ◉ 在门中绘制棕色
矩形,形成空间感,退
出"内部绘图"模式 ◉。
按住Shift键,使用"钢
笔工具" ✍ 绘制深棕色
墙面,如图12-25所示。

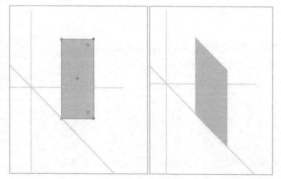

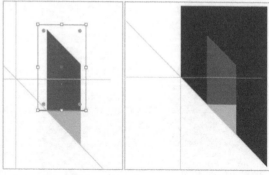

图12-24   图12-25

12 使用"矩形工具" ▱ 绘制浅黄色墙面、蓝色地面,使用快捷键Ctrl+Shift+[将蓝色地面移到最底层,选择所有图形并编组,设置"描边"为黑色、"粗细"为8pt、"端点"为"圆头端点"、"边角"为"圆角连接",如图12-26所示。

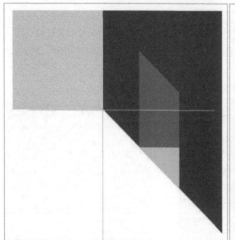
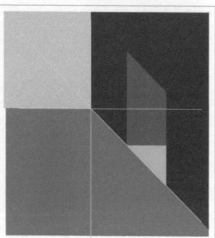
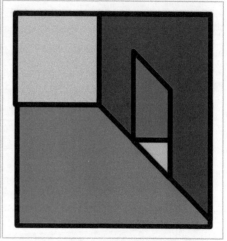

图12-26

13 绘制一个100mm×100mm、"填色"和"描边"均为无的正方形,通过"内部绘图"模式 ◉ 将整个图形剪切复制进正方形,接着添加文案和Logo即可,如图12-27所示,最终效果如图12-28所示。

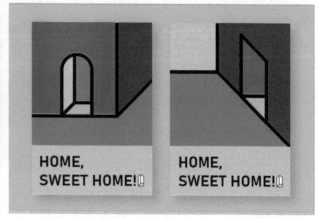

图12-27   图12-28

设计夏日书展H5海报

实例文件	实例文件＞CH12＞设计夏日书展H5海报
素材文件	素材文件＞CH12＞设计夏日书展H5海报
难易程度	★★★☆☆
技术掌握	钢笔工具

本实训使用"钢笔工具" ✐ 绘制扁平风人物插画，制作色彩明艳的书展H5宣传海报（静态），主要颜色值如图12-29所示，最终效果如图12-30所示。

玫红色	深玫红色	紫色	蓝色	深蓝色	红色	深肤色	肤色
R:255	R:255	R:204	R:0	R:0	R:255	R:255	R:255
G:153	G:0	G:0	G:102	G:0	G:0	G:153	G:204
B:255	B:204	B:153	B:204	B:153	B:0	B:153	B:204

图12-29

图12-30

01 新建一个1080px×2460px的RGB颜色模式的画板，打开"素材文件＞CH12＞设计夏日书展H5海报"文件夹并将其中的"草稿.jpg"素材文件拖曳到画板中，在"透明度"面板中设置草稿的"不透明度"为20％并使用快捷键Ctrl＋2锁定图层，在"草稿"图层上新建一个图层，用来绘制插画，如图12-31所示。

图12-31

02 使用"钢笔工具"✒️绘制头部。设置"填色"为肤色并绘制一个脸部的闭合路径和耳朵的闭合路径，使用"椭圆工具"⬭绘制两个白色圆形作为眼眶，通过"内部绘图"模式◉嵌入黑色圆形作为眼珠。继续使用"钢笔工具"✒️绘制"填色"为无、"描边"为黑色的开放路径作为眉毛和鼻子，绘制一个红色半圆作为嘴巴，绘制完成后使用快捷键Ctrl＋G编组，如图12-32所示。

图12-32

03 使用"椭圆工具"⬭绘制两个黑色圆形作为辫子，使用"钢笔工具"✒️绘制一个蓝色闭合路径作为发带并使用快捷键Ctrl＋Shift＋[将其移到最底层，使用"铅笔工具"✏️绘制"填色"为无、"描边"为黑色的一缕卷曲碎发，使用快捷键Ctrl+Shift+[将其移到最底层，如图12-33所示。

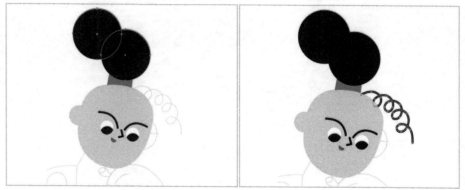

图12-33

04 选择脸部，通过"内部绘图"模式 ⚫ 和
"钢笔工具" ✐ 绘制黑色刘海儿部分，完成
后退出"内部绘图"模式 ⚫。使用"椭圆工
具" ⚪ 和"钢笔工具" ✐ 绘制"描边"为深玫
红色的眼镜，绘制完成后使用快捷键Ctrl＋G
整体编组，如图12-34所示。

05 使用"钢笔工具" ✐ 绘制整个身体部分的
外轮廓，设置"填色"为肤色。遵循从底层往
上绘制的原则，绘制过程中注意保持头部组
在所有对象的上层，绘制玫红色打底衫和蓝
色外衫，如图12-35所示。

图12-34

图12-35

06 选择蓝色外衫并通过"内部绘图"模式 ⚫
绘制5朵白色花朵，使用"椭圆工具" ⚪ 绘制
3个深蓝色花蕊，完成衣服图案的绘制，退出
"内部绘图"模式 ⚫，选择所有身体部分并使
用快捷键Ctrl＋G编组，如图12-36所示。

图12-36

07 使用"钢笔工具" ✏ 绘制左手臂和左手的外轮廓，设置"填色"为肤色、"描边"为无，继续绘制3条"描边"为黑色的开放路径作为指缝，绘制4个蓝色椭圆作为指甲，如图12-37所示。

08 绘制上下两段深玫红色的铅笔，上段放置到黑色指缝的下一层，下段放置到整个左手的下一层。绘制一个白色半圆作为橡皮并放在铅笔顶端，绘制一个深肤色三角形作为铅笔头，通过"内部绘图"模式 ◉ 绘制黑色笔芯，选择左手臂、左手与铅笔并使用快捷键Ctrl＋G编组，如图12-38所示。

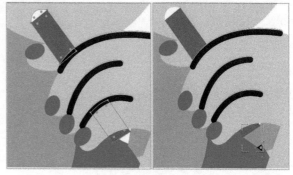

图12-37   图12-38

09 使用相同的方法绘制右手和右手臂，先绘制整体外轮廓，再绘制指缝和指甲，选择右手和右手臂的所有图形并使用快捷键Ctrl＋G编组，保持其在最上层，完成人物的绘制后绘制一个深玫红色的桌面并使用快捷键Ctrl＋Shift＋[将其移到最底层，如图12-39所示。

图12-39

10 绘制白色书本外轮廓，绘制"填色"为白色、"描边"为黑色的书本内页和"描边"为黑色的中缝，选择书本的3个图形并使用快捷键Ctrl＋G编组，将其放置在桌面之上、右手小臂之下，如图12-40所示。

11 绘制手臂和书本投下的紫色阴影，将紫色阴影置于桌面之上、书本组之下。整个插画制作完成后，选择全部对象并使用快捷键Ctrl＋G编组，便于在后期设计时整体移动和缩放，完成后删除"草稿"图层，如图12-41所示。

图12-40   图12-41

12 新建一个1080px×2460px的矩形，设置"填色"为红色、"描边"为无，通过"内部绘图"模式嵌入插画。绘制一个990px×600px的白色大矩形，在"变换"面板中设置右下角的"圆角半径"为200px，将其转化为圆角矩形，如图12-42所示。

13 绘制一个262px×262px的白色小矩形，在"变换"面板设置左下角的"圆角半径"为100px，将直角转换为圆角，使用"钢笔工具"绘制一个尖角，同时选择小圆角矩形和尖角，在"路径查找器"面板中单击"联集"按钮合并，对话框制作完成，如图12-43所示，效果如图12-44所示。

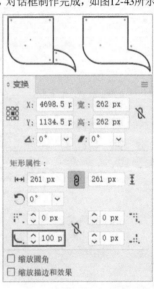

图12-42   图12-43   图12-44

14 选择白色对话框和白色大圆角矩形，在"透明度"面板中设置"混合模式"为"排除"，在"排除"模式下白色的对象可以显示底层插画部分并产生反色，借此可完成更丰富有趣的撞色设计，如图12-45所示。

15 添加文案和各类信息（如书展时间、地点、赞助方Logo、二维码等），设置英文文字的"字体"为Bauhaus 93，设置中文文字的"字体"为"方正兰亭黑"，在"段落"面板中单击"全部两端对齐"按钮，效果如图12-46所示。

图12-45   图12-46

16 完成后可进一步缩放、移动插画来调整屏幕中显示的人物，还可改变插画的底色、人物服饰的颜色和字体颜色。因为大圆角矩形和对话框的"混合模式"为"排除"，所以设置不同的背景色，这一部分会自动生成反色，如图12-47所示，最终效果如图12-48所示。

图12-47

图12-48